北京市公共建筑电耗限额管理实践与探索

（2017—2020）

北京市住房和城乡建设科学技术研究所　主编

中国建材工业出版社

图书在版编目（CIP）数据

北京市公共建筑电耗限额管理实践与探索.2017—2020/北京市住房和城乡建设科学技术研究所主编.--北京：中国建材工业出版社，2021.11

ISBN 978-7-5160-3251-0

Ⅰ.①北… Ⅱ.①北… Ⅲ.①公共建筑—建筑能耗—用电管理—研究—北京—2017-2020 Ⅳ.①TU242

中国版本图书馆CIP数据核字（2021）第124371号

北京市公共建筑电耗限额管理实践与探索（2017—2020）

Beijingshi Gonggong Jianzhu Dianhao Xian'e Guanli Shijian yu Tansuo（2017—2020）

北京市住房和城乡建设科学技术研究所　主编

出版发行：中国建材工业出版社

地　　址：北京市海淀区三里河路1号

邮　　编：100044

经　　销：全国各地新华书店

印　　刷：北京印刷集团有限责任公司

开　　本：787mm×1092mm　1/16

印　　张：13

字　　数：270千字

版　　次：2021年11月第1版

印　　次：2021年11月第1次

定　　价：68.00元

本社网址：www.jccbs.com，微信公众号：zgjcgycbs

本书编委会

名誉主编： 冯可梁

主　　编： 田　昕　赵会刚

副 主 编： 林波荣　邹　毅　王皆腾

编　　委： 周　浩　王秀玲　董志宇

编写人员： 李嘉麒　李　鑫　邹天宇　邱伟国　崔瑞英
余　娟　赵　洋　侯恩哲　黄　莉　陈海洋
姚　斌　黄　宁　赵尹鸣　董　玲　李鹏伟
徐俊芳　汤娟娟　晋　津　盛喜忱　张岳武
高　原　王大洲　单丽凝

主编单位： 北京市住房和城乡建设科学技术研究所

参编单位： 清华大学
北京绿色交易所有限公司

审稿专家： 万水娥　邢　威　戚仁广　盛晓康　王晓涛

序　　言

本书是北京市公共建筑电耗限额管理工作的第二部阶段性成果专著，是主管部门、支撑单位、企业主体等在2017年至2020年期间电耗限额管理实践经验与探索成果的系统总结。北京市公共建筑电耗限额管理工作于2013年启动，通过对全市建筑面积在3000平方米以上的公共建筑单体实施电耗限额管理和考核，促使公共建筑通过完善运行管理、开展节能改造等降低运行过程中的能源消耗、提高能源利用率。这项工作的开展有助于公共建筑能耗总量与强度双控目标的实现，加快建筑行业碳达峰、碳中和以及城市生态文明建设的进程。经过七年多的努力，2014至2019年间北京市公共建筑节约电量共约23.6亿千瓦时，减少碳排放达200万吨。这说明北京市公共建筑走电耗限额管理的路子是正确的，是值得继续且更好地走下去的。

科学制定限额指标是开展公共建筑能耗限额管理的关键。国内其他省份大多依据该地区公共建筑历史能耗，通过大数据分析为每个类型的公共建筑划定一条统一的“红线”作为限额。北京市在管理实践中发现，采用“以建筑自身历史电耗为主、同类建筑平均电耗水平为辅”的方法制定限额值，更有利于适应管理对象因建设年代、用能系统及业务水平等不同引起的用电水平差异，而信息化平台系统在公共建筑电耗数据的校核与更新、多部门数据互通以及限额下发、考核与信息反馈等工作中的全面应用，是准确制定与下发逐年的限额指标、持续提升管理工作效率的重要保障。同时，秉持“抓大放小”、循序渐进的策略，重点关注大型、高能耗建筑以及获得节能绿色化改造与绿色建筑奖励资金的建筑，稳扎稳打地坐实每栋建筑的能耗数据和基础信息，使每栋建筑的电耗限额科学合理，是确保能耗限额管理取得切实的节能降耗效果的重要举措。北京市通过逐年管理与考核、多种媒体宣传、改造奖励联动以及多部门大数据融合并服务于各部门数据需求等多措并举，使得限额管理理念深入人心，各部委及社会各界对北京市公共建筑节能与电耗限额管理工作的认可度与关注度持续提高。

总体看，本书回顾了公共建筑电耗限额管理在2013年至2016年间体系构建与基础奠定的历程，总结了在2017年至2020年间体系优化与提质增效成果，展示出不断丰富和完善的公共建筑能耗限额管理“北京方案”。

过去五年是北京市“疏解整治促提升”“构建京津冀联动发展”的关键阶段，而未来5~10年北京市将面临碳达峰、碳中和背景下的建筑行业低碳转型。北京市统计年鉴显示，2019年北京市建筑行业能源消费量相关碳排放量占全市碳排放总量的50%左右，超过了交通和工业等部门，是推动碳达峰、碳中和工作的重点领域。目前，北京市仍以化石能源为主，随着用能结构的不断优化、电气化水平的显著提升以及电力系统与余热资源的零碳化，建筑中化石燃料的消耗将会逐渐归零。此时，不论建筑有多少能源需求，碳排放量都不会增加。但是，能源供给的增加意味着供应成本与减排压力的增长，从能源系统来看，依然需要各终端部门控制能耗需求。因此，北京市建筑行业的低碳转型，除了实现建筑能源的替代外，也依然需要通过电耗限额管理等手段推动建筑节能提效，将建筑用能需求控制在合理范围内，不给其他部门增加过多减排压力；与此同时，已有的公共建筑大数据以及城市民用建筑节能管理经验，有助于推动公共建筑碳交易机制、用能权交易机制以及碳排放标识制度等的建立，实现建筑行业与其他部门及区域的协同减排脱碳。

真诚期望以此为契机，通过各界努力，共同推动北京市乃至我国公共建筑节能低碳管理模式、服务模式和政策模式的持续创新，促进建筑行业的深度减排。

中国工程院院士、清华大学教授

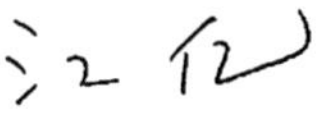

2021 年 7 月 1 日

前　　言

民用建筑在运行阶段的能源消费是社会能源消费的重要组成部分，也是我国能源消费变革、落实2030年碳达峰、2060年碳中和目标的关键点之一。公共建筑是北京市民用建筑运行能源消费的高密度领域，其中电力消耗占到公共建筑运行能耗的三分之二左右；且随着我国社会经济的发展和人民生活水平的提高，公共建筑的用能设备数量越来越多、电气化程度越来越高，该比率也会增长。2013年北京市在全国范围内率先以限额为抓手开展公共建筑运行电耗管理工作，目前已经建立起涵盖全市12222栋公共建筑的电耗限额管理大数据平台，覆盖建筑面积达到1.63亿平方米，占全市公共建筑面积的近一半。通过逐年的宣传培训和限额管理工作，公共建筑产权人、运营方和使用者等的节能降碳意识得到了大幅度提升，也成功地遏制了限额管理范围内的公共建筑电耗快速增长的势头。2014年至2019年间，限额管理范围内的公共建筑共节省电量共约23.6亿千瓦时，合计减少碳排放约200万吨，节能减排成效显著。

2013年至2016年，北京市摸索建立了公共建筑电耗限额管理的政策法规、管理机制、数据平台及限额方法，初步形成了符合北京市建筑节能政策与公共建筑用能特点的限额管理“北京方案”，并不断优化完善、强化“北京方案”的科学性与可操作性。2017年，北京市住房和城乡建设委员会在原《北京市公共建筑电耗限额管理暂行办法》（京建法〔2014〕17号）的基础上，结合管理工作实践经验，开展了电耗限额优化方法专题研究，形成了“以建筑自身历史电耗为主、同类建筑平均电耗水平为辅”的限额制定方案，并启动《北京市公共建筑电耗限额管理暂行办法》修订工作；2018年，为解决北京市公共建筑信息平台无法相互联动、存在数据孤岛的问题，北京市住房和城乡建设委员会开展并完成了公共建筑能耗限额管理平台架构搭建及能耗数据的清洗和融合工作；2019年，在已有能耗限额管理平台的基础上重点完成了基于管理工作中企业认楼、限额考核、限额发布等实际功能的业务功能开发建设，并实现了线上电耗限额管理全流程工作；2020年，《北京市公共建筑电耗限额管理暂行办法》（京建法〔2020〕5号）发布。同时，能耗限额管理工作与北京市公共建筑节能绿色化改造、绿色建筑标识评价工作实现互通、多任务联动，为北京市民用建筑高质量发展奠定了数据平台基础。

为了分享公共建筑电耗限额管理实践工作中的经验和教训，以及对建筑高质量发展等问题的探索与思考，我们自2016年开始组织编写《北京市公共建筑电耗限额管理实践与探索》系列丛书。第一部专著《北京市公共建筑电耗限额管理实践与探索（2013—2016）》中详细介绍了2013年至2016年北京市电耗限额管理的政策法规制定、数据库构建、基础技术研发和管理考核实践等内容。本书为该系列的第二部，简要回顾了2013年至2016年的工作基础，全面总结了2017年至2020年的探索与成效。主要内容如下：

第1章：以2013年起国内在能源、环境等方面的政策发展为主线，介绍了公共建筑能耗限额管理工作的历史背景与开展意义，以及国内各省市公共建筑能耗限额工作及平台建设现状，并在此基础上介绍了北京市公共建筑电耗限额管理形成的“北京方案”的主要特点及创新点。

第2章：概述了北京市公共建筑能耗限额管理2013年至2016年积淀阶段的工作内容，并通过与2013年至2016年工作实践的对比，从构建制度体系、搭建专业管理系统、制定科学管理流程、优化考核方法，以及多举措联合、多媒体宣传等方面，全面总结了2017年至2020年公共建筑能耗限额管理充分发展阶段的工作内容更新与提升。

第3章：介绍了能耗限额管理工作的技术支撑要点。着重介绍了北京市公共建筑能耗限额工作中的基础定义和管理范围，梳理和对比了原电耗限额方法（2014年）与修订后电耗限额方法（2019年）的区别，以及前后两版电耗限额管理暂行办法的修订详情，最后介绍了电耗限额管理工作中大数据处理和应用方法。

第4章：介绍了2017年至2020年北京市公共建筑能耗限额管理工作取得的阶段性成效，包括对公共建筑电耗快速增长的遏制、限额工作起到的社会性作用。详细介绍了能耗限额管理大数据库的建设和应用，以及公共建筑电耗限额管理工作与公共建筑节能绿色化改造等工作多措并举、相互配合、相互促进，并以由电耗限额管理工作推动的公共建筑节能绿色化改造项目为例，解析了限额管理的促改造效果。

第5章：将2013年至2020年北京市公共建筑能耗限额管理工作实践经验与北京市能源、建筑节能相关政策及落实2030年碳达峰与2060年碳中和目标相结合，从用能数据维度延展、管理理念转变、市场化机制探索等方向，对“十四五”期间北京市公共建筑电耗限额管理工作路径进行了展望。

北京市公共建筑能耗限额管理工作得到了北京市住房和城乡建设委员会相关处室单位和各相关委办局、各区住建委及街乡镇、公共建筑用能单位、产权单位、物业单位、运行管理单位的大力支持，也得到了行业内专家学者的献计献策，同时本书编辑出版过程也得到了审稿专家及出版社编辑的大力帮助，在此表示感谢！希望本书作为《北京市公共建筑电耗限额管理实践与探索》系列丛书的第二部，能够继续为读者及相关行业从业者提供工作实践经验和帮助，共同为我国建筑行业节能低碳发展做出贡献。

编写组

2021年5月

目　录

1　历史选择　北京市推出公共建筑电耗限额管理举措

建筑是人类生活和工作的主要场所，承载着为人民提供美好生活环境和良好公共服务的功能，建筑的功能和品质直接影响到人民群众能否获得“美好生活”的幸福感。“十一五”末期，全国建筑总面积达到642.5亿m^2，其中公共建筑面积约119.6亿m^2，占比18.6%；城镇居住建筑面积304.5亿m^2，占比47.4%；农村居住建筑面积约218.4亿m^2，占比34.0%[1]，中国建筑运行用能约占全社会总用能的20%[2]。随着城镇化发展，我国居民消费已逐渐从“量的增长以满足基本生活需求”转变为“质的提高以满足美好生活向往”，人民的需求和消费全方位升级并多元化导致近年来民用建筑运行能耗进一步增长。

作为首都和超大城市，北京市在城市建设中建筑规模和质量都处于领先地位，其中城镇公共建筑面积约4亿m^2，是北京市开展节能减排工作的重点领域。2013年，北京市人民政府办公厅印发了《北京市公共建筑能耗限额和级差价格工作方案（试行）》（京政办函〔2013〕43号），明确针对全市3000m^2以上的公共建筑实施电耗限额管理，这是在全国范围内率先以限额为抓手开展的公共建筑运行能耗监管工作。开展公共建筑能耗限额管理，提升公共建筑能源利用效率、降低公共建筑运行能耗，是北京市贯彻党中央、国务院关于加强生态文明建设及京津冀协同发展战略决策的必然需求，也是落实中央城市工作会议精神和《中共中央 国务院关于进一步加强城市规划建设管理工作的若干意见》，以及碳达峰、碳中和目标的有效途径，对北京市建设国际一流的和谐、宜居之都有着重要意义。

1.1　公共建筑电耗限额管理的时代背景

1.1.1　建筑能耗总量与强度双控

能源是国民经济和社会发展的重要物质基础。安全稳定的能源供应是城市功能正常运转和人民生活水平提高的基本保障。2007年，党的十七大报告首次将“生态文明”正式写入党代会政治报告；2011年，在《中华人民共和国国民经济和社会发展第十二个五年规划纲要》中明确指出坚持把建设资源节约型、环境友好型社会作为加快转变经济发展方式的重要着力点；深入贯彻节约资源和保护环境基本国策，节约能源，降低温室气体排放强度，发展循环经济，推广低碳技术，积极应对全球气候变化，促进经济社会发展与人口资源环境相协调，走可持续发展之路。将环境和生态发展建设提到我国国民经济和发展的目标中。

2012 年，党的十八大报告首次提出“推动能源生产和消费革命，控制能源消费总量，加强节能降耗，支持节能低碳产业和新能源、可再生能源发展”的要求。同年，住房城乡建设部发布的《“十二五”建筑节能专项规划》明确提出的“十二五”建筑节能重点任务中包含：提高能效，抓好新建建筑节能监管；扎实推进既有居住建筑节能改造；深入开展大型公共建筑节能监管和高耗能建筑节能改造；大力推动绿色建筑发展，实现绿色建筑普及化等。这将节能降耗特别是建筑节能降耗的工作推向新高度。

2014 年，为贯彻落实党的十八大精神，推动能源生产和消费革命，打造中国能源“升级版”，国务院办公厅印发《能源发展战略行动计划（2014—2020 年）》，提出 2020 年一次能源消费总量控制在 48 亿吨标准煤左右的目标，以及实施绿色建筑行动计划。

为贯彻落实党的十八大精神，推动能源生产和消费革命，2012 年北京发布《北京市国民经济和社会发展第十二个五年规划纲要》，要求大幅度提高建筑节能水平，着力提高节能降耗管理水平；健全能源统计计量体系，建成市、区、重点用能单位三级节能监测管理综合平台；实施能评全过程管理机制；继续发布节能节水减排技术（产品）推荐目录，推进热计量改革，全面实施阶梯电价。

对于北京市，随着城市建设的发展、城市功能定位的转变和人民生活水平的提高，公共建筑面积总量持续增长，公共建筑能耗总量逐年加大。根据有关资料，2014 年，北京市城镇公共建筑面积接近 3 亿 m^2，非供暖能耗约为 1073 万吨标准煤；2019 年，北京市城镇公共建筑面积约 3.9 亿 m^2，总量增长 30% 左右。公共建筑已成为北京市能源消耗的大户，存在巨大的节能潜力。目前北京市仍有大量公共建筑尚未进行节能改造，建筑面积占到全市城镇公共建筑总面积的一半左右，公共建筑节能减排迫切性日益凸显。

为落实公共建筑节能减排工作，在住房城乡建设部建筑节能与科技司及能源基金会中国可持续发展项目的支持下，住房城乡建设部标准定额研究所于 2013 年至 2014 年组织开展了建筑能耗总量控制策略研究暨建筑节能顶层设计研究。北京市 2013 年发布《北京市公共建筑能耗限额和级差价格工作方案（试行）》（京政办函〔2013〕43 号），启动了公共建筑能耗限额管理工作，并于 2014 年发布了《公共建筑能耗限额管理暂行办法》（京建法〔2014〕17 号），建立了以全市 3000m^2 以上的公共建筑为管理对象、以电耗为切入点、以限额为抓手的建筑运行能耗管理体系。

早在“十一五”期间，北京市在住房城乡建设部的统一部署下开展了大型公共建筑节能监管体系的建设，通过能耗统计、能源审计和能耗动态监测平台的建设，初步摸清了大型公共建筑能耗基础数据。

2007 年，北京市组织开展了全市房屋普查工作，在摸清北京市国有土地房屋基本情况的基础上建设了房屋全生命周期管理平台，将普查数据与测绘、交易、权属、拆迁等业务数据关联和入库管理，建立全市房屋基础数据动态更新机制，实现“以图管房”的管理模式，达到房屋的精细化管理，为城市建设的科学决策奠定基础，为后续顺利开展北京市公共建筑能耗限额管理工作打下了坚实的数据基础，也为后续限额管理工作数据管理提供了经验方法。

1.1.2 节能减排与生态文明建设

深入推进节能降耗、积极应对气候变化，是践行创新、协调、绿色、开放、共享发展理念、推进首都生态文明建设的内在要求，是深入落实首都城市战略定位、推进京津冀协同发展、构建“高精尖”经济结构的重要抓手。2016 年 3 月召开的中国共产党北京市第十一届委员会第八次全体会议全面分析了国际国内形势，编制《北京市国民经济和社会发展第十三个五年规划纲要》，要求“十三五”时期，要把生态文明的旗帜举得更高，坚持节约资源和保护环境的基本国策，坚定走生产发展、生活富裕、生态良好的文明发展道路。2016 年 8 月，北京市印发《北京市“十三五”时期节能降耗及应对气候变化规划》，以“2020 年能效水平继续保持国内领先、二氧化碳排放总量达到峰值并尽早达峰”为目标，倒逼推进经济社会绿色化、低碳化转型。

党的十九大报告提出“加快生态文明体制改革，建设美丽中国”，再次彰显了生态文明建设的重要意义。建筑节能工作作为生态文明建设的组成部分，其时代意义更加鲜明。2017 年 7 月，北京市人民政府印发了《北京市“十三五”时期能源发展规划》，提出推动能源绿色智能转型等“十三五”能源发展重点任务，包括深入推进节能降耗，持续推进建筑、交通、工业、能源系统等重点领域节能；深入推进电力、燃气需求侧管理，充分运用价格调节机制，引导用户合理用电用气；大力倡导文明节约消费模式和绿色低碳用能方式等。彰显了全市加快能源清洁转型的决心和力度。

2020 年 10 月 29 日，中国共产党第十九届中央委员会第五次全体会议胜利召开，会议上通过了《中共中央关于制定国民经济和社会发展第十四个五年规划和二〇三五年远景目标的建议》（以下简称《建议》），要求“加快推动绿色低碳发展”“推动能源清洁低碳安全高效利用”“发展绿色建筑，开展绿色生活创建活动”“降低碳排放强度，支持有条件的地方率先达到碳排放峰值，制定二〇三〇年前碳排放达峰行动方案”。

《建议》从国家层面明确和细化了生态发展、环境建设的逐年目标，并将碳排放、碳达峰作为落脚点，实施能源消费总量和强度双控势在必行。民用建筑作为节能减排的重点领域面临严峻挑战。北京市政府相关委办局从建筑节能方面提出了降低碳排放强度的要求，制定了相关政策，为后续建筑能耗管理与深入减碳工作指明了发展方向、奠定了基础。电力有着便于计量的优势，北京市电力公司作为公共建筑电力供应方，已经建立了完善的电力用户管理平台，具备完整的电力用户结算信息；北京市住房和城乡建设委员会在房屋普查的基础上也建立了房屋全生命周期管理平台，并且实现了平台数据和测绘备案及房屋产权交易等业务系统的关联，具有较完整的建筑信息：通过将两个平台的数据进行整合，北京市确定了在公共建筑中以电耗为切入点、实施电耗限额管理的数据基础。

根据多年的能耗限额管理工作实践经验，北京市公共建筑能源消耗以电力为主，占建筑能耗总量的60%～75%（各类型建筑均值），热力占20%～28%，其余主要为燃气。其中，燃气使用导致的碳排放为建筑行业相关的直接碳排放，电力和热力消耗导致的碳排放则为建筑的间接碳排放，仅开展电耗限额而非全能耗限额，一方面难以全面和准确地反映建筑能耗特征，另一方面也难以促进建筑能源的低碳化转型。随着北京市深入落实碳达峰、碳中和目标，原来的建筑节能工作将逐渐转变为节能和减碳并行开展，将会对公共建筑用能结构、能源类型产生较大影响，如公共建筑的电气化程度将大幅度提高等。在新环境、新政策的要求下，北京市公共建筑能耗限额管理工作也在进行相应的探索，以适应时代的发展。

1.2 公共建筑电耗限额管理的发展现状

1.2.1 国内公共建筑能耗限额工作现状

从国内各省、自治区、市现状看，我国已经发布实施或正在编制的能耗限额或定额相关标准的城市中，限额或定额实施工作有以下特点：

（1）全国接近50%的省、自治区、市（不含港、澳、台地区）已发布实施或编制了能耗限额相关标准。

已有13个省、自治区、市发布实施了本区域的能耗限额标准或能耗标准，另有2个省的限额标准编制工作已通过验收。部分省市如江苏省已将“公共机构建筑能耗定额制定与推进机制研究”作为重大科技支撑项目方向纳入2020年度江苏省级建筑节能专项引导资金奖补项目中；天津市（已编制能耗标准）在2020年发布的《天津市绿色建筑创建行动实施方案》中提出“发挥大数据信息优势，掌握公共建筑用能情况，研究各类型公共建筑能耗限额标准”。

此外，上海市自2010年开始逐年开展针对国家机关办公建筑和大型公共建筑能耗的监测，已完成了包括1个市级平台、17个区级分平台和1个市级机关分平台在内的公共建筑能耗监测系统构建，截至2019年12月31日，上海全市累计共有1780栋公共建筑完成了用能分项计量装置的安装，并实现了与能耗监测平台的数据联网，覆盖建筑面积达8236.1万m^2。基于已积累的数据，上海市正在开展大型公共建筑用能定额的相关研究工作。

从已编制的标准看，限额（定额）的对象以公共机构（党政机关类、教育类、卫生医疗类和场馆类等）、办公建筑、商场建筑、酒店建筑和医疗建筑为主。

（2）目前已发布实施或编制的能耗限额相关标准中，除北京市外，其他地区均是给每个类型的公共建筑画定一条统一的“红线”（约束值或引导值等）作为限额指标，且以基于大样本建筑运行能耗数据的统计分析法为主确定限额值。

从可查到的编制说明或条文说明看，除了北京市地方标准《民用建筑能耗指标》

（DB11/T 1413—2017）因服务于建筑竣工阶段的能效测评而主要采用理论计算和模拟方法来确定建筑能耗指标外，其他地方标准均采用统计法来确定限额或能耗指标值，且均以实际的建筑运行能耗数据为统计基础。其中，统计法主要为以下 3 种：

1）基于正态分布理论的方法。利用建筑能耗强度的样本平均值和样本标准差，结合限额水平，给出建筑能耗的约束值和引导值等。其中，限额水平由当地行政主管部门根据公共建筑的类别，结合当地社会经济现状、建筑用能特点、限额执行风险评估等因素权衡来确定。限额水平值越小，限额值越大，则越多的公共建筑能够满足限额要求，限额执行风险也就越小。广东省、山东省、重庆市均采用此种方法。

2）直接排序后取分位数法。河北省和河南省在编制公共机构能耗定额时，均选取经过清理后的不同类型建筑统计样本进行升序方法排序，之后取下 1/5 分位数、中位数和上 1/5 分位数进行合理性、可行性分析验证，再确定为约束值、基准值和引导值。福建省在统计样本中求取电耗强度分布累计概率，将累计概率在 0.75～0.90 对应的水平作为用能定额指标。这种方法与直接取分位数法类似，均以某个覆盖一定样本量的节点值来作为阈值。

3）基于对比分析及当地用能特点和节能目标确定。代表性省份如湖南省，其能耗限额标准是与国内其他省、自治区、市对标、结合自身用能特点及节能要求制定的定额指标；天津市能耗标准中约束值的确定是根据统计样本的均值、能耗模拟修正及专家意见的方向性修正综合得出的；推荐值、引导值是根据各类建筑的节能潜力大小结合样本分布特征综合确定的。

尽管北京市目前尚未编制针对公共建筑运行阶段的能耗标准或限额标准，但在公共建筑电耗限额管理中，确定全市同类建筑平均水平时实际上也采用了统计分析法。与其他省份不同的是，北京市电耗限额管理主要采用“以自身历史数据为主、同类建筑平均水平为辅”的限额方法，即主要根据每个建筑近年的实际用能情况制定该建筑的用能限额，仅在该建筑历史数据不全或存在问题时以同类型建筑的平均水平来确定其限额。也就是说，一个建筑一个限额值，且该限额值每年均会变动，而不是像其他省份的同一类型建筑共用一个限额值，且该值在标准修编前不会有变化。北京市的这种做法主要是考虑到公共建筑的电耗会因业务发展而产生一定的波动，即使是同类型建筑也会因用能结构、使用人员和时间等不同，导致电耗存在差异，因此，将各建筑与自身历史水平做比较，既公平合理，激励节能，又不限制其自身的发展。

（3）目前已发布实施或编制能耗限额相关标准的省、自治区、市中，仅北京市直接将限额作为抓手来开展公共建筑的节能管理工作。

大部分省、自治区、市发布实施或编制能耗限额相关标准是为公共建筑节能工作提供能耗约束值或引导值的参考。如山东省在 2018 年发布的《山东省公共建筑能效提升重点城市项目管理办法》提出相关限额标准，用以指导公共建筑节能改造工作；河南省、河北省均指出标准编制的目的是规范公共机构用能行为，引导公共机构持续提高能源资源利用效率。值得注意的是，深圳市于2017年编制了《深圳市公共建筑能耗标准》（SJG 34—2017），其一个重要目的就是服务于深圳市建筑碳排放权交易工作的开展。该标准所确定的各类公共建筑能耗限额值是在深圳市开展公共建筑碳交易中确定各公共建筑碳配额的重要依据。

部分省、自治区、市也先后提出了开展公共建筑能耗限额管理工作的政策或计划，例如：

1）安徽省于2014年提出要“开展大型公共建筑能耗限额管理试点，探索超限额用能用电差别化定价”。

2）江苏省无锡市于2014年发布了《关于无锡市机关办公建筑实施能耗限额（试行）的通知》，开始“在单体建筑面积在3000m^2以上且公共建筑面积占该单体建筑总面积50%以上的机关办公建筑中率先实施能耗限额管理，能耗限额考核不合格不能参加‘文明单位’的评选。2018年5月，“无锡市公共建筑能耗限额制定”课题顺利通过江苏省住建厅验收。2018年11月，无锡市组织公共机构建筑能耗限额管理培训。

3）浙江省2016年发布的《浙江省绿色建筑条例》中要求“对国家机关办公建筑和总建筑面积1万m^2以上的其他公共建筑能耗限额执行情况进行节能监察。对超过能耗限额的公共建筑，……实行惩罚性电价政策，并……责令限期整改”；2019年宁波市发布《关于实施我市公共建筑能耗限额管理的通知》，提出将“建筑面积≥3000m^2的城镇单体公共建筑电力用户”作为限额管理对象，并要求“用电超出限额值15%以上时，应自行组织或以合同能源管理实施节能改造。连续两年超出用电限额15%以上的公共建筑，由……实行惩罚性电价，并责令限期整改”。

4）重庆市2020年发布的《重庆市绿色建筑创建行动实施方案》将“推动公共建筑绿色化改造，创新用能管理机制，……指导相关行业主管部门建立超限额通报机制，倒逼公共建筑业主单位或使用单位实施绿色化运行管理”作为“提升建筑能源资源利用水平”的重要举措。

5）北京市自2013年开展公共建筑电耗限额管理开始，逐步搭建了北京市公共建筑电耗限额管理信息系统，并于2016年开始逐年开展电耗考核工作，对考核不合格与考核优秀的建筑进行公示，并每年开展管理工作的宣传与培训及专题研究。从上述调研分析看，北京市这种直接以限额来管理公共建筑运行节能的措施，在国内是走在前列的。

其余各省、自治区、市相关调研结果详见附录1。

1.2.2 国内公共建筑能耗平台建设现状

在我国互联网和计算机发展水平突飞猛进的时代背景下，将公共建筑能耗管理与互联网、物联网紧密结合，使能源管理工作效率提高，能源利用可视化水平增强，并确保了公共建筑能源使用者、公共建筑产权所有者及政府管理者对节能工作有的放矢。

2007年，我国的住房城乡建设部、财政部按照《国务院关于印发节能减排综合性工作方案的通知》的要求，开始在北京、天津等试点城市推行建筑能耗监测体系建设。2007—2013年，全国18个省、市（北京、上海、重庆、天津、深圳、江苏、山东、安徽等）的公共建筑能耗监测平台提交数据并通过验收，实现共计11000余栋建筑（2.4亿m^2）能耗的动态监测[3]。通过调研发现，绝大部分平台未能在互联网上搜索到或已停止更新，少数平台仍在运行、持续维护[4]。其中，上海市相关数据通过网页、微信公众号和手机APP等平台对外开展数据服务，而深圳市及其他搭建过平台相关报道的城市则主要以政府发布年度数据报告或相关学术论文的形式对外公开数据情况。可见，除上海市公共建筑能耗相关平台具备较为完善的对外服务机制外，其他省、市的平台和数据以辅助政府决策为主，未对外开放及开展相关服务。

（1）上海市

上海市持续推进国家机关办公建筑和大型公共建筑用能分项计量装置的联网安装工作。上海市国家机关办公建筑和大型公共建筑能耗监测平台（以下简称“能耗监测平台”）自2010年启动建设和逐步拓展完善，已完成包括1个市级平台、17个区级分平台和1个市级机关分平台在内的公共建筑能耗监测系统。截至2019年12月31日，全市共有1780栋公共建筑完成用能分项计量装置的安装，并实现了与能耗监测平台的数据联网，覆盖建筑面积8236.1万m^2。其中，国家机关办公建筑206栋，占监测总量的11.6%，覆盖建筑面积399.6万m^2；大型公共建筑1574栋，占监测总量的88.4%，覆盖建筑面积7836.5万m^2[5]。上海市建筑能耗监测平台2015—2019年建筑分布情况如图1-1所示。

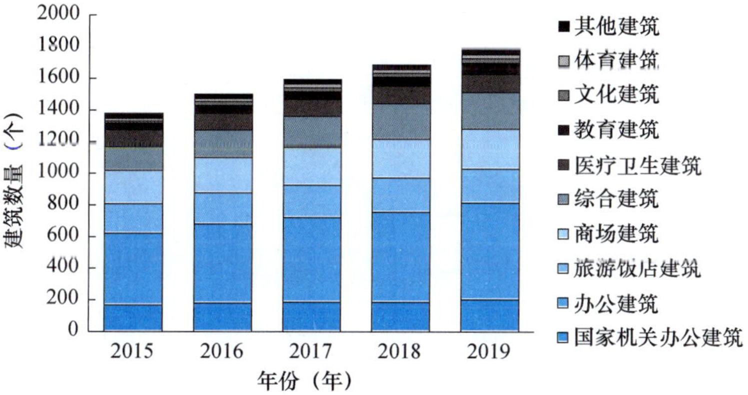

图1-1 上海市建筑能耗监测平台2015—2019年建筑分布情况

上海市公共建筑能耗监测平台已经实现了兼容Web、微信公众号和手机APP等平台，且均在持续更新数据及相关内容。通过数据采集器，自动、实时地采集上述建筑分项计量系统的用电量数据，包括建筑的用电总量和空调用电、动力用电、照明用电、特殊用电四大分项用电。系统按照1小时的采集周期，实现能耗数据的集中存储，形成公共建筑能耗监测数据库。

（2）深圳市

深圳市从 2007 年起着手研究城市级建筑能耗监测平台的建设工作，完成了市建筑能耗监测系统的开发，2008 年完成了市建筑能耗数据中心的建设工作，建立了全国首个建筑能耗监测平台。深圳市能耗监测平台定位为省级监测平台，直接向住房城乡建设部汇总上报能耗监测数据。根据深圳市政府发布的《深圳市大型公共建筑能耗监测情况报告（2019 年）》，截至 2018 年 12 月底，深圳市累计完成 563 栋建筑能耗监测装置的安装并实现了与部级平台的数据联网[6]。能耗监测平台中建筑信息数据来源包括通过网络收集、国土资源局、规划局、能源供应部门获取数据、实地调研的方式综合对全市国家机关办公建筑和大型公建建筑的能耗信息进行统计。根据不同用户角色设定不同权限，设置有市级能耗监测、建筑楼宇监测、能耗地图、能效公示和数据上报等 10 个一级功能点和 76 个二级功能点，可为政府、科研单位、业主和公众提供各类不同服务[6]。到目前为止，平台内以公共建筑电耗为主要监测对象，系统内数据多为针对单栋建筑的月度数据。能耗数据通过建筑能耗分项计量系统完成能耗监测。依据深圳市相关能耗统计办法和规定，深圳市建筑能耗监测平台将所有建筑按照类型分为国家机关办公建筑、商业办公建筑、商场建筑、宾馆饭店建筑、文化教育建筑、医疗卫生建筑、综合建筑及其他建筑。接入平台建筑主要以国家机关办公建筑、商业办公建筑、商场建筑和综合建筑为主。各类型建筑比率分布如图 1-2 所示。

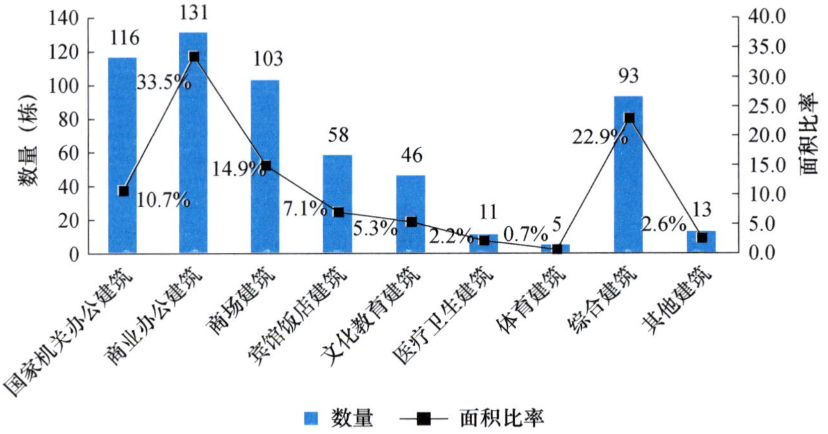

图 1-2 接入市级能耗监测平台各类公共建筑数量与面积比率

（3）重庆市

2012 年 1 月，重庆市国家机关办公建筑和大型公共建筑能耗监管平台示范城市建设项目顺利通过住房城乡建设部验收。重庆市公共建筑节能监管平台的总体目标是对重点建筑能耗进行实时监测，并通过能耗统计、能源审计、能效公示、用能定额和超定额加价等制度促进重庆市公共建筑提高自身节能运行管理水平，推动全市高耗能的公共建筑积极开展节能技术改造，培育全市建筑节能服务市场，为高能耗公共建筑的节能改造创造有利条件。目前，重庆市除了将既有公共建筑节能改造项目引入国家机关办公建筑和大型公共建筑节能监管平台进行统一监管外，还在总面积大于 2 万 m^2 的新建公共建筑中强制推行能耗分项计量装置安装，进一步完善国家机关办公建筑和大型公共建筑节能监管体系建设[7]。重庆市公共建筑能耗监测平台数据流动结构如图 1-3 所示。

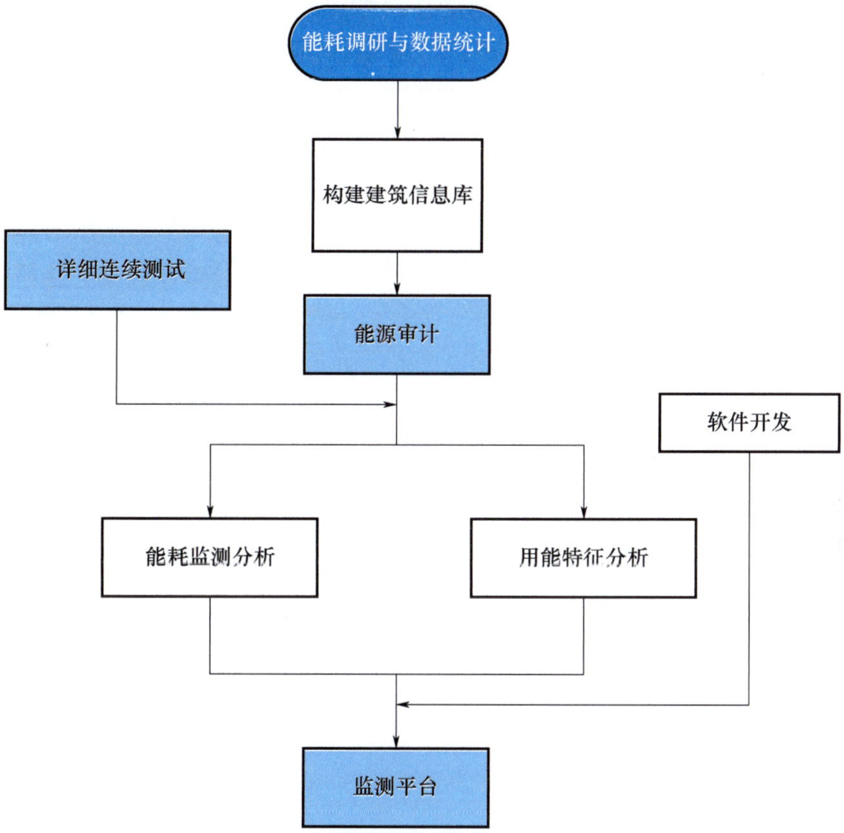

图 1-3 重庆市公共建筑能耗监测平台数据流动结构

表 1-1 为公共建筑能耗平台/数据报告相关现状。可以看到，绝大部分平台存在未公开而导致无法在互联网上被直接搜索到或能在互联网上搜索到但已停止更新的问题，只有少数平台仍在运行、持续维护。前文提及的上海市、深圳市、重庆市在建筑能耗监测平台的发展较为持续。对我国现有的公共建筑能耗监测、统计平台的维护和运行普遍存在以下两个问题：

1）平台的运维机制有待进一步完善。从 2007 年全国开始大规模推进建设公共建筑用能监测平台到目前功能相对健全，能持续更新的省、市级平台数量不足 10 个，可以看出系统建成以后缺乏平台维护更新的动力。这一动力来自两个方面：一方面来自资金。随着能耗监测平台建设完毕，以及相配套的能耗监测设备安装的完成，质保期或运维合同期过后，后续资金亟待落实。系统平台可以由政府资金拨付，但能耗监测设备维护资金由于大多属于建筑用能单位支付，所以持续支付的动力较小。另一方面来自运作模式。现阶段能耗监测平台均以监测和管理为目的，对建筑用能者的直接利益关联较小，所以只靠政策法规的推动，无法形成良性循环的动力闭环。

2）平台的作用有待进一步拓展。一方面，平台尚未充分发挥城市级重点建筑实时能耗数据为政府提供宏观决策、指导节能工作的功能；另一方面，平台尚未充分利用翔实的监测数据以揭示建筑能耗问题，指导节能改造，为节能评估工作。

表 1-1　公共建筑能耗平台/数据报告相关现状

省市	公共建筑能耗平台/数据报告相关现状
上海	Web（网页）+微信公众号+手机 APP 等平台，均在持续更新数据及相关内容，且建设了“市+各区”两级平台[8-9]，在2014—2019年期间连续6年发布了年度《上海市国家机关办公建筑能耗监测及分析报告》。截至2018年年底，全市累计共有1687栋公共建筑完成了用能分项计量装置的安装，并实现了与能耗监测平台的数据联网，覆盖建筑面积7833.1万 m^2
深圳	搜索不到公开平台，但可查到相关报道，在2016—2018年连续3年发布了年度《深圳市大型公共建筑能耗监测情况报告》[10]。截至2018年年底，深圳市分阶段安装能耗分项计量并接入市级能耗监测平台的公共建筑数据累计563栋，涉及公共建筑总建筑面积为2380万 m^2
重庆	搜索不到公开平台，可查到1篇2016年2月的相关报道——《重庆市公共建筑能耗监测平台数据分析报告（2015年全年）》[7]，报告指出：截至2016年2月1日，重庆市国家机关办公建筑和大型公共建筑能耗监测平台共计完成389栋、约1693.1万 m^2 的分项计量能耗监测平台建设。此后无跟踪报道
天津	搜索不到公开平台，仅能见到2008年天津市建委等机构拟定的国家机关办公建筑和大型公共建筑节能监管体系实施方案[11]，无后续的跟踪报道
江苏	搜索不到公开平台，可从1篇学术论文中了解到该平台的相关情况[12]
山东	搜索不到公开平台，仅见1篇关于平台通过验收的报道[13]，且无后续的跟踪报道
安徽	能搜索到公开平台且平台内容较丰富[14]，但数据自2015年6月1日后无更新

1.3　公共建筑电耗限额管理的“北京方案”

在北京市政府办公厅2013年印发的《北京市民用建筑节能管理办法》（市政府令第256号）、《北京市公共建筑能耗限额和级差价格工作方案（试行）》（京政办函〔2013〕43号）（以下简称“北京方案”）等公共建筑能耗限额管理的政策与法规体系的构架引导下，北京市建立了以公共建筑基本信息和电耗数据为基础的电耗限额管理信息系统，并明确了实施范围为在北京市行政区域内单体建筑面积为3000m^2（含）且其中公共建筑面积占该单体建筑总面积的50%以上（含50%）的公共建筑，提出了开展公共建筑能耗限额管理的主要目标：“以降低公共建筑能耗为目的，以节能目标考核和价格杠杆调节为手段，在公共建筑中实行能耗限额和级差价格制度，建立以信息化平台、节能目标考核、能耗公示和级差价格为支撑的公共建筑能耗限额管理体系，促进行为节能和管理节能，促进节能改造。”

1.3.1　“北京方案”概述

“北京方案”提出了关于公共建筑能耗限额管理工作的3个实施方案：一是开展能耗

限额管理基础工作，包括建立并完善公共建筑基础信息库和加强能耗计量、监测和统计工作；二是制定能耗限额指标并开展节能目标考核；三是向国家主管部门申请开展试点，实施公共建筑超限额用能级差电价制定，增加超限额用能建筑的用能成本。

为落实相关工作，2014 年，北京市将开展公共建筑能耗限额管理工作计划纳入了年度市政府工作报告；同年颁布的《北京市民用建筑节能管理办法》（市政府令第 256 号），也明确北京市要实行公共建筑能耗限额管理制度，确定公共建筑的年度能耗限额，超过限额要求的公共建筑要实施能源审计并按照不同情况进行行政处理。

2014 年 10 月，北京市住房和城乡建设委员会、北京市发展和改革委员会联合发布《北京市公共建筑电耗限额管理暂行办法》（京建法〔2014〕17 号），要求对超电耗限额 20% 的公共建筑责令进行能源审计工作，并依据《能源审计报告》的整改建议，及时制定节能整改方案；对拒不开展能源审计工作的单位责令整改，逾期不改的单位处以罚款。

经过多方共同行动，以电耗为切入点，北京市逐步建立起公共建筑电耗限额管理工作的机制体制，明确了各参与主体的责任与义务，明确了公共建筑电耗限额的管理对象，对公共建筑基础信息采集与变更、电耗限额的确定与调整，以及电耗限额数据的使用、考核相关方法与流程进行了详细规定；落实公共建筑电耗限额的属地管理原则，形成了初步的“北京方案”。

“北京方案”的特色主要体现在以下 5 个方面：

1）电耗限额管理的实施范围：覆盖全面、覆盖率高，将北京市行政区域内单体建筑面积为 3000m^2（含）且其中公共建筑面积占该单体建筑总面积的 50% 以上（含 50%）的公共建筑全部纳入实施范围。

2）限额指标制定方法：限额指标制定既与《北京市“十二五”时期民用建筑节能规划》中公共建筑节能目标相衔接，又采用了自身衡量法以保证限额指标的可实现性。

3）电耗限额管理基础数据来源：实行了不同管理功能的信息平台数据资源共享整合，根据管理对象的实际情况变化进行动态采集调整，建立了北京市房屋全生命周期管理平台房屋基础数据与北京市电力公司电力结算数据的共享机制。

4）电耗限额制定方法：“以建筑自身历史电耗为主、同类建筑平均电耗水平为辅”，以自身衡量法设定限额指标为依据，对新投入运营等非正常使用建筑参照同类建筑平均能耗水平进行衡量。

5）超限额用电的管理：依据《北京市民用建筑节能管理办法》（市政府令第 256 号）、《北京市公共建筑电耗限额管理暂行办法》中的相关规定，开展能源审计等工作。

1.3.2 “北京方案”的创新

相对于国内其他省份，“北京方案”有以下两个重要创新：

一是提出了“以建筑自身历史电耗为主、同类建筑平均电耗水平为辅”的电耗限额制定方法。国内其他省份大多依据该地区公共建筑历史电耗数据，通过统计分析的方法为每个类型的公共建筑画定一条统一的“红线”作为限额。该限额表征了该地区公共建筑用电的整体水平。北京市作为首都，受近年“京津冀融合发展”“通州副中心建设”“非首都功能疏解”“雄安新区建设”等政策的影响与推动，公共建筑使用的相关业务发展快速且变动频繁，同一建筑相邻年间的电耗变化率均值达到10%～30%，而同类型的不同建筑间的单位面积年耗电量平均可相差2～7倍。如果也为同类型的公共建筑划定统一的电耗限额指标，则会对近年业务快速发展、电耗量增长较快的公共建筑造成一定的不利影响，而用电强度较低的公共建筑则可能放松运行管理，与北京市公共建筑电耗限额管理“鼓励节能但不限制发展”相背离。因此，提出了“以建筑自身历史电耗为主、同类建筑平均电耗水平为辅”的原则，为每个建筑按年度下达电耗限额指标，并按照该限额指标对其进行考核管理。

二是创建了适用于北京市特点的“政府引导、多方参与”的公共建筑电耗限额管理模式，推动了限额管理工作稳步发展。由于与国内多数省、市所采用的“定额”控制策略不同，在缺乏相关经验可借鉴的情况下，北京市的公共建筑电耗限额工作完全在摸着石头过河、在不断探索中缓步前进。通过五年的摸索与实践，确立了“政府引导、多方参与”的工作思路及以节能目标考核为手段的管理方案。政府引导，充分发挥政府的引导统筹作用，建立了由市住房和城乡建设委员会牵头、多部门联动、属地负责的管理体系；多方参与，充分发挥市场配置资源的作用，构建了由能源企业提供电力数据、研究机构开展专题研究、第三方机构支持建筑能源审计与节能改造的支撑体系。

自2013年至今，经过多年的能耗限额管理工作实践，截至2019年年底全市已有12222栋建筑（占全市公共建筑面积比为47%）被纳入该限额管理系统。自实施电耗限额管理以来，成功地遏制了限额管理范围内的公共建筑电耗快速增长的势头。2014年至2019年间共节约电量约23.6亿千瓦时，合计减少碳排放达200万吨。同时，与时俱进，进行了《北京市公共建筑电耗限额管理暂行办法》的修订。

2 真抓实干 北京市实践公共建筑电耗限额管理工作

公共建筑电耗限额管理是“十二五”期间北京市深化建筑节能管理，注重建筑运行环节节能，在公共建筑节能管理领域开展的一项创新性工作，也是实施公共建筑能耗限额管理的开端。表 2-1 列出了自 2013 年至今各年度的工作主线。

表 2-1 北京市公共建筑能耗限额管理工作各年度工作主线

年度	年度工作主线
2013	以《北京市公共建筑能耗限额和级差价格工作方案（试行）》发布为标志，以电耗限额管理为切入点，启动公共建筑能耗限额管理工作
2014	以公共建筑电耗限额管理纳入年度市政府工作报告和折子工程、《北京市民用建筑节能管理办法》（市政府令第 256 号）和《公共建筑电耗限额管理暂行办法》（京建法〔2014〕17 号）发布为契机，大力推动公共建筑电耗限额管理并将公共建筑电耗限额管理纳入法制化轨道
2015	继续落实市政府 2014 年折子工程，常态化、制度化推进公共建筑电耗限额管理工作
2016	公共建筑电耗限额管理再度纳入年度市政府工作报告，公共建筑电耗限额管理工作组织保障、政策保障、节能监察、宣传培训等各项保障措施得到持续完善和提升
2017	在《公共建筑电耗限额管理暂行办法》（京建法〔2014〕17 号）的基础上，结合三年的能耗限额管理工作经验，着手提出公共建筑能耗限额优化方法，以满足建筑用能发展和功能变化，提高准确性和公平性
2018	探索北京市公共建筑能耗限额管理工作市场化机制，利用市场杠杆作用提升管理工作驱动力；探索全能耗限额管理办法，逐步完善能耗管理机制
2019	对能耗限额管理新平台提出开发需求，升级能耗限额管理平台功能，完善管理工作流程；探索能耗限额管理工作的发展方向、目标和实施路线
2020	以《北京市公共建筑电耗限额管理暂行办法》（京建法〔2020〕5 号）的修订发布为契机，优化和完善能耗限额管理方法和机制，提升管理水平

2013—2016 年，北京市建立了公共建筑电耗限额管理的政策与法规体系，构建了市区级联动、执法与考核的工作机制，明确了管理工作流程，大范围采集了公共建筑基本信息与电耗数据，初步搭建了北京市公共建筑电耗限额管理信息系统，明确了“以自身历史数据”为基准的限额方法，形成了适合于北京市公共建筑用能特点的“北京方案”，为北京市公共建筑电耗限额管理工作奠定了良好的基础。

2017—2020 年，北京市基于多年的管理工作经验，对政策与监督机制、管理方法、考核机制、系统平台等开展了一系列的完善工作，同时强化技术研究对管理工作的支撑作用，进一步加大宣传力度，积极探索公共建筑全能耗管理及市场化发展机制，不断完善了公共建筑节能管理的“北京方案”。

2.1 2013—2016 年：建立体系 奠定基础

2.1.1 构建法律法规体系 保驾护航

通过政策法规明确了公共建筑能耗限额管理的法律地位，规范了公共建筑能耗限额管理的程序，形成了公共建筑能耗限额管理工作的政策基础（表 2-2）。

表 2-2 公共建筑能耗限额管理相关法规与政策文件

年度	文件名称	主要内容
2013	《北京市公共建筑能耗限额和级差价格工作方案（试行）》（京政办函〔2013〕43 号）	明确了实施范围为在北京市行政区域内单体建筑面积在 3000m^2（含）且公共建筑面积占该单体建筑总面积 50% 以上（含 50%）的公共建筑，以计量基础较好的电耗限额管理为切入点，待条件成熟后逐步推广至综合能耗限额管理
2014	《北京市民用建筑节能管理办法》（市政府令第 256 号）	单体 2 万 m^2 以上大型公共建筑应进行“能源利用状况报告”。对超过公共建筑年度能耗限额 20% 的，北京市住房和城乡建设行政主管部门应当责令该建筑所有权人实施能源审计。对拒不填报、未按要求填报能源利用报告，拒不开展或未按照要求开展能源审计，不制定节能整改方案并按照方案进行整改等情形的，依照规定，对产权单位、运行管理单位、实际使用单位进行相关处理和处罚
	《北京市公共建筑电耗限额管理暂行办法》（京建法〔2014〕17 号）	（1）实施范围：北京市行政区域内单体建筑面积在 3000m^2（含）且公共建筑面积占该单体建筑总面积 50% 以上（含 50%）的公共建筑。 （2）2014 年、2015 年电耗限额计量方法：公共建筑电耗限额值依据北京市建筑节能年度任务指标和电力用户历史用电量确定
2016	《关于加强我市公共建筑节能管理有关事项的通知》（京建法〔2016〕279 号）	北京市住房和城乡建设委员会负责全市公共建筑的能源利用状况报告和能源审计工作的总体推进、协调和监督。超电耗限额 20% 的公共建筑责令进行能源审计工作。同时，依据《能源审计报告》的整改建议，及时制定节能整改方案，并按照方案进行整改。拒不开展能源审计工作的单位责令整改，逾期不改的单位处 3 万元以下罚金

2013 年，北京市政府办公厅印发了《北京市公共建筑能耗限额和级差价格工作方案（试行）》（京政办函〔2013〕43 号）。

2014 年，北京市将开展公共建筑能耗限额管理工作计划纳入年度市政府工作报告，并将相关要求列入《北京市民用建筑节能管理办法》（市政府令第 256 号），明确将定期向社会公布考核优秀建筑与考核不合格建筑。同年 10 月，市住房城乡建设委、市发展改革委联合发布了《北京市公共建筑电耗限额管理暂行办法》（京建法〔2014〕17 号）。

2016 年，市住房城乡建设委、市发展改革委联合发布了《关于加强我市公共建筑节能管理有关事项的通知》（京建发〔2016〕279 号），明确了超电耗限额 20% 的公共建筑的整改责任。

自 2014 年后，北京市公共建筑限额管理团队在实践中不断完善和强化管理监督。针对 2014 年、2015 年连续两年超过年度电耗限额 20% 的公共建筑，按照《关于加强我市公共建筑节能管理有关事项的通知》（京建发〔2016〕279 号）的要求责令其开展能源审计并将审计结果报送市、区住建委。为推动审计工作开展，对超限额 20% 的建筑业主责成进行能源审计，采用直接送达的方式发送能源审计告知书并由市住房城乡建设委组织各区建委部署此项工作。考虑到公共建筑电耗限额工作刚刚起步，2016 年市住房城乡建设委仅对 2014 年及 2015 年连续两年超限额 20% 以上的业主单位提出了能源审计的要求，并对上述 151 家单位在市住房城乡建设委官网进行了公示。

2.1.2 建立信息采集机制 夯实数据

数据是能耗限额管理工作的基础，北京市在构建公共建筑电耗限额管理基础数据库时，充分利用市住房和城乡建设委员会已有成果及各级部门与企业优势，确保数据的覆盖率和准确性。

（1）建筑基础信息采集工作流程

开展公共建筑能耗限额管理工作必须从基础信息采集开始，对全市行政区域内符合限额管理条件的公共建筑及其用电信息进行逐一摸排。市住房城乡建设委从基础数据采集入手，逐步搭建公共建筑能耗限额管理基础信息库，为限额指标的测算和下发奠定基础。根据调研，市住房城乡建设委房屋全生命周期管理平台数据，初步确定了基础信息采集排查清单。根据排查清单，初步确定了排查方法，根据排查清单上的公共建筑地址，分区域采取逐一实地上门排查的方式，走访公共建筑产权单位、使用单位、运行管理单位，并由上述单位相关负责人填报公共建筑电力结算用户编号等信息。完成信息采集之后，市住房城乡建设委组织信息录入，并将电力用户编号提交国网北京市电力公司，国网北京市电力公司据此提供公共建筑历史用电量信息。基本信息排查按照划分的排查小区进行，排查小区的划分坚持地域原则、以街道办事处所辖区域为基础，对每个排查小区的公共建筑进行核查，做到不重不漏，完整覆盖市行政区域范围。各区政府、街道办事处（乡镇政府）为排查工作的实施主体，充分动员各区政府、街道办事处及相关单位人员完成排查工作（图 2-1）。

自 2013 年 7 月起，共计有全市 16 个区以及北京市经济技术开发区的建设主管部门、300 余个街道办事处（乡镇政府）及下辖社区的 7000 余名工作人员投入到公共建筑电耗基础信息采集核查工作中，对象覆盖单体建筑超过 3000m^2 且公共建筑面积超过 50% 的 18770 栋公共建筑，分布在超过 300 个乡镇（图 2-2 ~ 图 2-5）。

（2）建筑基础信息内容

公共建筑的基础信息包括公共建筑房屋基础信息、公共建筑电力用户信息和公共建筑用电信息（表 2-3）。其中，房屋基础信息包括建筑名称、建筑地址、建筑年代、建筑面积、建筑使用功能等，用电信息指电力能源消耗情况。此部分数据，直接来源于北京市 2007 年开展的全市范围的房屋普查，以及于 2008 年以房屋普查数据为基础建立的可动态更新的北京市房屋全生命周期管理信息平台，如图 2-6 所示。

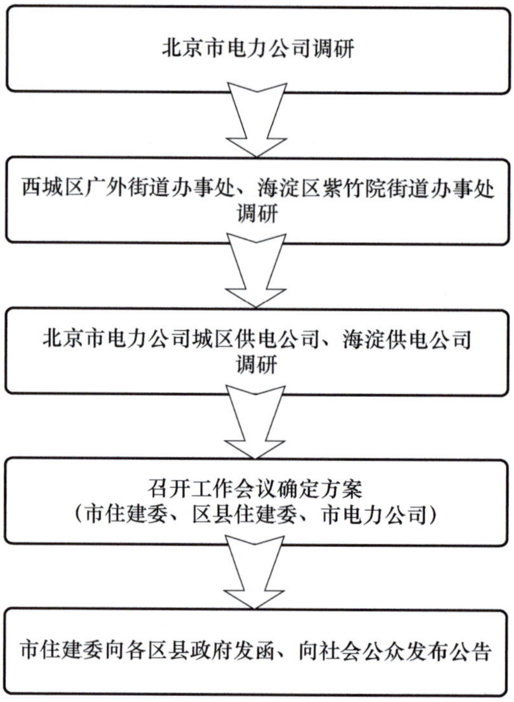

图 2-1　公共建筑能耗限额管理基础信息采集前期调研工作

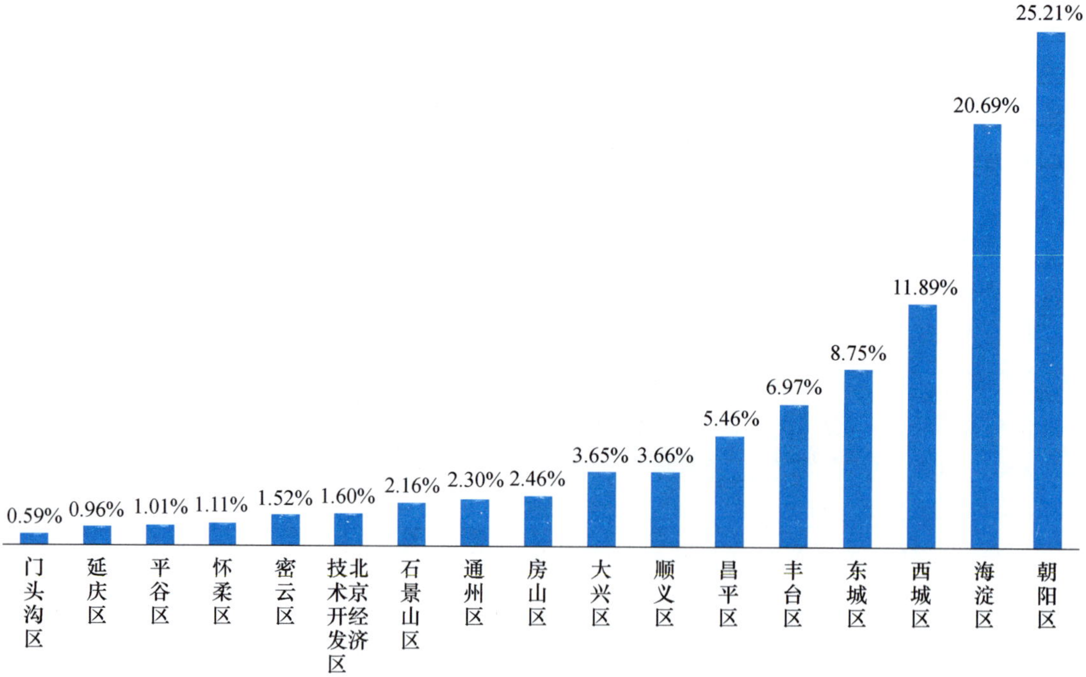

图 2-2　各区公共建筑采集核查面积占全市公共建筑总面积的比率

图 2-3 在公共建筑变电所（配电室）调研

图 2-4 公共建筑能耗限额管理基础信息采集工作培训会

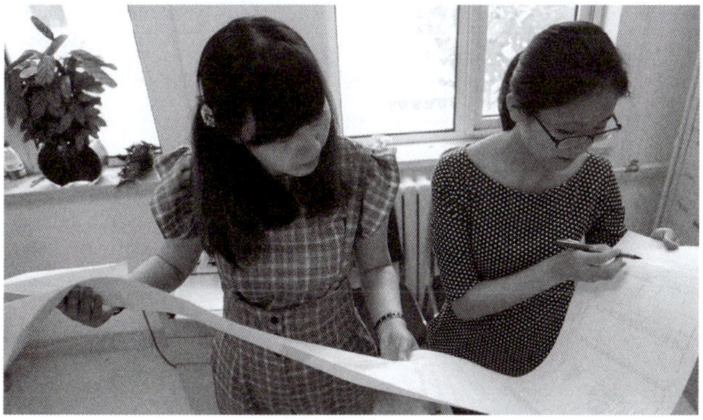

图 2-5 街道工作人员在开展信息采集工作

表 2-3　北京市公共建筑能耗限额管理基础信息采集表信息类别及内容

<table>
<tr><th>基础信息类别</th><th>具体内容</th><th>填表说明</th></tr>
<tr><td rowspan="3">建筑概况</td><td>建筑编号</td><td rowspan="3">根据房屋全生命周期管理平台信息自动生成，无须填报</td></tr>
<tr><td>建造年代</td></tr>
<tr><td>建筑面积</td></tr>
<tr><td>建筑使用功能</td><td>公共建筑、居住建筑、工业建筑、农业建筑四选一；公共建筑需填报类型代码</td><td>建筑可按使用功能分为：工业建筑；农业建筑；民用建筑。其中，民用建筑分为：(1) 居住建筑，主要是指提供家庭和集体生活起居用的建筑物，如住宅、宿舍、公寓等。(2) 公共建筑，主要是指提供人们进行各种社会活动的建筑物，如行政办公建筑、文教建筑、托幼建筑、医疗建筑、商业建筑、观演建筑、体育建筑、展览建筑、旅馆建筑、交通建筑、通信建筑、园林建筑、纪念建筑、娱乐建筑等。填报时需在工业建筑、农业建筑、居住建筑、工业建筑、农业建筑 4 个选项中选择一个，建筑使用功能为公共建筑的还应按照建筑的主要用途，根据下表填报公共建筑类型代码：
<table>
<tr><th>公共建筑类型</th><th>代码</th></tr>
<tr><td>办公建筑</td><td>A</td></tr>
<tr><td>商场建筑</td><td>B</td></tr>
<tr><td>宾馆饭店建筑</td><td>C</td></tr>
<tr><td>文化建筑</td><td>D</td></tr>
<tr><td>医疗卫生建筑</td><td>E</td></tr>
<tr><td>体育建筑</td><td>F</td></tr>
<tr><td>教育建筑</td><td>G</td></tr>
<tr><td>科研建筑</td><td>H</td></tr>
<tr><td>综合建筑</td><td>I</td></tr>
<tr><td>其他建筑</td><td>X</td></tr>
</table></td></tr>
<tr><td rowspan="4">建筑产权单位</td><td>单一产权/多产权</td><td rowspan="4">(1) 本栋建筑如只有一个产权单位（产权人），则选择单一产权单位；如本栋建筑有多个产权单位（产权人），则选择多个产权单位。
(2) 填报产权单位的名称、组织机构代码、营业执照号。对有多个产权单位的情况，填写所占建筑面积较大的产权单位名称</td></tr>
<tr><td>产权单位名称</td></tr>
<tr><td>组织机构代码</td></tr>
<tr><td>营业执照号</td></tr>
<tr><td rowspan="4">建筑运行管理单位</td><td>建筑运行管理单位名称</td><td rowspan="4">(1) 填写本栋建筑运行管理单位的名称、组织机构代码、营业执照号。
(2) 如本栋建筑由专业的物业管理公司负责管理，还需填写物业管理公司资质证号</td></tr>
<tr><td>物业管理公司资质证号</td></tr>
<tr><td>组织机构代码</td></tr>
<tr><td>营业执照号</td></tr>
<tr><td>电表信息</td><td>根据本栋建筑的实际情况，选择填写 (1) 或 (2)</td><td>(1) 本栋建筑具有独立的电力部门结算电表，指本栋建筑具有独立的北京市电力公司结算电表，直接同市电力公司结算电费，且结算电表计量用电全部供本栋建筑使用。
(2) 本栋建筑与其他建筑合用电力部门结算电表，指本栋建筑与其他建筑共用北京市电力公司结算电表，结算电表计量用电包括本栋建筑和其他建筑用电</td></tr>
</table>

图 2-6 北京市房屋全生命周期平台

公共建筑的电力用户信息（主要是建筑对应的电表号）则是充分动员了各相关区县政府及其所属乡镇政府、街道办事处工作人员，逐楼向公共建筑的产权单位、使用单位或物业管理单位核查电表信息。2013 年底至 2014 年，全市共计 16 个区及北京经济技术开发区的建设主管部门、300 余个街道办事处（乡镇政府）及其下辖社区的 7000 余名工作人员投入到公共建筑电耗基础信息采集工作中，完成了 18770 栋公共建筑的信息采集与核查。

公共建筑用电数据则由国网北京电力公司直接根据建筑电表号向市住房城乡建设委逐年提供，数据为各电表号对应的逐月电耗数据。

由于每年会有符合限额管理条件的新建建筑，同时已纳入限额管理范围内的既有建筑也存在功能改变甚至拆除等变化，因此，市住房城乡建设委在 2014 年公共建筑能耗限额管理基础信息采集基础上，于 2015 年组织了新增公共建筑信息采集和既有公共建筑信息核查工作，其中信息校核内容涉及填报信息不完整、不准确的建筑，以及部分灭失建筑、未正常使用建筑（空置、装修等）、居住建筑、工业建筑、农业建筑等。自此，北京市公共建筑电耗限额管理将新增公共建筑信息采集和既有公共建筑信息核查确定为每年的常规工作，以确保数据的准确性。

（3）建筑基础信息采集方法

1）精确定位，按址索楼

房屋全生命周期管理信息平台具有大部分建筑的地址信息，并细化到所在的区县、街道（乡镇）。因此，在生成信息采集表时即将建筑地址信息、所属区县、街道信息包括在内，采集工作人员只需按照采集表上所填写的建筑地址上门进行采集即可。对地址信息缺失或者根据地址信息难以定位的公共建筑，技术支撑单位将为区县数据采集工作人员提供房屋全生命周期管理平台查图和卫星图片定位的辅助定位服务。

2）只填表号，不填电耗

考虑到数据的准确性、可靠性及数据获取的便捷性，信息采集不要求填报单位填写电耗数据，只要求在信息采集表上填写清楚本栋建筑同电力公司进行结算的电力用户编号即可，为了保证填写的用户编号正确性，同时要求填报单位随信息采集表提交一份近 3 个月内的电力缴费通知单复印件。

3）流水作业，并行推进

信息采集和限额下发工作涉及公共建筑信息采集、信息采集表审核、信息采集表录入、电力用户信息提取汇总与送达国网北京市电力公司、国网北京市电力公司电耗数据反馈、电耗数据预处理、建筑及电耗对应关系及数据导入公共建筑能耗限额管理信息系统等多个环节。为了加快电耗限额下发的速度，将信息采集和限额下发工作分为若干批次，不同批次之间采用流水作业、并行推进的方法。同时，技术支撑单位为填报单位开通了远程审核信息采集表、在线咨询及电话咨询等各种服务。

2.1.3 搭建云端管理系统　打磨工具

公共建筑限额管理是一项长期、复杂的系统工程，借助新时代的科技力量，将大数据监测、互联网 + 能耗、科学动态监管理念融入公建电耗限额管理中，城市公共建筑电耗大数据平台应运而生。2013 年年末，市住房城乡建设委以大范围采集的公共建筑数据为基础，启动开发了国内首个公共建筑能耗限额管理信息系统，如图 2-7 所示。该系统实现了与房屋全生命周期平台房屋基础信息的数据对接，建筑及能耗信息结合地理信息系统（GIS）的展示，以及公共建筑能源利用状况报告的报送和审查。为公共建筑所有权人（或运行管理单位）查询和签收限额指标，以及市、区住房和城乡建设委员会实施能耗限额管理提供了基础工具。

图 2-7　北京市公共建筑能耗限额管理信息系统（2013—2017 年使用）

该系统涵盖十大系统功能，包括系统管理、建筑信息管理、电力信息管理、统计分析、指标查询、指标签收、信息报送、考核及公示、能源利用状况报告以及 GIS，如图 2-8 所示。

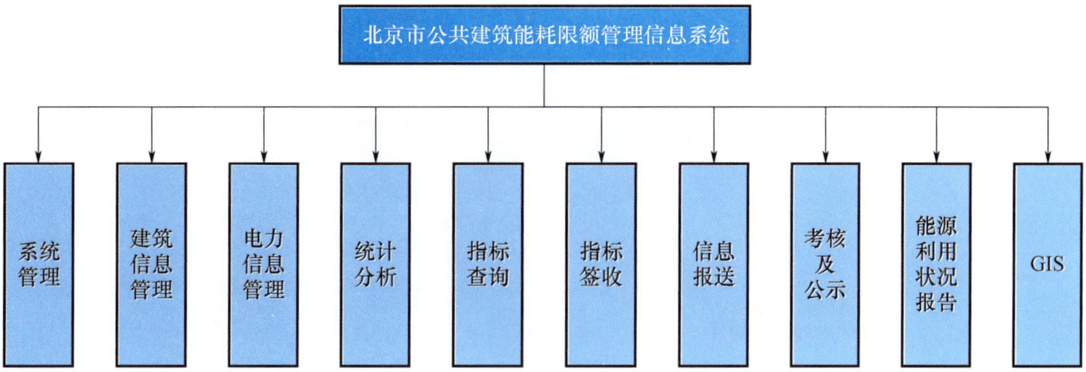

图 2-8 北京市公共建筑能耗限额管理信息系统功能

其中，“系统管理”包括对公共建筑用户信息管理及维护，用户登录信息管理及登录权限管理以及“建筑信息”和“电力信息”，主要是展示、管理和维护来自房屋全生命周期管理信息平台的公共建筑房屋信息和市电力公司电力平台的公共建筑电耗数据，如图 2-9 所示。

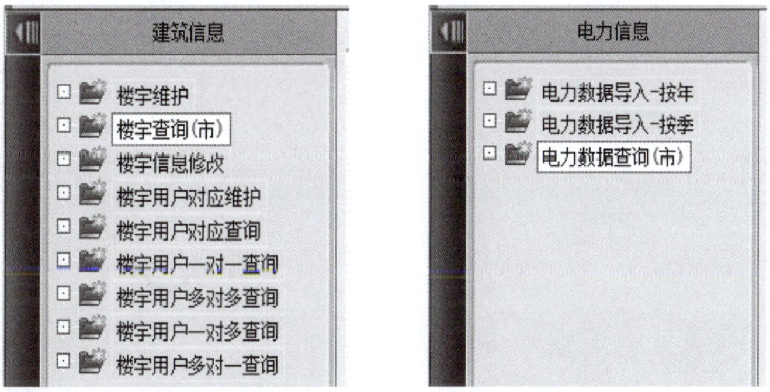

(a) 建筑信息管理功能 (b) 电力信息管理功能

图 2-9 建筑信息和电力信息管理功能

“统计分析”涉及不同区域规模内的定期总量统计功能，包括各街道按月、季度、年度的电耗总量统计，各区县按月、季度、年度的电耗总量统计，以及不同类别建筑按月、季度、年度的电耗总量统计；还涉及能耗排序功能，包括单位建筑面积电耗排序、单位建筑面积电耗最低的 5% 建筑名单排序和单位建筑面积电耗最高的 5% 建筑名单排序，如图 2-10 所示。

“指标查询”主要是指针对各建筑的电耗限额值的查询；“指标签收”可帮助主管部门向用户下达电耗限额指标，用户进行签收并可对指标值提出异议和递交指标值调整申请；“信息报送”为用户提供电耗数据上报至主管部门审核的入口；“考核及公示”可发布限额指标完成情况以及相应的法规政策落实情况；“能源利用状况报告”为用户向主管部门上报年度能源利用状况报告提供入口。

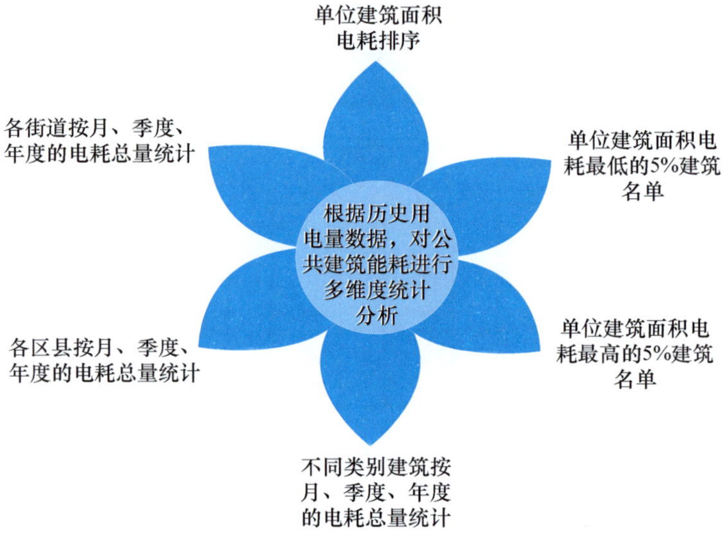

图 2-10　北京市公共建筑能耗限额管理平台的统计分析功能

建筑能耗限额管理平台同样提供 GIS 功能，将建筑物能耗信息与地理信息系统相结合，实现地理信息地图的多维度展示与查询，并将建筑能耗数据及预警信息直观展示于地图上，如图 2-11 所示。其中，地图上建筑不同的颜色代表不同程度的超限额水平。

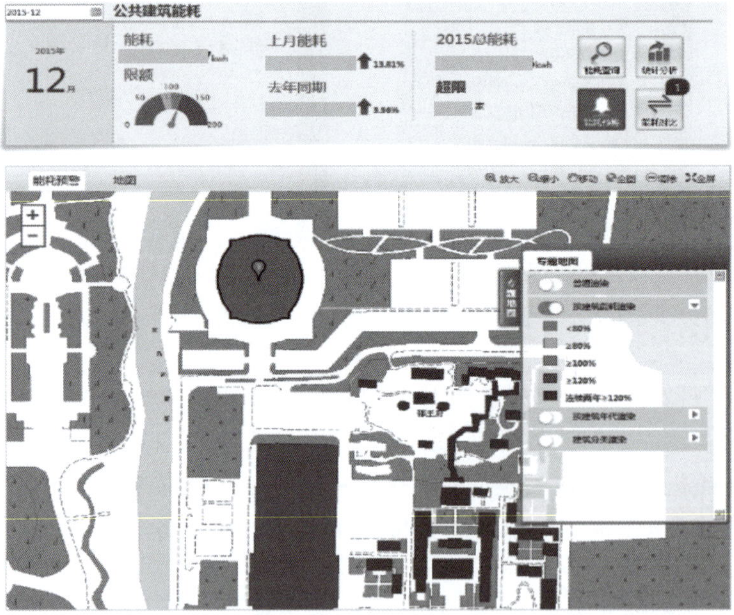

图 2-11　基于 GIS 的建筑与能耗信息及预警可视

图 2-12 展示了为北京市公共建筑电耗限额管理信息系统的数据流线：经北京市房屋全生命周期管理信息平台、建筑用户、北京市电力公司等途径采集的数据，被存储到北京市公共建筑能耗限额管理信息系统数据库；后经过整合、清理、统计与挖掘等一系列数据处理与分析过程，数据可用于制定能耗限额、进行能耗限额调整、考核能耗限额指标及探索能耗定额；经处理、分析及考核后的数据，可通过北京市公共建筑能耗限额管理信息系统的平台前端，进行可视化、查询与签收、公示及报告等；最后，相关建筑用户依据上述所有信息，制定不同的节能改造方案、开展能源审计等工作，达到建筑节能的目的，也正实现了北京市公共建筑能耗限额管理工作的初衷。同时，可将能源审计及节能改造后的建筑数据反馈回系统数据库，验证节能效果，并进一步指导长期的建筑能耗限额管理工作。

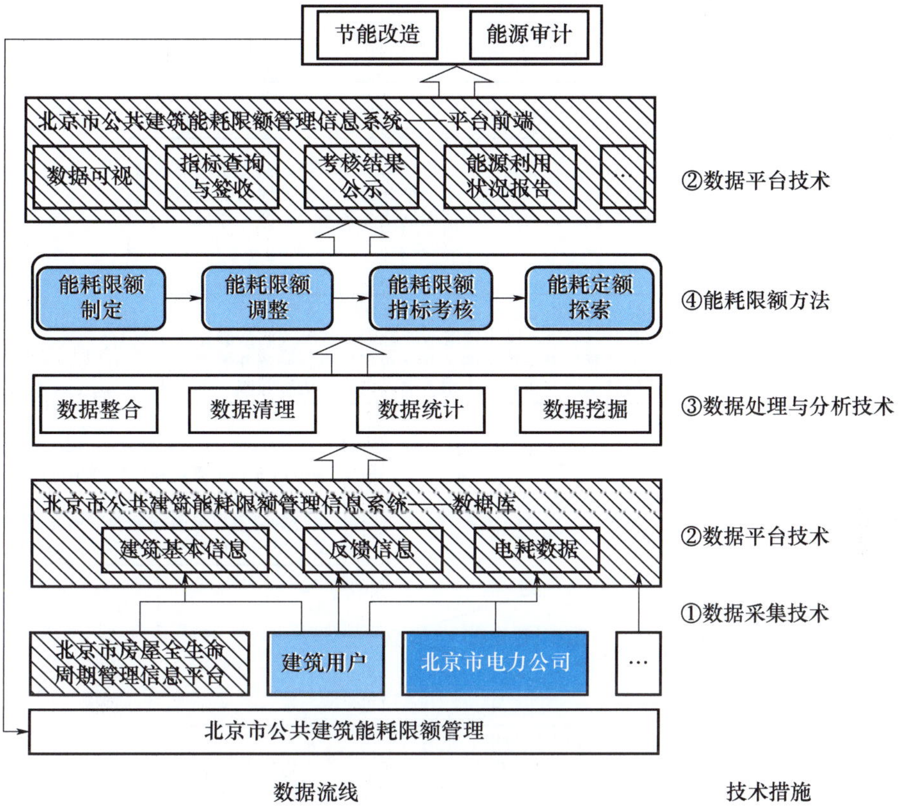

图 2-12 北京市公共建筑电耗数据流线与相应技术措施

2.1.4 科学管理方法流程 保障公平

《北京市公共建筑电耗限额管理暂行办法》（京建法〔2014〕17 号）中明确了能耗采集、数据整理、信息核查、异议处理、能耗考核以及监督管理的一系列工作流程，如图 2-13 所示。其中，规定“对超限额 20% 的高电耗建筑的所有权人、运行管理单位或使用单位进行通报批评和限期整改。电耗限额考核不合格的公共建筑所有权人，当年不得参加市、区县级‘文明机关’‘文明单位’评选，电耗限额考核不合格的公共建筑不得参加北京市物业管理示范项目评选。连续两年超过年度电耗限额20%的电力用户，北京市发展和改革委员会将其优先列入有序用电和拉路序位计划，市、区住房城乡（市）建设执法部门依据《北京市民用建筑节能管理办法》相关规定责令其改正，处3万元以上10万元以下罚款”。

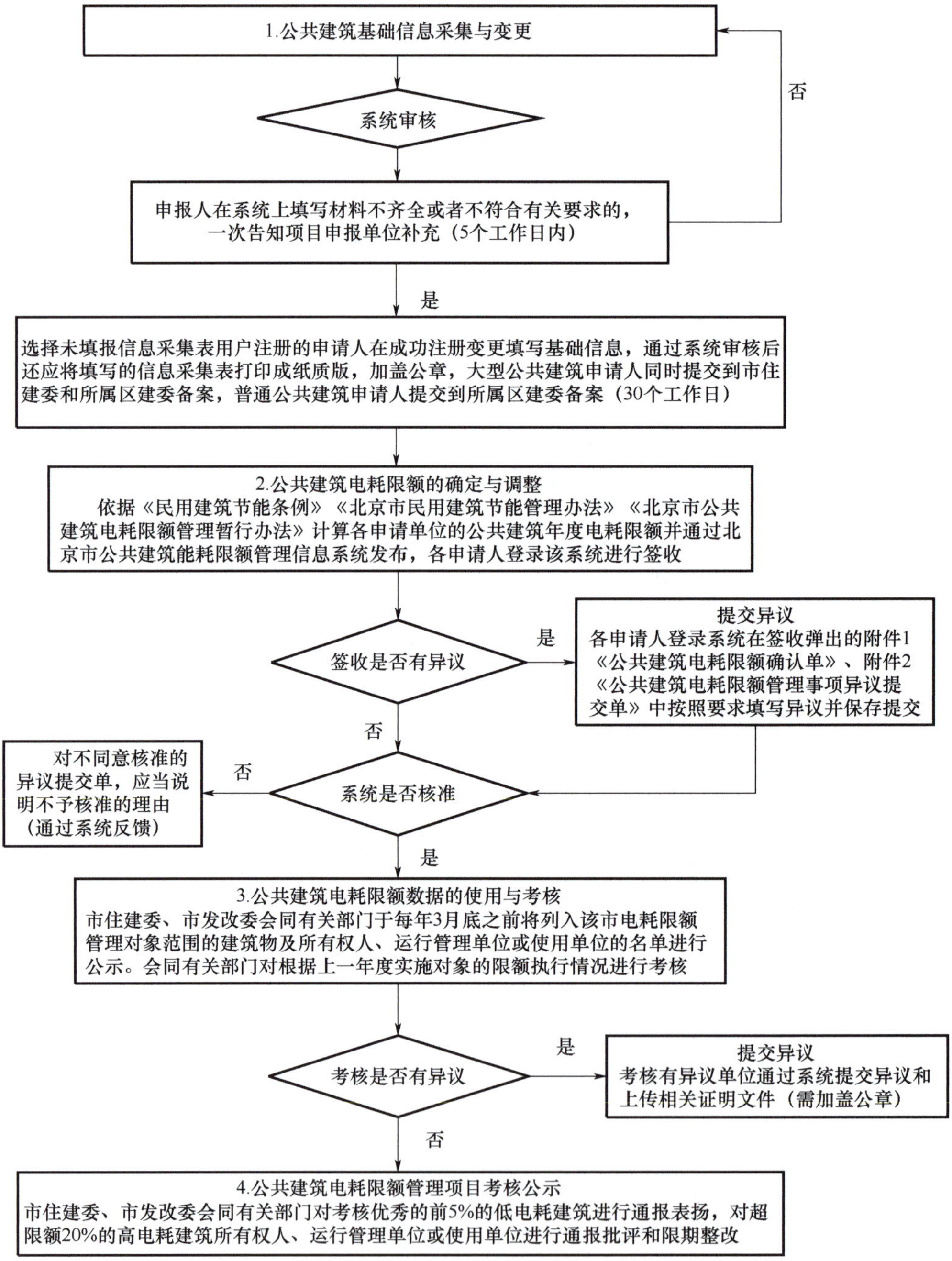

图2-13　北京市公共建筑电耗限额管理流程

此外，规定了2014年、2015年公共建筑电耗限额的计算方法——将2011年和2013年的电耗相比较后确定其中一个电耗值为基准年制定限额：

2013年耗电量比2011年增加的电力用户，2014年、2015年限额值在2011年耗电量基础上，分别按6%和12%降低率确定；2013年耗电量比2011年降低的电力用户，在2011年耗电量基础上，按照12%扣减2013年至2011年降低率后，平均分配到两年的原则，确定2014年和2015年的限额值；2013年耗电量比2011年已经下降12%以上的电力用户，2014年、2015年限额值均按2013年耗电量进行考核。

《北京市民用建筑节能管理办法》还进一步明确，对未按期填报基础信息的电力用户，其年度电耗限额值参照同类建筑单位建筑面积电耗限额值较低的前10%平均水平确定。也通过这项规定，督促建筑物的产权单位及时填报基础信息。

在2016—2019年电耗限额管理工作中，电耗限额制定沿用了上述方法。

2.1.5 明确属地负责原则 形成合力

根据《北京市“十二五”时期民用建筑节能规划》的要求，建筑节能工作实行属地负责原则，公共建筑单位面积电耗作为任务指标下达给各区，纳入市政府对各区的节能减排考核指标体系。因此，北京市在《北京市公共建筑电耗限额管理暂行办法》（京建法〔2014〕17号）中明确采用了市区二级行政管理体制，其中，市住房城乡建设委主要负责制度设计、平台建设、监督检查、限额调整、协调各相关部门工作和对各区进行业务指导；各区政府作为公共建筑能耗限额管理的责任主体对辖区内公共建筑能耗限额管理工作全面负责、落实责任、综合协调、督促实施，完成市住房和城乡建设委员会下达的年度任务。

各区政府的任务包括：完成辖区内公共建筑电耗限额下发及考核工作；核实、完善本辖区电耗限额管理公共建筑基础信息，受理限额调整申请和相关反馈意见；完成辖区超限额公共建筑的告知，能源审计及配合执法工作。具体工作内容为：1）了解辖区内管理对象的总量、限额；2）受理审核对限额的异议；3）复核本辖区内考核优秀的名单，查明是否有非正常使用情况、征求企业意见是否公示；4）送达本辖区内考核不合格建筑的能源审计告知书；5）受理审核对考核结果的异议；6）配合完成本辖区内建筑的核查和采集。

通过市、区两级的统一谋划、部门协同与上下联动，形成了公共建筑电耗限额管理从政府主管部门到建筑被管理对象的无缝对接，有效保障了政策落到实处。

2.2 2017—2020年：优化体系 提质增效

有了2013—2016年的探索与实践奠定的基础，2017—2020年，通过信息更新、平台升级、办法修订、宣传与培训等系列工作，夯实限额管理的数据基础和方法基础，同时与时俱进、提升“北京方案”的科学性与可操作性，通过持续深入的管理工作，抓落实、促成效。

2.2.1 持续校核更新　强化数据质量

建筑的信息更新包括已纳入管理系统公共建筑信息的更新以及未纳入管理系统的建筑信息采集。北京市公共建筑电耗限额管理系统中的公共建筑基础信息来源于北京市房屋全生命周期平台。该平台中的数据是动态发展的，包括新增建筑与既有建筑的信息更新等。对已纳入能耗限额管理系统中的建筑，每一年都会出现建筑产权人变更、建筑销户、建筑功能变化等问题，因此限额管理工作每年的重要任务之一是对建筑信息、能耗信息的校核。

（1）建筑基本信息校核方法

经过多年的摸索，北京市形成了“聘请第三方调研机构分区开展、同时推进，以现场调研为主、电话邮件为辅，充分发挥管理信息平台优势线上核查（图 2-14）”的信息核查方法，重点收集建筑基础信息、电力用户信息和其他能源信息，在做好公共建筑电耗信息核查和采集的基础上，为公共建筑的全能耗管理积累数据。此外，自 2019 年起，北京市将考核中发现的电耗强度异常小（低于 10kWh/m^2）的建筑也列入重点核查对象中，以明确其电耗强度异常小的原因，以便及时更新其相关信息，保证数据的准确性。

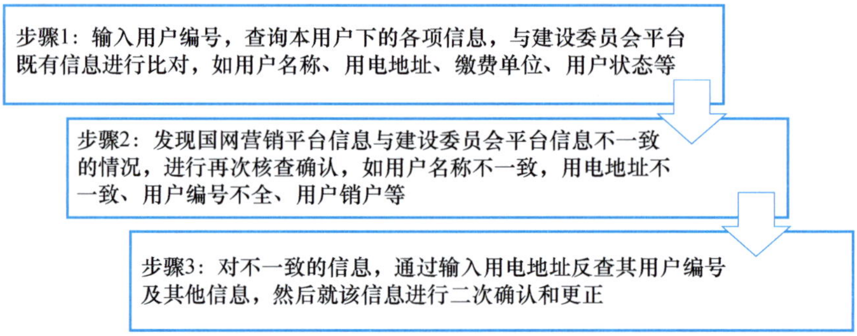

图 2-14　建筑基本信息线上校核流程

（2）信息校核工作实践实录

表 2-4 为 2017—2020 年信息校核工作汇总结果。

表 2-4　2017—2020 年信息校核工作汇总结果

年份（年）	信息更新内容	最终考核数量（栋）
2017	• 核查工作：销户 372 栋、用户名称不一致 725 栋、无法查询 138 栋 • 新增建筑信息：总计新采集 1053 栋建筑基础信息	11352
2018	• 核查工作：核查 2936 栋 2018 年前纳入限额管理中的建筑，发现编号错误 113 家、销户 182 家 • 新增建筑信息：总计新采集 1841 栋建筑基础信息，其中不符合纳入限额管理条件的 173 栋，多为居住建筑、工业建筑以及已拆、面积小于 3000m^2 或公建占比不足 50%、军产等情况，按照暂行管理办法不符合纳入限额管理条件	11258

续表

年份（年）	信息更新内容	最终考核数量（栋）
2019	• 核查工作：核查2018年电耗强度异常（低于10kWh/m^2）的建筑组和大工业用电等非公共建筑电价类别的建筑，完成450栋；同时，对已采集的建筑信息和对应关系进行梳理，整理完成1980栋楼栋基础信息，全部采集信息已校核并导入平台数据库 • 新增建筑信息：总计新采集762栋建筑信息，其中453栋为1.5万m^2以上的公共建筑	12222
2020	• 核查工作：累计修改建筑状态1109栋，修改电力用户编号24栋，处理重复建筑277栋，删除销户电表206个，剔除限额管理范围116栋 • 新增建筑信息：总计新采集685栋建筑基础信息	12751

1）2017 年

2017 年，通过国网北京电力公司的营销业务应用系统，对现有信息的准确度进行核查，然后通过第三方机构对大型公共建筑进行实地踏勘核查，完成了现有 13180 栋建筑数据质量的核查修正，如图 2-15 所示。其中用户编号注销 372 栋，实际用户名与限额管理系统中不一致的有 725 栋。截至 2017 年 12 月底，在市住房和城乡建设委员会全生命周期平台导出的公共建筑清单上，总计 21063 栋，已经纳入限额管理的建筑 11410 栋，没有纳入管理的建筑 9651 栋。

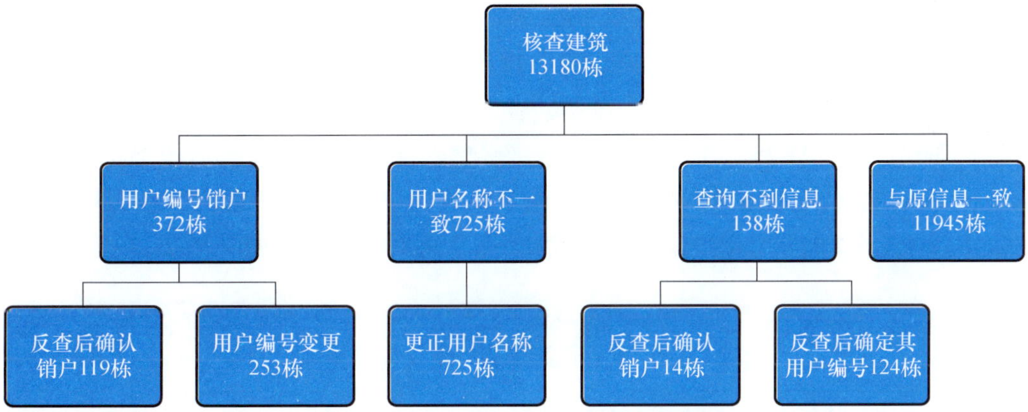

图 2-15 2017 年建筑基础信息核查结果

2017 年通过现场走访和国网平台搜索等方式，分别成功新增采集 988 栋、65 栋建筑基础信息，即合计新增 1053 栋建筑基础信息。

2）2018 年

在 2017 年年底没有纳入限额管理的 9651 栋建筑中，2018 年新采集的建筑总计 1841 栋，成功纳入限额管理范围的 1668 栋，其中 944 栋与 2018 年前纳入限额管理的建筑共用结算电表。不符合纳入限额管理条件的有 173 栋，其中多为居住建筑，工业建筑、已拆、面积小于3000m² 或公建占比不足50%、军产等情况，按照暂行管理办法不符合纳入限额管理条件。对已经纳入能耗限额管理系统的建筑，2018 年完成了2936 栋于2018 年前纳入系统的建筑核查工作，其中出现用户编号错误的建筑数量总计113 栋；能耗限额值出现异常的建筑117 栋；电力用户编号销户的有182 栋（图2-16）。

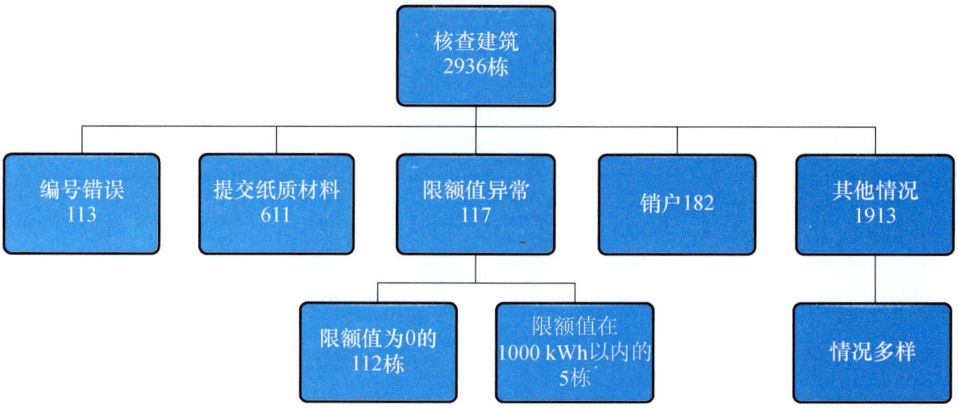

图2-16　2018 年纳入系统的建筑基础信息核查结果

3）2019 年

2019 年度建筑基础信息重点核查对象为2018 年电耗强度异常（低于10kWh/m²）的建筑组和大工业用电等非公共建筑电价类别的建筑，待核查信息1202 栋；采集对象为1.5 万m² 以上新增公共建筑，待采集信息1961 栋。

2019 年年底，与960 栋建筑的产权人、物业公司、使用单位取得联系，完成核查450 栋。其中，256 栋提交了纸质材料，已拆、闲置、军产保密、居民住宅、公建占比小于50%等类型建筑共121 栋（其中，已拆/已废/改造/新建等69 栋，军产保密/寺庙等35 栋，居民17 栋）。在已完成的450 栋公共建筑核查中，37 栋公共建筑信息不准确，其中24 栋面积变更，12 栋电力用户编号变更或新增，1 栋对应关系改变（图2-17）。

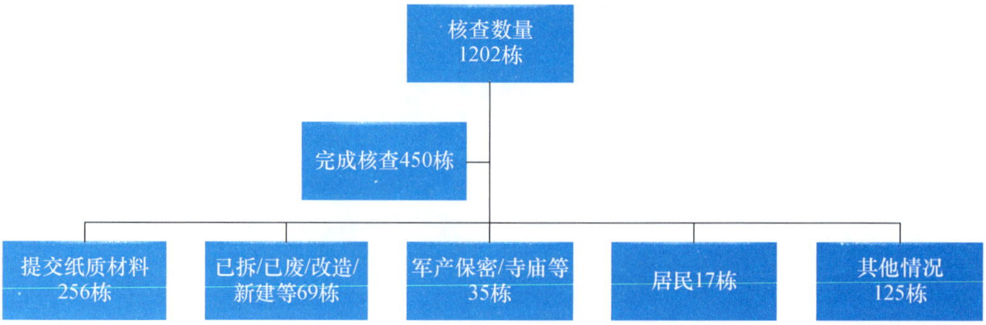

图2-17　2019 年建筑基础信息核查结果

经过对已核查的建筑信息和对应关系进行梳理，整理完成2089 栋楼栋基础信息，包括1140 栋已核查无变化、40 栋核查后暂无对应关系、753 栋用户编号变更、74 栋存疑需再核查和82栋建议剔除限额管理范围。全部核查信息已校核后导入平台数据库。针对2019年前未纳入能耗限额管理系统的建筑，经对已采集的建筑信息和对应关系进行梳理，整理完成1980栋楼栋基础信息，包括762栋新采集建筑信息和1218栋组内新增楼栋信息。全部采集信息已校核并导入平台数据库。

4）2020年

2020年度对历年电量为0、异常高或低以及生命周期平台上的新增建筑进行了核查和采集，共计实地走访了741栋建筑（其中需核查楼栋473个、新增采集楼栋268个），最终完成核查278栋（成功率59%）、新增采集155栋（成功率58%）（表2-5和图2-18）。

表2-5　2020年度核查与新采集建筑基础信息情况　栋

分类	总走访量	使用	废弃	装修	闲置	拆除	查无此处	总成功量	其他				不配合
									多产权/使用	考核	无人接待	留表待取	
核查	473	253	2	4	8	8	3	278	5	13	72	12	93
采集	268	152	0	2	1	0	0	155	1	0	32	23	57

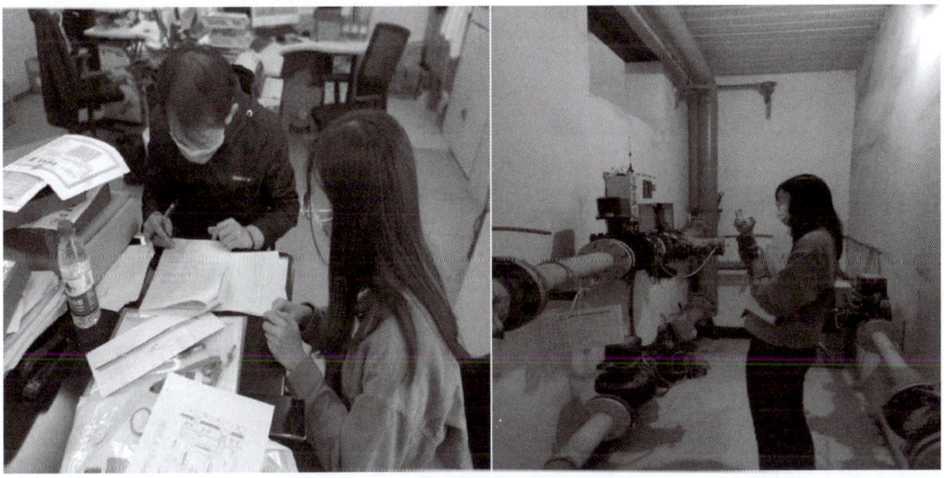

图2-18　建筑基础信息现场走访照片

同时，对平台数据库内117261栋建筑基本信息、12618条建筑与建筑组信息和14801条建筑与电表关联信息进行了复核，并对错误数据进行修改录入，累计修改1585个建筑状态、328个建筑组面积、274个建筑与电表关联信息、161个组用电面积，添加433条建筑（组）备注；对平台上的重复建筑进行识别，累计处理277栋重复建筑；为618个销户电表添加“销户”备注并导入平台。

（3）信息校核工作经验总结

一是明确核查对象的优先级。在每年的建筑信息核查更新工作中发现，待核查建筑信息变更问题繁冗复杂，需要根据能耗限额管理的实际需求区分出核查重点，提高管理效率。核查内容重点依次为销户的建筑、限额值为0或小于1000kWh的建筑、超限额公共建筑、大型公共建筑，以及用电类型为居民和大工业的建筑等很可能信息有问题的建筑。核查的建筑电价类别主要包括大工业用电、普通工业、城镇居民生活用电、乡村居民生活用电、农业生产用电、农业排灌等明显区别于公共建筑用电的类别。

二是规范、优化核查工作机制。为更好地开展各年度建筑基础信息核查和采集工作，市住房和城乡建设委员会自2019年开始采用了岗前培训、持证上岗采集、召开月度沟通会等方法多管齐下的数据采集机制。为规范核查和采集计量表编号和建筑信息，专门出具了《关于配合开展公共建筑基础信息核查和能耗信息采集工作的函》以及《北京市公共建筑信息核查和采集表》（要求盖被核查机构的单位公章）（图2-19），为核查工作提供制度上的有力保障。

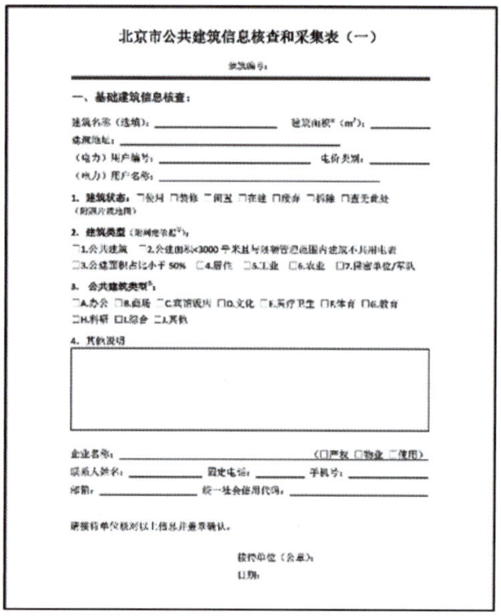
北京市公共建筑信息核查和采集表（一）

建筑编号：

一、基础建筑信息核查：

建筑名称（选填）：________ 建筑面积*（m²）：________

建筑地址：________

（电力）用户编号：________ 电价类别：________

（电力）用户名称：________

1. 建筑状态：□使用 □装修 □闲置 □在建 □废弃 □拆除 □查无此处（附照片或地图）

2. 建筑类型：

□1.公共建筑 □2.公建面积<3000平米且与统计管理范围内建筑不共用电表

□3.公建面积占比小于50% □4.居住 □5.工业 □6.农业 □7.保密单位/军队

3. 公共建筑类型*：

□A.办公 □B.商场 □C.宾馆饭店 □D.文化 □E.医疗卫生 □F.体育 □G.教育 □H.科研 □I.综合 □J.其他

4. 其他说明

企业名称：________（□产权 □物业 □使用）

联系人姓名：________ 固定电话：________ 手机号：________

邮箱：________ 统一社会信用代码：________

请被核单位核对以上信息并盖章确认。

被核单位（公章）：

日期：

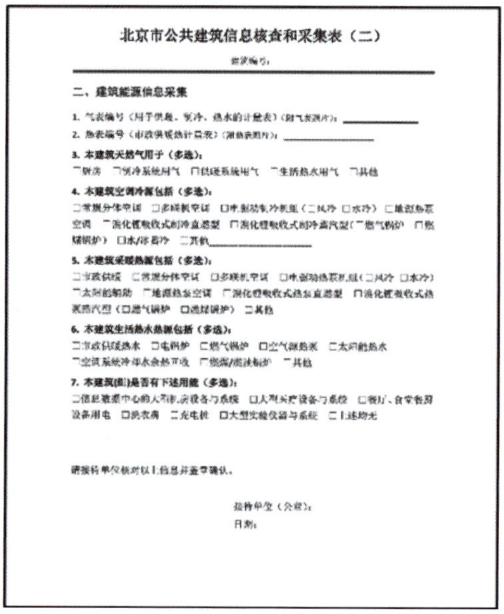
北京市公共建筑信息核查和采集表（二）

建筑编号：

二、建筑能源信息采集

1. 气表编号（用于供暖、制冷、热水的计量表）（附气表照片）：________

2. 热表编号（市政供暖热计量表）（附热表照片）：________

3. 本建筑天然气用于（多选）：

□厨房 □制冷系统用气 □供暖系统用气 □生活热水用气 □其他

4. 本建筑空调冷源包括（多选）：

□常规分体空调 □多联机空调 □电制动制冷机组（□风冷 □水冷） □地源热泵空调 □溴化锂吸收式制冷直燃型 □溴化锂吸收式制冷蒸汽型（□燃气锅炉 □燃煤锅炉） □水/冰蓄冷 □其他________

5. 本建筑采暖热源包括（多选）：

□市政供暖 □常规分体空调 □多联机空调 □电驱动热泵机组（□风冷 □水冷） □太阳能辅助 □地源热泵空调 □溴化锂吸收式热泵直燃型 □溴化锂吸收式热泵蒸汽型（□燃气锅炉 □燃煤锅炉） □其他

6. 本建筑生活热水热源包括（多选）：

□市政供暖热水 □电锅炉 □燃气锅炉 □空气源热泵 □太阳能热水 □空调系统冷却水余热回收 □燃煤/燃油锅炉 □其他

7. 本建筑(组)是否有下述用能（多选）：

□信息数据中心的大型机房设备与系统 □大型医疗设备与系统 □餐厅、食堂餐厨设备用电 □洗衣房 □充电桩 □大型实验仪器与系统 □上述均无

请被核单位核对以上信息并盖章确认。

被核单位（公章）：

日期：

图2-19　建筑信息和电耗信息核查和采集表

三是充分利用信息化手段，减少跑现场的工作量。经过2013—2020年的实践，建筑地址信息主要问题包括建筑地址无法查询、建筑地址与其他建筑重合、平台建筑地址与实际地址不符、建筑地址非单栋建筑以及无地址信息。针对以上问题，能耗限额管理工作组从多个维度对平台上的重复建筑进行识别，通过地图快速准确查找匹配建筑位置，配合北京市房屋全生命周期平台上所登记的建筑地址，完成信息核对。对重复的单栋建筑进行处理，将电表信息关联到正确的建筑上；对重复的建筑组进行处理，首先完成单栋建筑处理，然后通过自动建组操作，将正确的建筑放入建筑组。每年为保证考核结果顺利发布，对平台生成的考核结果全部进行人工复核，发现问题后及时修改。

例如，在北京市公共建筑电耗限额管理信息系统中共查询到7栋“月坛南街××号”的相关建筑，其中1栋与北京市房屋全生命周期平台一致，其他6栋均为临时编号建筑，

如图2-20所示。经在百度地图与房屋全生命周期平台中对比，判定6栋临时编号建筑为重复建筑。处理方法如下：其中5栋超过2万 m^2 未与电表相关联的建筑，备注为“重复建筑”，另1栋62381.2m^2 与电表相关联的建筑，删除其电表关联，并备注为“重复建筑”，最终仅保留与房屋全生命周期平台相一致的建筑信息作为管理对象。

序号	建筑编号	区	建筑地址	建筑名称	建筑面积	建筑功能
1	L110102007[redacted]86	西城区	北京市西城区月坛南街xx号[redacted]大厦101-17	[redacted]大厦A栋	24000	
2	L110102007[redacted]01	西城区	北京市西城区月坛南街xx号[redacted]大厦101-17	[redacted]大厦A栋	62381.2	
3	L110102007[redacted]11	西城区	北京市西城区月坛南街xx号[redacted]大厦	[redacted]大厦A栋	28698.09	
4	L110102007[redacted]76	西城区	北京市西城区月坛南街xx号[redacted]大厦A栋	[redacted]大厦A栋	24059	
5	L110102007[redacted]96	西城区	北京市西城区月坛南街xx号[redacted]大厦	[redacted]大厦	28698.09	
6	L110102007[redacted]65	西城区	北京市西城区月坛南街xx号[redacted]大厦	[redacted]大厦A栋	28698.09	

(a) 北京市公共建筑能耗限额管理信息系统数据

序号	建筑编号	区	建筑地址	建筑名称	建筑面积	建筑功能	详情
1	1101020072005[redacted]00	西城区	西城区月坛南街xx xx号楼	月坛南街	62746.85	办公建筑	详细信息

(b) 北京市房屋全生命周期平台数据

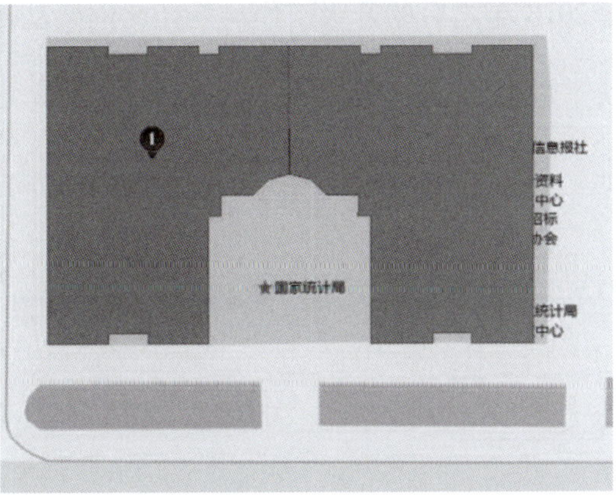

(c) “月坛南街××号”在百度地图中的位置

图2-20 信息校核中重复信息处理举例

2.2.2 完善平台功能 提高工作效率

（1）平台升级背景

2013—2014年，北京市在全市范围内开展了大规模的公共建筑能耗限额管理基础信息采集工作，并以采集信息为基础，建立了公共建筑基本信息库，并开发了公共建筑能耗限额管理信息系统，但该平台的主要功能在于建筑基本信息与电耗数据的存储、查询与可视，以及公共建筑能源利用状况报告的报送和审查。限额管理中的大部分工作，如建筑信息的更新、数据的统计分析、限额指标下发与企业签收、企业异议申请与限额调整、市区级工作对接等仍依赖于线下人工展开，随着限额管理工作的深化及逐步精细化，原系统已越来越难以满足当前的业务需求。因此，北京市自2017年起对该系统平台进行了系列升级工作。

（2）平台更新内容

表2-6为2017—2020年平台更新工作汇总结果。

表2-6　2017—2020年平台更新工作汇总结果

年份（年）	平台升级主要内容
2017	提出北京市公共建筑限额管理信息系统升级整体框架
2018	完成平台架构搭建及公建能耗数据的清洗和融合工作
2019	完成业务功能开发建设，升级后的平台与公共建筑节能绿色化改造平台一起并入公共建筑节能管理服务平台，统一通过市住房和城乡建设委员会办事大厅系统登录，为企业提供网上办事平台
2020	根据实际管理工作中的问题与需求，继续完善平台功能，开展了11项功能开发、10项功能优化及6项数据维护工作

1）2017年

2017年主要是基于公共建筑电耗限额管理的业务需求和用户需求分析（图2-21），提出了北京市公共建筑电耗限额管理信息系统的完整功能框架，以及各部分功能的具体实施要求，其主要内容见表2-7。2018年之后的升级工作均是在此框架基础上开展的。

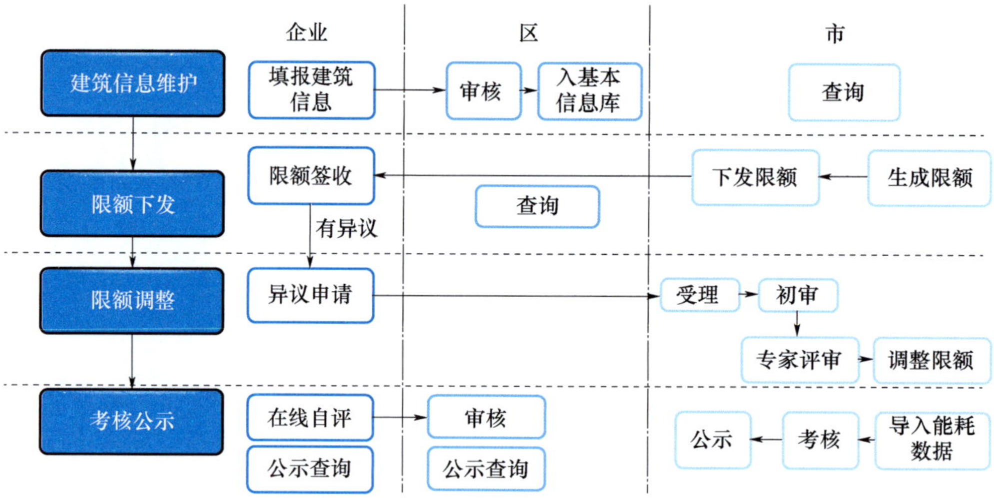

图2-21　北京市公共建筑电耗限额管理信息系统需求分析

表2-7　2017年提出的公共建筑能耗限额管理信息系统升级改造需求内容

序号	升级模块	升级内容
1	功能需求	建筑可视化、建筑物基本信息维护、建筑基本信息录入、建筑信息审核入库、建筑组信息管理
2	限额下发	生成限额、限额下发、限额签收、限额查询、异议处理
3	能耗信息管理	能耗信息导入、电耗信息查询、能耗对比、能耗预警、能耗报告自动生成

续表

序号	升级模块	升级内容
4	考核与公示	考核查询、限额预警、能耗超限额、连续两年超限额、公示管理、异议申请、异议审核
5	能源利用状况报告管理	填写能源利用状况报告、能源利用状况报告查询、未提交报告名单、通知公告管理、通知公告发布、通知公告查询、执法信息管理
6	信息查询	建筑信息查询、能耗信息查询、限额信息查询、考核结果查询
7	系统管理	用户管理、配置管理、专家库管理、数据需求、接口需求、数据接口、登录接口

2）2018 年

基于 2017 年提出的北京市既有公共建筑能耗运行综合管理服务平台的总体建设目标，完成了节能绿色化改造管理子系统、能耗分析子系统功能开发，与公共建筑能耗限额管理系统数据交换、与大型公共建筑能耗监测系统、与房屋全生命周期管理平台、与电力公司等能源公司数据交换的接口设计与开发（图 2-22），实现了综合管理服务大平台搭建的第一步。

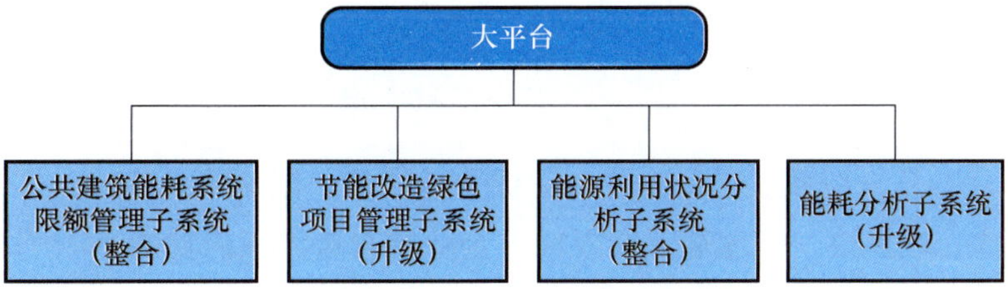

图 2-22　综合管理服务大平台

主要内容包含：①搭建北京市既有公共建筑能耗运行综合管理服务平台架构；②建设北京市公建能耗数据库，抽取、清洗、比对和整合公建能耗限额系统、大型公建能耗监测系统、北京市房屋全生命周期平台（公建基础数据）成果数据；③基于融合数据建设数据展示、分析子系统；④建设数据比对模型及对标住房城乡建设部统计分析报表等内容。相关升级改造功能模块已于 2018 年年底投入使用，运转良好，初步完成了各来源能耗数据的整合。

3）2019 年

2019 年在 2018 年工作基础上注重业务功能建设，即新增公共建筑能耗限额管理系统（下称“新系统”）替代原有北京市公共建筑能耗管理信息系统（下称“原系统”），待新系统上线运行稳定后，原系统停用，将原能耗限额系统历史数据及部分功能沿用，按新管理模式建设企业认楼、公建信息维护、能耗限额签收、考核公示、指标管理等内容。新增能源利用状况分析子系统，废除原系统，将原历史数据及部分功能延续，按新管理模式建设能源利用报告填报、统计、查询、汇总分析等内容。基于管理需要，调整统计口径、优化审批流程、完善系统易用性及展示内容，如图 2-23 所示。升级后的平台与公共建筑节能绿色化改造平台一起并入公共建筑节能管理服务平台，统一通过市住房城乡建设委办事大厅系统登录，为企业提供网上办事平台。

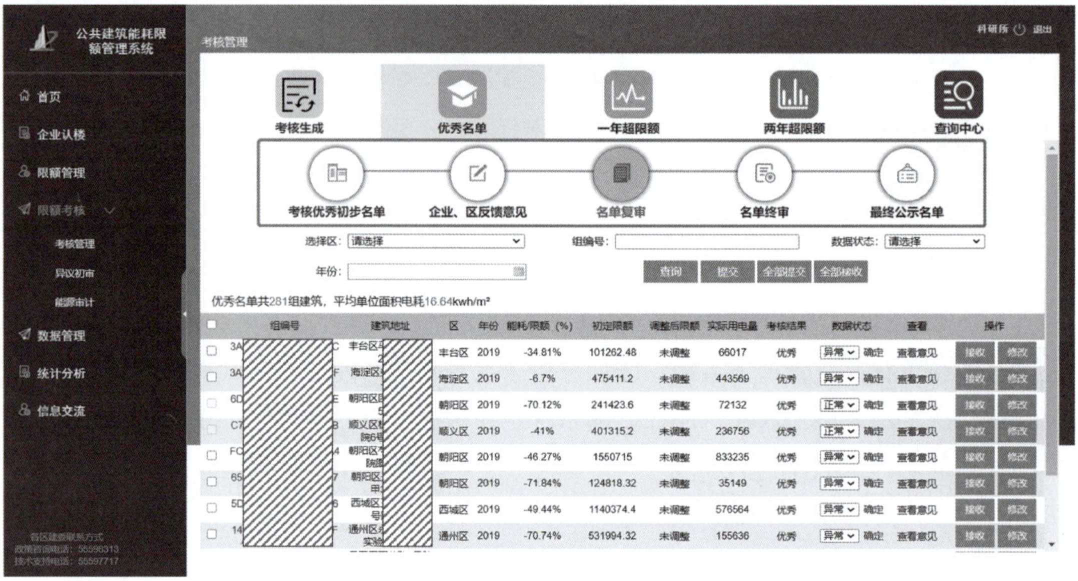

图 2-23　北京市公共建筑电耗限额管理信息系统工作平台

2019 年 7 月 1 日，新系统平台上线，完成企业认楼、限额下发模块，实现了企业端认领楼栋、管理端受理审核、管理端下发限额、企业端查看限额的功能。

2019 年 9 月 30 日，平台上线限额异议申请、异议申请模块，实现了企业对限额提出异议、区级和市级受理审核的功能。

2019 年 11 月 10 日，平台上线考核结果查询、信息查询、能耗统计、数据管理模块，可实现企业查看上一年度限额考核结果、对考核结果提出异议、各级管理账号审核异议申请、查看各项信息、统计分析等功能。

4）2020 年

根据实际管理工作中的问题与需求，继续完善平台功能，开展了 11 项功能开发工作（如“添加【限额值调整】”项等，如图 2-24 所示）、10 项功能优化工作（如“可在异议申请单内修改【错误分类】和【异议原因】”等）及 6 项数据维护工作（如“‘同类型建筑单位建筑面积电耗平均水平’首页展示”等）。

截至 2020 年 11 月，北京市既有公共建筑能耗运行综合管理服务平台在原有平台的基础之上，实现公共建筑能耗系统中限额管理子系统、节能改造绿色化项目管理子系统功能上的升级与改造。各子系统实现的具体功能见附录 2。

新平台上线后，2019 年首次使用平台，通过企业认楼等一系列功能，完成了能耗限额值的下发、异议申请、能耗限额值调整等日常管理工作。由于新平台上线时间较短，在功能、操作易用性等方面还存在一些需完善和磨合的地方，例如平台系统的稳定性、审核流程的连贯性等。在后续的能耗限额管理日常工作中，还需要进一步开展企业端平台使用情况调研、问题反馈、平台功能调试等工作，并加强与建筑用能企业负责人、属地管理职能部门的沟通与反馈，建立咨询机制，不断提升平台的使用体验。

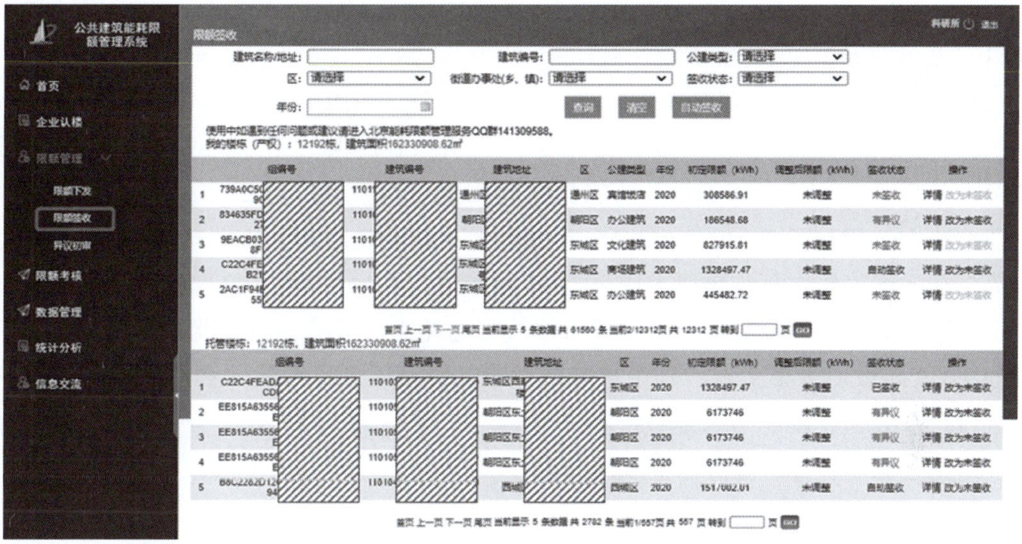

图 2-24 系统中限额查收与异议申请等功能截图

（3）平台升级经验总结

1）及时总结管理中存在的问题和新增的需求

能耗限额平台已经完成与大型公共建筑能耗监测系统、房屋全生命周期管理平台和电力公司等能源公司数据交换的接口设计与开发，实现了大平台搭建的第一步。但原系统的管理模式已不满足当前的业务需求，即通过建筑能耗管理，未能实现能耗超限的责任追踪。而通过对系统功能的升级改造，实现了能耗 - 建筑 - 企业的集中监管，能耗超限额责任追踪落实到企业，积极促进了企业运用先进的技术与管理方式实现节能改造。

原有能耗平台设计仅考虑电力能耗状况，在数据的设计与管理上未能满足未来水、电、煤、气等公共资源能耗的运行监管工作的综合功能的各项要求。通过完善升级公共建筑能耗系统中限额管理子系统、节能改造绿色化项目管理子系统的业务功能，实现能耗数据的集中管理、超限额单位的限额考核、能耗数据的空间查询与报表输出等多功能，进一步丰富平台的业务综合分析功能，辅助业务科室及时掌握全市公共建筑的能耗情况，提升业务办理效率。

2）充分调研用户体验，做好功能优化

开展企业用户使用调研，累计收到 30 家用户反馈和 15 份调研问卷。项目建设后陆续投入试运行，其间共有 681 个系统用户登录系统使用（其中企业用户 653 个，区用户 25 个，市用户 3 个），收集不同用户所反馈的系统问题，一方面组织专人进行电话和邮件解答，另一方面针对提出的问题及时优化系统流程。企业用户对平台数据查询和业务办理总体满意，但也提出一些共性的问题和建议。其中，问题包括平台登录、系统稳定性、审核流程和时间节点设置等；建议有定期开展培训、加强平台操作指导和功能讲解等。

2.2.3 修订管理办法 思路与时俱进

（1）修订背景

《北京市公共建筑电耗限额管理暂行办法》（京建法〔2014〕17 号，下称“原管理办法”）作为电耗限额管理工作实操性政策文件，由市住房城乡建设委、市发展改革委于 2014 年年底联合发布。在依据该办法实施电耗限额管理以来，遇到了一些新的问题：1）原管理办法中仅明确了 2014 年和 2015 年的电耗限额确定方法，未明确 2016 年及以后的限额值，在实际工作中每年仍然沿用 2015 年限额值，需尽快调整；2）受限于计量等条件限制，原管理办法中规定的考核方法仅对建筑的电耗进行考核，而《北京市民用建筑节能管理办法》（市政府令第 256 号）中规定是对建筑的能耗进行考核、对超能耗限额 20% 的建筑进行行政处罚，两者不完全一致。

针对上述问题，原管理办法需要进行修订。

（2）主要修订内容

2020 年 5 月，市住房和城乡建设委、市发展改革委、北京市城市管理委员会、北京市机关事务管理局联合印发了《北京市公共建筑电耗限额管理暂行办法》（京建法〔2020〕5 号）。其修订内容主要涉及限额计算方法、各参与主体职责、限额管理对象、考核流程、填报模式以及原管理办法中的不适用条款等，具体如下：

1）公共建筑电耗限额由原仅按照建筑历史用电量确定，调整为按照建筑历史用电量和市同类型建筑平均水平确定；基准年由原 2011 年和 2013 年调整为限额发布年的前五年；下降率由 12% 调整为 2%，同时增加同类型建筑平均水平为上限。

2）新增公共建筑能耗限额确定方法，依据建筑面积和北京市同类型建筑能耗指标确定。考核不合格建筑的判定标准调整为年度实际用电量超过电耗限额 20%、同时超过能耗限额 20%。

3）根据新三定方案调整了各委办局职责分工，将公共机构节能管理职责归为市机关事务管理局，明确了市电力公司职责。

4）对限额管理对象的范围更细化明确，增加包含公共建筑的群体民用建筑纳入限额管理的标准：共用电耗计量及结算装置的群体民用建筑，至少有一栋单体建筑面积在 3000m^2 以上（含 3000m^2）且公共建筑面积占群体建筑总面积 50% 以上（含 50%）。

5）可提出限额值调整的理由，由“建筑面积变化”增加为“建筑面积、使用功能、用能结构等发生较大变化”。

6）考核不合格建筑可提出复核申请；增加考核不合格建筑进行能源审计的具体要求；增加考核不合格建筑不得参评绿色建筑。

7）管理平台信息的填报模式由“线下填报-线下审核-技术支撑单位录入管理平台”改为“线上填报、线上审核确定”。

8）删除在近几年工作中不适用的条款，包括：删除乡镇、街道办事处、区级行政主管部门职责，合并为由区政府统一管理；删除技术支撑单位的职责；新建建筑采集方式，删除“区住房城乡建设委报上一年度竣工使用的新建、改造、扩建、装修后的建筑”，删除民用建筑节能专项验收备案时具备条件的采集方式；删除用电情况预警；删除考核不合格建筑不得参加北京市物业管理示范项目评选。

9）2019 年 9 月，再次征求相关处室、委办局和各区政府意见，该次反馈意见集中在语言描述上和不适用条款上，通过沟通和调整语言描述，完成该次修订稿。

2.2.4 逐年考核管理 督促节能减排

能耗限额逐年考核管理工作包括各建筑电耗数据获取、电耗限额值的发布、限额调整、限额值告知、能耗考核以及能源审计通知，如图 2-25 所示。

图 2-25 北京市公共建筑电耗限额管理流程

（1）日常管理工作实录

1）2017 年

2017 年，对 9610 栋公共建筑电耗限额值进行了发布，涉及 6539 个建筑组，总建筑面积达到 1.27 亿 m^2。

能耗限额管理工作组一共收到 870 份异议申请材料，根据专家评审会给出的限额值调整原则，进行了限额值调整审核，符合调整条件的约 501 家，不可调整的 370 家。2017 年 7 月市住房城乡建设委发布了能耗限额调整结果。依据《北京市公共建筑电耗限额管理暂行办法》进行考核，结果如图 2-26 所示。其中，考核优秀建筑 111 组（154 栋），当年考核不合格的公共建筑 161 组（219 栋），连续两年考核不合格建筑 52 组（80 栋）。

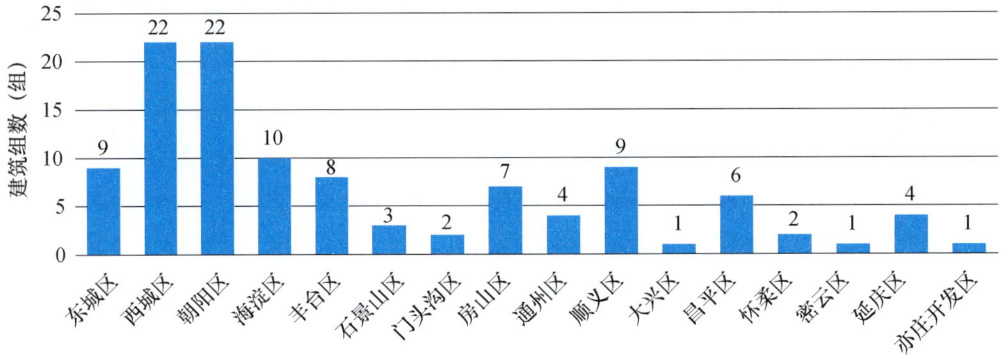

(a) 考核优秀建筑

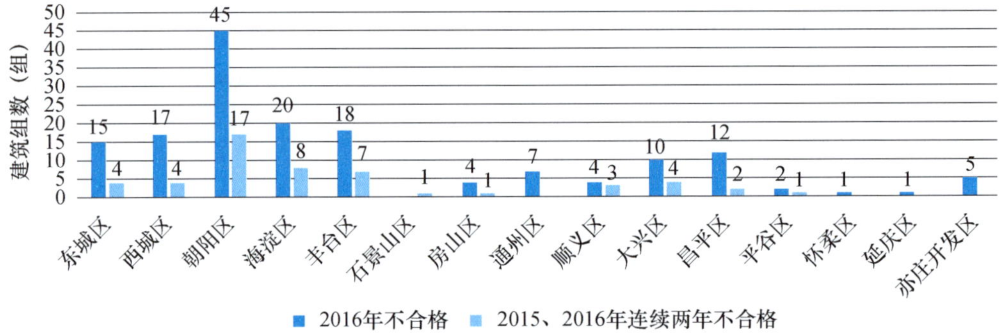

(b) 考核不合格建筑

图 2-26　2017 年考核结果（考核 2016 年电耗）

2）2018 年

2018 年，对 11352 栋公共建筑电耗限额值进行了发布，涉及 7657 个建筑组，总建筑面积达到 1.48 亿 m^2。

能耗限额管理工作组共收到 470 份限额值异议申请，经专家评审，同意 311 份限额调整申请。依据《北京市公共建筑电耗限额管理暂行办法》进行考核，结果如图 2-27 所示，考核优秀建筑共有 105 组（138 栋），当年不合格建筑共计 444 组（569 栋），连续两年不合格建筑共计 32 组（48 栋）。

3）2019 年

2019 年，对 11258 栋公共建筑电耗限额值进行了发布，涉及 7594 个建筑组，总建筑面积达到 1.47 亿 m^2。

2019 年，新管理信息平台“企业认楼”和“限额发布”上线试运行，能耗限额管理数据库信息和 2019 年公共建筑电耗限额值导入平台，实现了企业通过管理信息平台认领所属楼栋和查看 2019 年限额值。能耗限额管理工作组共完成 571 份异议申请的审核，最终确定可调整限额值 401 份。依据《北京市公共建筑电耗限额管理暂行办法》进行考核，结果如图 2-28 所示，考核优秀建筑为 63 组（84 栋），当年考核不合格建筑共有 232 组（316 栋），连续两年考核不合格建筑共计 78 组（98 栋）。

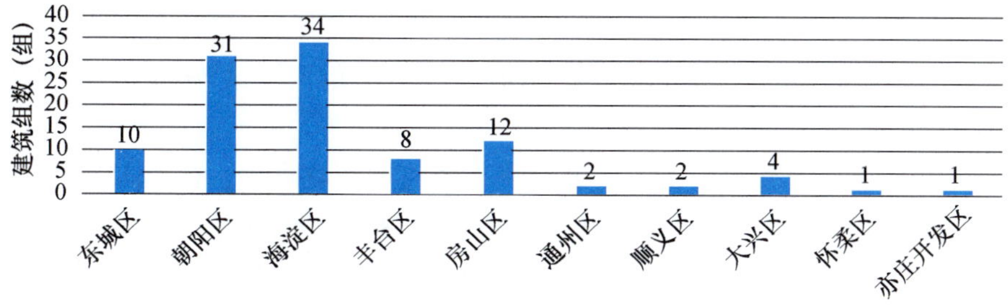

（a）考核优秀建筑

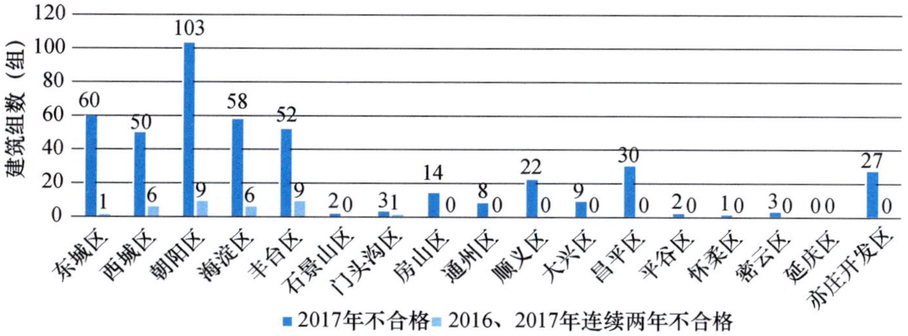

（b）考核不合格建筑

图 2-27 2018 年考核结果（考核 2017 年电耗）

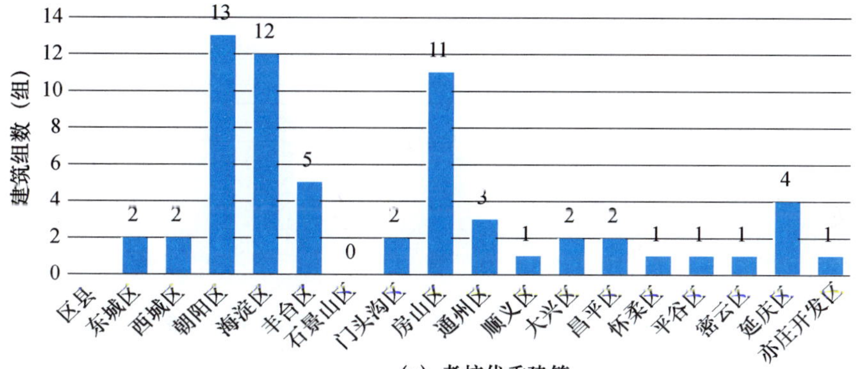

（a）考核优秀建筑

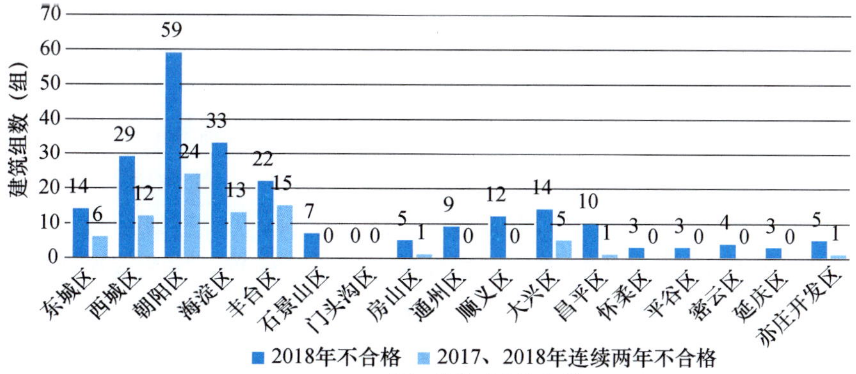

（b）考核不合格建筑

图 2-28 2019 年考核结果（考核 2018 年电耗）

4）2020 年

2020 年，对 12222 栋公共建筑电耗限额值进行了发布，涉及 7460 个建筑组，总建筑面积达到 1.63 亿 m^2。

能耗限额管理工作组共收到 138 家单位提交的限额调整申请，经专家审核，最终确定可调整限额值 55 份。依据《北京市公共建筑电耗限额管理暂行办法》进行考核，结果如图 2-29 所示，考核优秀建筑 53 组（73 栋），当年考核不合格建筑 212 组（312 栋），两年考核不合格建筑 116 组（148 栋）。

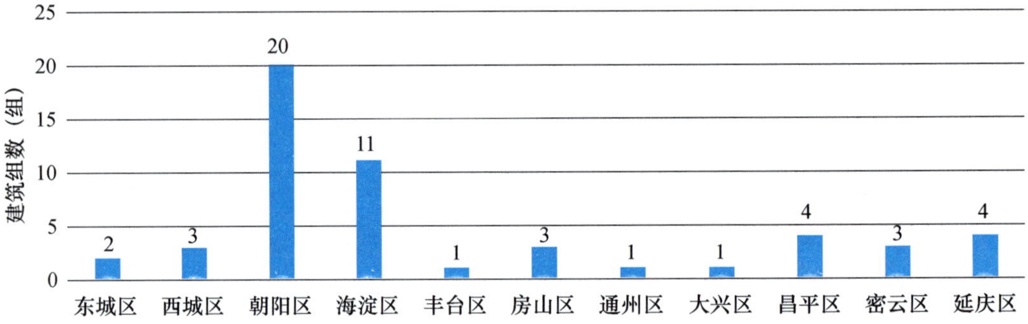

(a) 考核优秀建筑

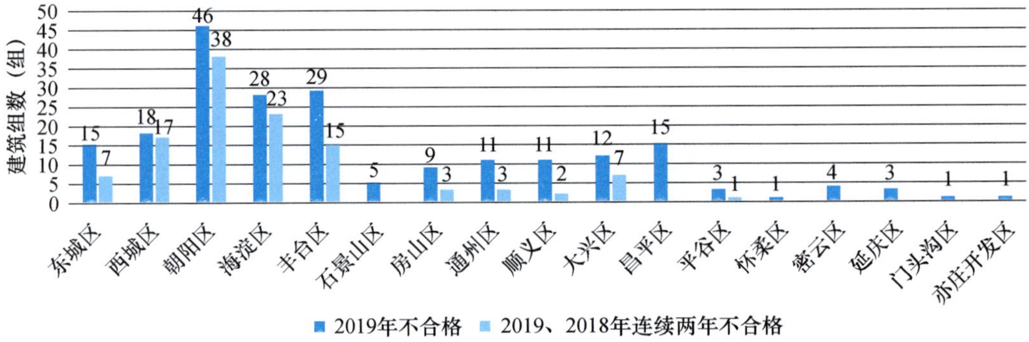

(b) 考核不合格建筑

图 2-29　2020 年考核结果（考核 2019 年电耗）

（2）经验总结

通过多年的工作实践，北京市进一步规范了能耗限额管理流程：年初获取上一年度建筑电耗数据，上半年发布本年度电耗限额值，年中发布对上一年度电耗限额的考核结果，限额告知、异议申请和能源审计等工作按阶段开展。

同时，北京市进一步优化考核不合格建筑的能源审计流程：按照《关于加强我市公共建筑节能管理有关事项的通知》（京建发〔2016〕279 号）的要求责令其开展能源审计并将审计结果报送市、区住房城乡建设委，具体管理流程如图 2-30 所示。2017—2019 年共督促开展能源审核单位 985 家。

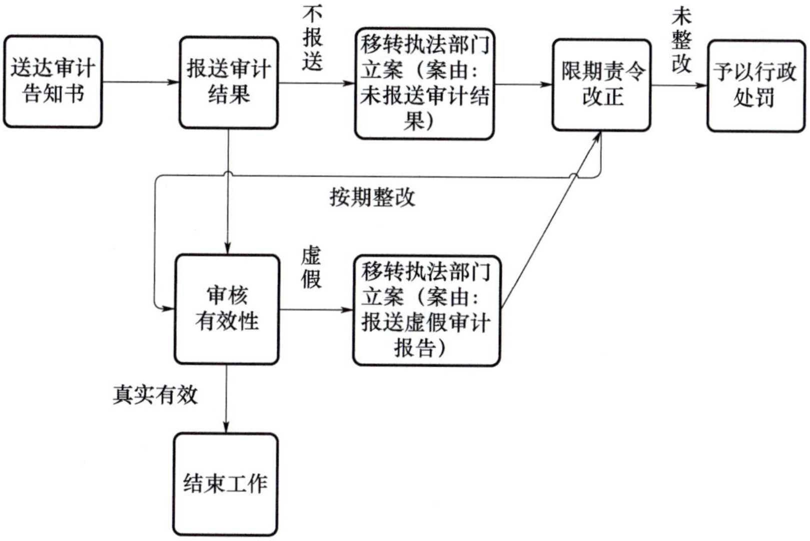

图 2-30 超限额建筑能源审计流程图

2.2.5 多种措施并举 协同发挥效力

（1）与节能绿色化改造相结合

2016 年，为贯彻落实《京津冀协同发展规划纲要》《北京市“十三五”时期民用建筑节能发展规划》，将城市发展建设与节能减排紧密结合、切实提升北京市公共建筑能效水平，北京市住房和城乡建设委员会联合北京市发展和改革委员会、北京市规划和国土资源管理委员会、北京市财政局共同起草了《北京市公共建筑能效提升行动计划（2016 2018）》，明确了北京市将在 2016—2018 年间完成不少于 600 万平方米、节能率达到 15%~20% 的公共建筑的节能绿色化改造工作，并将按 30 元/平方米的奖励标准对实际节能改造节能率达到要求的项目给予市级资金奖励。随后，北京市建成了“北京市公共建筑节能绿色化改造项目管理系统”，用于管理北京市公共建筑节能绿色化改造项目的信息填报与奖励资金申报工作。由此，公共建筑节能绿色化改造与电耗限额管理两项工作形成了北京市“公共建筑节能组合拳”。

一方面，可以通过限额考核找出最具节能改造潜力的建筑，进而将其作为节能绿色化改造的重点对象，通过资金奖励引导其开展节能改造，并逐步走向主动节能。截至 2020 年 10 月底，仅市住房和城乡建设委改造项目库中，已备案项目 121 个，申请改造总面积为 964 万平方米；已改造竣工项目 109 个，竣工面积为 841.09 万平方米，共 24 个项目经过一年运行期满后，通过了北京市公共建筑节能绿色化改造综合验收，获得资金奖励的面积共计 185.3 万平方米，项目的实际平均节能率为 20.18%，共计每年节能 21167 吨标准煤，取得良好的节能减排效果和社会效益。

另一方面，通过将限额系统与改造平台联动，逐步丰富公共建筑数据与各方交流渠道。两个平台的建筑基本信息和能耗数据将能够相互共享和补充。企业除了可以通过平台查到自己建筑的用电量、限额值、考核结果，还可以提交异议申请、查看在同类型建筑中的用电水平。企业通过平台提交审核材料，避免企业反复跑现场提交材料，有利于企业办事。

（2）与绿色建筑标识评价相配合

此外，北京市地方标准《绿色建筑评价标准》（DB11/T 825—2015）中涉及能耗限额管理的条文在运营管理的评分项10.2.11中，满足《北京市公共建筑电耗限额管理暂行办法》（京建法〔2014〕17号）的要求（不超限额）仅得2分，而该地标中运营管理部分的权重仅为0.1，为所有指标系列最小的，因此影响极小。但在北京市的绿色建筑标识评价过程中，实际上是要求所有参评的建筑必须满足电耗不超限额的条件，否则不予通过。因此，尽管电耗限额管理的要求只是一个评分项，但实际操作时是按控制项对待的。可见，北京市公共建筑电耗限额管理与绿色建筑的标识评价工作实际也形成了有效组合，促进公共建筑落实节能措施。自2017年至2020年10月，电耗限额管理团队已完成了27个北京市绿色建筑运行标识项目的电耗限额审核工作。

2.2.6 强化培训宣传　促进共建共享

（1）开展限额管理培训会，面对面沟通促管理工作落实

为把能耗限额管理工作落到实处，2017年至2020年，市住房城乡建设委共计举行了9场专业培训会，涉及区主管部门、行业协会、能源审计公司、公共建筑产权人、公共建筑物业单位、公共建筑用能单位代表，超过2000人次。

每年的培训会议内容包括主管部门讲解北京市公共建筑电耗限额管理最新进展，解析能耗限额管理工作所涉及的法律法规，行业专家讲解建筑节能先进技术，优秀建筑用能代表分享建筑节能经验，以及公共建筑能耗限额管理信息平台操作培训等，见表2-8。通过培训会的形式，北京市将最新、最详细的能耗限额管理工作相关政策法规及具体流程传递到各个相关主体，同时限额主管单位也将充分听取属地负责单位在一线工作中关于管理工作的问题以及各用能单位对现有管理办法的反馈（图2-31和图2-32）。

表2-8　逐年培训会主要内容

年份（年）	培训主要内容
2017	（1）宣贯公共建筑能耗限额管理项目的政策、进展、工作成果以及既有建筑改造奖励资金管理暂行办法； （2）解读《北京市公共建筑能耗限额和级差价格工作方案（试行）》《北京市公共建筑电耗限额管理暂行办法》《北京市公共建筑能效提升行动计划（2016—2018年）》《北京市公共建筑节能绿色化改造项目及奖励资金管理暂行办法》等政策文件； （3）介绍公共建筑节能方法和公共建筑节能改造技术应用； （4）介绍公共建筑能源审计执法工作； （5）分享节能管理经验

续表

年份	培训主要内容
2018	（1）宣贯公共建筑能耗限额管理政策，介绍限额管理工作开展情况； （2）解读《公共建筑节能绿色化改造奖励资金管理暂行办法》； （3）介绍公共建筑节能方法和节能改造技术应用案例（合同能源管理模式的公共建筑节能绿色化改造案例分析、SK 大厦 2015—2016 年节能改造介绍）
2019	（1）宣传公共建筑业主进行能耗限额管理政策； （2）讲解公共建筑能耗限额管理信息平台操作方法； （3）分享节能技术； （4）介绍公共建筑限额管理工作进展情况和工作安排； （5）解析限额管理执法注意事项； （6）介绍公共建筑绿色化改造工作
2020	重点介绍新发布的《北京市公共建筑电耗限额管理暂行办法》，以及能耗限额管理工作的管理服务流程、管理信息平台的操作使用和节能绿色化改造的激励政策、技术路线和改造措施

图 2-31 各年限额管理培训会现场

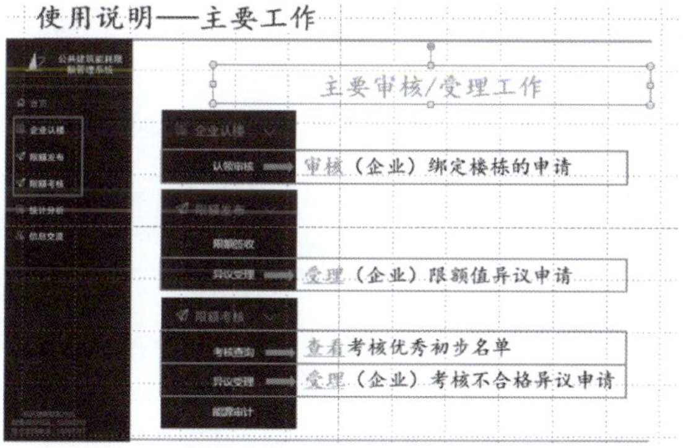

（a）主要工作流程说明

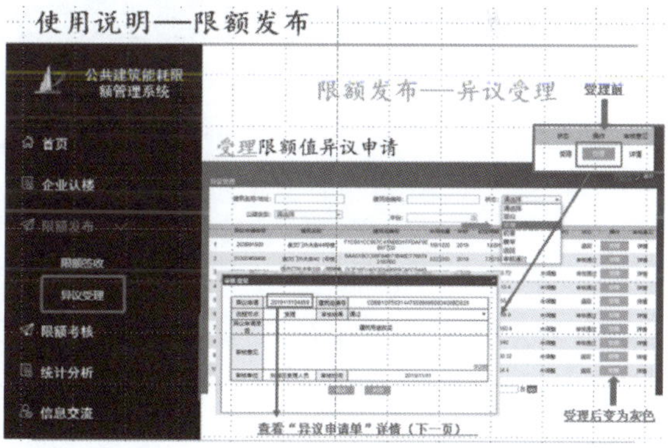

（b）限额发布流程说明

图 2-32 逐年培训会内容举例

（2）多渠道多媒体宣传，形成共识、推动公众参与

公共建筑能耗限额管理是公共建筑节能运行管理机制的创新，为使该项工作真正得到落实并取得成效，北京市在广泛宣传引导的基础上有针对性地加强教育培训。自 2015 年

起，每年通过政府官网、限额管理信息系统以及报纸、电视、网络、展会等多种媒介，广泛宣传公共建筑能耗限额管理工作，将建筑节能的理念落实到每个用能者心中。其中，2017 年至 2020 年，市住房城乡建设委通过《北京日报》《中国建设报》以及“安居北京”等传统纸质媒体和新型互联网媒体，发布了 6 篇工作宣传文章，见表 2-9；在北京电视台宣传限额管理工作内容；以视频宣传片的方式在地铁、公交等移动媒体传播建筑节能的重要性；在微信公众号中讲解如何参与能耗限额管理的方法；宣传总受众超过 200 万人（图 2-33）。

表 2-9　2017—2020 年各年度能耗限额工作媒体宣传

年份（年）	文稿标题	文稿刊处
2017	《安得节能楼宇千万间，京城公建业主俱欢颜》	《北京日报》
2018	1）《限额推动节能，奖励创新发展——北京市 2018 年公共建筑能效提升工作纪实》 2）《从“不敢浪费”走向“不想浪费”——北京市深化公共建筑能效提升工作成果》	1）《北京日报》 2）《中国建设报》
2019	1）《用限额抑建筑能耗　借数据强政务服务——北京市公共建筑能耗限额管理和服务扎实推进》 2）《2019 年公共建筑电耗限额值来了，快来查查你家限额》	1）《北京日报》 2）“安居北京”微信公众号
2020	《深化能耗限额管理 服务建筑能效提升》	《北京日报》

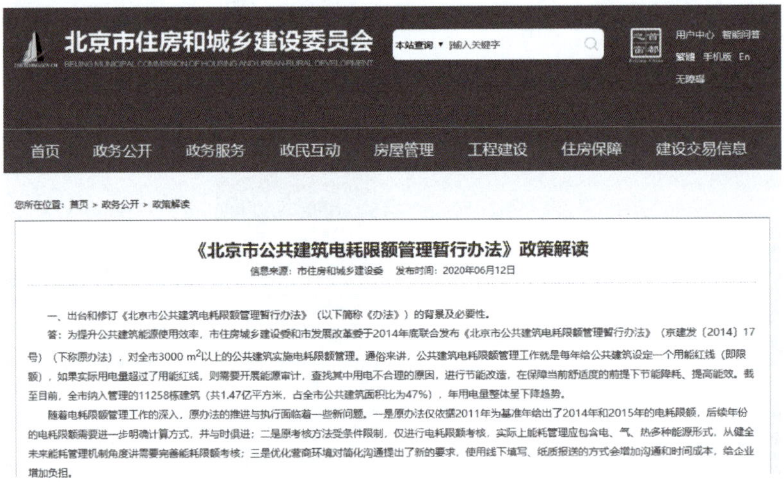

(a) 政府官网

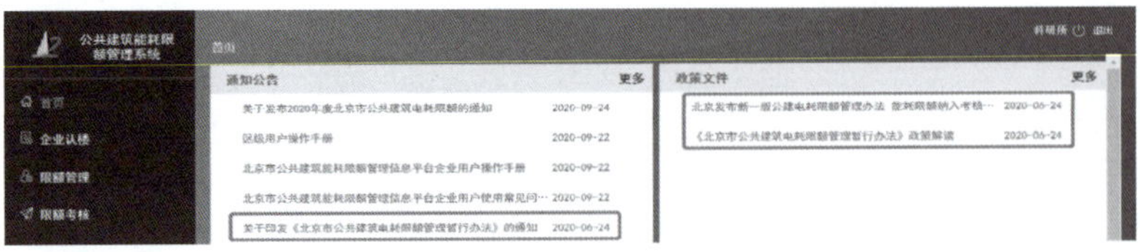

(b) 限额管理信息系统

(c) 现场发放

建筑节能助力城市"绿色"生活

北京市公共建筑能耗限额管理"再升级"

北京市人民政府新闻办公室

Information Office of Beijing Municipality

限额推动节能 奖励创新发展

——北京市2018年公共建筑能效提升工作纪实

(d) 传统纸质报刊文章

图 2-33 公共建筑电耗限额管理工作宣传媒介

2017 年通过报纸、网络等多种媒介，开展了公共建筑能耗限额宣传工作，如图 2-34 所示，主要内容包括：新闻发布会、两场能耗限额培训会、拍摄宣传片、《北京日报》刊登《安得节能楼宇千万间，京城公建业主俱欢颜》专版宣传，以及市住房城乡建设委组织拍摄的 8 分钟能耗限额宣传片。

安得节能楼宇千万间

京城公建业主俱欢颜

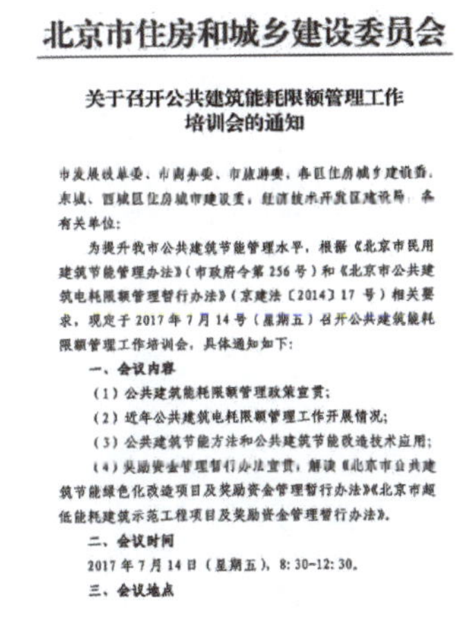
北京市住房和城乡建设委员会

关于召开公共建筑能耗限额管理工作培训会的通知

市发展改革委、市商务委、市旅游委，各区住房城乡建设委，东城、西城区住房城市建设委，经济技术开发区建设局，各有关单位：

为提升我市公共建筑节能管理水平，根据《北京市民用建筑节能管理办法》（市政府令第 256 号）和《北京市公共建筑电耗限额管理暂行办法》（京建法〔2014〕17 号）相关要求，现定于 2017 年 7 月 14 号（星期五）召开公共建筑能耗限额管理工作培训会，具体通知如下：

一、会议内容

（1）公共建筑能耗限额管理政策宣贯；

（2）近年公共建筑电耗限额管理工作开展情况；

（3）公共建筑节能方法和公共建筑节能改造技术应用；

（4）奖励资金管理暂行办法宣贯，解读《北京市公共建筑节能绿色化改造项目及奖励资金管理暂行办法》《北京市超低能耗建筑示范工程项目及奖励资金管理暂行办法》。

二、会议时间

2017 年 7 月 14 日（星期五），8:30-12:30。

三、会议地点

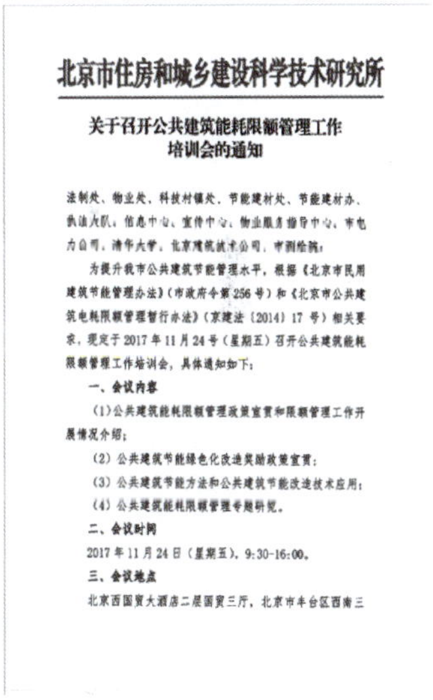
北京市住房和城乡建设科学技术研究所

关于召开公共建筑能耗限额管理工作培训会的通知

法制处、物业处、科技村镇处、节能建材处、节能建材办、执法大队，信息中心、宣传中心、物业服务指导中心，市电力公司，清华大学，北京建筑技术公司，市测绘院：

为提升我市公共建筑节能管理水平，根据《北京市民用建筑节能管理办法》（市政府令第 256 号）和《北京市公共建筑电耗限额管理暂行办法》（京建法〔2014〕17 号）相关要求，现定于 2017 年 11 月 24 号（星期五）召开公共建筑能耗限额管理工作培训会，具体通知如下：

一、会议内容

（1）公共建筑能耗限额管理政策宣贯和限额管理工作开展情况介绍；

（2）公共建筑节能绿色化改造奖励政策宣贯；

（3）公共建筑节能方法和公共建筑节能改造技术应用；

（4）公共建筑能耗限额管理专题研究。

二、会议时间

2017 年 11 月 24 日（星期五），9:30-16:00。

三、会议地点

北京西国贸大酒店二层国贸三厅，北京市丰台区西南三

图 2-34 2017 年报纸宣传、培训会

2018 年 11 月 8 日成功召开了“公共建筑能效提升技术培训暨政策宣贯会”，宣贯公共建筑能耗限额管理项目的政策，以及工作进展、工作成果和既有建筑改造奖励资金管理暂行办法；《北京日报》于 2018 年 12 月 26 日刊登文章《限额推动节能，奖励创新发展》。

2019 年在北京电视台新闻频道《北京您早》节目录制新闻《2019 公共建筑“电耗限

额”发布，限额值该如何查》，并开展能耗限额培训会、北京日报专版宣传，还新增了微信公众号的宣传途径（图 2-35 和图 2-36）。

限额推动节能 奖励创新发展

——北京市2018年公共建筑能效提升工作纪实

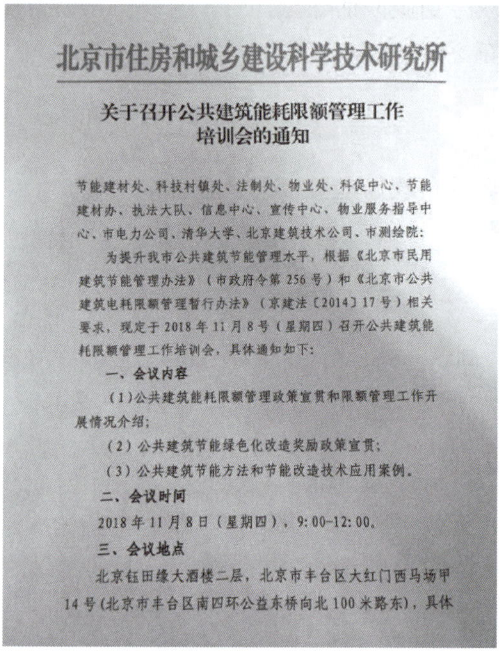
北京市住房和城乡建设科学技术研究所

关于召开公共建筑能耗限额管理工作培训会的通知

节能建材处、科技村镇处、法制处、物业处、科促中心、节能建材办、执法大队、信息中心、宣传中心、物业服务指导中心、市电力公司、清华大学、北京建筑技术公司、市测绘院：

为提升我市公共建筑节能管理水平，根据《北京市民用建筑节能管理办法》（市政府令第 256 号）和《北京市公共建筑电耗限额管理暂行办法》（京建法〔2014〕17 号）相关要求，现定于 2018 年 11 月 8 号（星期四）召开公共建筑能耗限额管理工作培训会，具体通知如下：

一、会议内容

（1）公共建筑能耗限额管理政策宣贯和限额管理工作开展情况介绍；

（2）公共建筑节能绿色化改造奖励政策宣贯；

（3）公共建筑节能方法和节能改造技术应用案例。

二、会议时间

2018 年 11 月 8 日（星期四），9:00-12:00。

三、会议地点

北京钰田缘大酒楼二层，北京市丰台区大红门西马场甲 14 号（北京市丰台区南四环公益东桥向北 100 米路东），具体

图 2-35　2018 年报纸宣传文章、培训会

用限额抑建筑能耗 借数据强政务服务

——北京市公共建筑能耗限额管理和服务扎实推进

“建筑节能很重要，节约能源有诀窍”，北京市自2014年起实施公共建筑能耗限额管理，督促超限额用能单位开展能源审计，查找高能耗原因，寻找节能“诀窍”。经过六年来社会各界的共同努力，统计数据显示，北京市公共建筑总电耗过快增长趋势已得到有效遏制，建筑用能主体用能管理水平提升、获益匪浅。

划定用能红线 引导合理用能

丰富交流渠道 优化政务服务

限额补贴并行 引导主动节能

图 2-36　2019 年《北京日报》刊登北京市公共建筑能耗限额管理宣传文章

近年来，随着互联网的发展，宣传媒介已经不仅仅拘泥于报纸、电视等传统媒体。能耗限额管理工作组主动拓展宣传窗口，充分利用互联网的自由、便利、快速的特点，从微信公众号到微博话题再到视频自媒体，多维度对能耗限额工作、建筑节能进行宣传，积极探索新方法。

2020 年，市住房城乡建设委官网进行政策解读，通过邮件发送政策文件 3000 余封，现场发放政策文件 400 余份，并在“限额管理 QQ 服务群”上传政策文件，在能耗限额平台首页发布政策通知公告。

3 夯实技术 北京市强化公共建筑电耗限额管理支撑

由于与国内多数省、市所采用的“定额”管理策略不同，在缺乏相关经验可借鉴的情况下，北京市的公共建筑电耗限额工作完全是摸着石头过河、在不断探索中缓步前进。在过去 7 年多的实践中，北京市以公共建筑电耗限额管理信息系统平台为工具，通过不断尝试、总结经验和教训，在参考国家和地方标准、结合北京市公共建筑实际发展及用能特点的基础上，逐步明确了适用于北京市限额管理工作、可操作性强的公共建筑分类、建筑能耗内涵、限额内涵，规范了限额制定方法、限额调整方法，探索了平台中 1 万余栋建筑逐年累积数据的科学处理与高效分析方法，并在实践过程中不断验证和优化，确定了一套适用于北京市公共建筑电耗限额管理的技术体系。

3.1 明确对象定义 规范管理范畴

我国公共建筑类型繁多，不同类型公共建筑分别承担着居民生活与工作中的各种职能，其建筑面积大小、冷热源类型、用能内容及形式、作息时间、使用人员数量、运行管理水平等均会影响该建筑的总运行能耗。因此，北京市在开展公共建筑电耗限额管理工作时，首先明确了公共建筑管理对象的定义，对公共建筑类型进行了最大限度的细分，并明确了建筑能耗的定义，以尽可能减少因建筑自身属性的差异导致的不科学的能耗横向对比。同时，为了尽可能做到管理的公平公正、可操作性强，在明确对象定义后，规范公共建筑限额管理范围。

3.1.1 明确限额管理对象定义

（1）公共建筑的定义及分类

北京市主要参考了国家标准《民用建筑设计统一标准》(GB 50352—2019）和《公共建筑节能设计标准》(GB 50189—2015）对公共建筑的定义及分类，并结合实际管理需求，约定了公共建筑电耗限额管理工作中的公共建筑类型。

1）国家标准中的公共建筑定义及分类

《民用建筑设计统一标准》(GB 50352—2019）将公共建筑定义为“供人们进行各种公共活动的建筑”，并按照建筑物是否可以通过开启外窗的方式利用自然通风，将建筑物分为可利用自然通风减少空调系统运行时间的 A 类建筑和需常年依靠机械通风和空调系统维持室内温度舒适要求的 B 类建筑，并在此基础上对办公、旅馆、商场 3 类建筑进行了进一步细分，如图 3-1 所示。

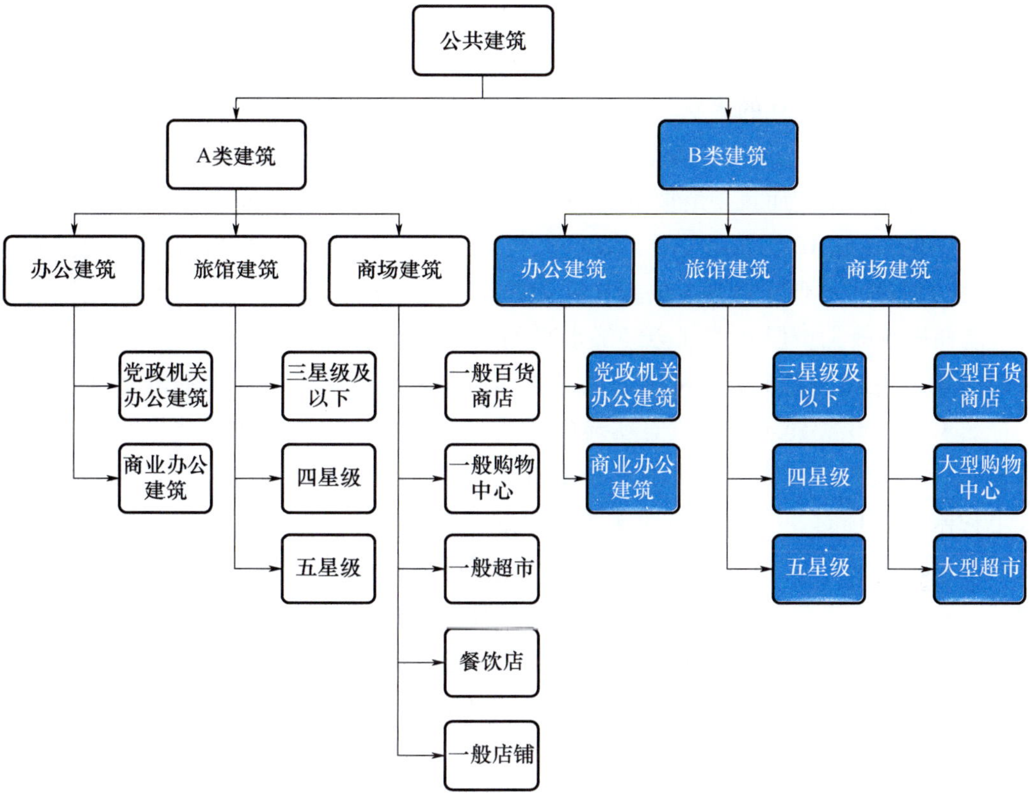

图 3-1 《民用建筑能耗标准》（GB/T 51161—2016）中的公共建筑分类体系

《公共建筑节能设计标准》（CB 50189—2015）则按照使用功能，将公共建筑分为表 3-1 所列 10 类。该分类基本覆盖各类常见公共建筑，其中前 9 类中不能涵盖的公共建筑被列为“其他建筑”。

表 3-1 《公共建筑节能设计标准》（GB 50189—2015）中的公共建筑分类

序号	类别	示　例
1	办公建筑	行政办公楼（公共机构办公楼）、写字楼（商业办公楼）等
2	旅馆建筑	宾馆、度假村、招待所等
3	商场建筑	百货商场、综合商厦、购物中心、超市、菜市场、家居卖场、专业商店、餐饮建筑等
4	文教建筑	大学、中小学、培训学校等
5	医疗建筑	综合医院、专科医院、疗养院、妇幼保健院等
6	观演建筑	剧场、音乐厅、电影院、礼堂等
7	交通建筑	铁路、公路、水路客运站、航空港等
8	体育建筑	体育场、综合体育馆、游泳馆、跳水馆和其他单项体育馆等
9	博览建筑	会展中心、博物馆、展览馆、美术馆、纪念馆、科技馆等
10	其他建筑	计算中心（信息机房）、文化宫、少年宫、宗教建筑等

对比图 3-1 和表 3-1 可以看到，《公共建筑节能设计标准》（GB 50189—2015）覆盖了公共建筑的大类使用功能，较为全面；《民用建筑能耗标准》（GB/T 51161—2016）不仅在公共建筑大类功能基础上进行了进一步细分，同时还将公共建筑分为 A 和 B 类，以区分冷热源或用能系统对能耗的影响。

2）北京市公共建筑电耗限额管理中的公共建筑分类

从政府管理的角度而言，既要兼顾分类的科学和公正，同时又要兼顾管理的可操作性。若要在表 3-1 的 10 类基础上，对每一大类功能进行细分，则仅功能分类就能达到20 ~ 40 个，区分过细，不便于管理上的操作（如建筑功能校核、变更等）。冷热源或用能系统对建筑能耗影响较大，但随着社会经济水平的提升、民众追求美好生活的需求等，多数公共建筑均或多或少需要依靠机械通风或空调系统来维持室内热环境的舒适性及空气品质达标，A 类和 B 类建筑往往没有明显的界线，但确实存在更小的公共建筑更多地利用自然通风、更大的公共建筑则更多地采用机械通风、空调系统等趋势。因此，北京市在开展电耗限额管理时，参考《民用建筑能耗数据采集标准》（JGJ/T 154—2007）中对公共建筑规模的定义，以 2 万 m^2 为界限将公共建筑进一步区分为大型公共建筑和中小型公共建筑。同时，由于北京市 3000m^2 以下的公共建筑数量仅占到全市不足 30% 且能耗量少、节能潜力小，于是北京市公共建筑电耗管理最终将全市 3000m^2 及以上的公共建筑定为管理对象，并细分为“普通”公共建筑（面积≥3000m^2 但＜2 万 m^2）和“大型”公共建筑（面积≥2 万 m^2）。

因此，以表 3-1 为基础，兼顾科学性和可操作，最终北京市电耗限额管理工作将公共建筑分为表 3-2 所示的 10 个大类、20 个小类。

表 3-2　北京市电耗限额管理中的公共建筑分类

序号	建筑大类	代码	小类	主体功能
1	办公	A	普通办公 大型办公	办公楼、写字楼、行政办公、商业办公、银行、邮局等
2	商场	B	普通商场 大型商场	商店、便利店、超市、综合娱乐购物中心等
3	宾馆饭店	C	普通宾馆饭店 大型宾馆饭店	宾馆、酒店、餐厅、食堂、咖啡店、度假村等
4	文化	D	普通文化 大型文化	博物馆、图书馆、展览馆、书店、音乐厅、剧院、影院、会议中心等
5	医疗卫生	E	普通医疗卫生 大型医疗卫生	门诊楼、病房楼等
6	体育	F	普通体育 大型体育	健身房、游泳池、体育场馆、室内球场等
7	教育	G	普通教育 大型教育	教学楼、幼儿园等

续表

序号	建筑大类	代码	小类	主体功能
8	科研	H	普通科研 大型科研	科研楼、实验室、研发试验等
9	综合	I	普通综合 大型综合	上述几种主体功能相当的混合体
10	其他	X	普通其他 大型其他	无法分入上述类别的建筑

（2）建筑能耗的定义

建筑能耗的定义及表述方法对公共建筑电耗限额管理至关重要，由于建筑能耗的相关概念众多，且存在诸多易混淆之处，本节依据相关国家标准、行业标准和北京市地方标准对建筑能耗定义及表述方法进行梳理和界定。

1）国家和地方标准中的建筑能耗定义

① 国家行业标准《建筑能耗数据分类及表示方法》（JG/T 358—2012）

该标准将建筑能耗定义为"建筑使用中的运行能耗，包括维持建筑环境（如供暖、通风、空调和照明等）和各类建筑内活动（如办公、炊事等）的能耗"。建筑能耗按用途可分为 11 类，见表 3-3。

表 3-3 《建筑能耗数据分类及表示方法》对建筑能耗的定义

序号	能耗用途	定义
1	供暖用能	为建筑空间提供热量（包括加湿），以达到适宜的室内温湿度环境而消耗的能量
2	供冷用能	为建筑空间提供冷量（包括除湿），以达到适宜的室内温湿度环境而消耗的能量。包括用于制冷除湿设备、循环水泵和冷源侧需要的辅助设备（如冷却塔、冷却水泵、冷却风机）等用能
3	生活热水用能	为满足建筑内人员洗浴、盥洗等生活热水需求而消耗的能量。不包括与生活冷水共用的加压泵的用能
4	风机用能	建筑内机械通风换气和循环用风机使用的能量。包括空调箱、新风机、风机盘管等设备中的送风机、回风机、排风机，以及厕所排风机、车库通风机等消耗的电力
5	炊事用能	建筑内炊事及炊事环境通风排烟使用的能量。包括炊事设备和厨房通风排烟设备等消耗的燃料和电力
6	照明用能	为满足建筑内人员对光环境的需求，建筑照明灯具及其附件（如镇流器等）使用的能量
7	家电/办公设备用能	建筑内一般家用电器和办公设备使用的能量。包括从插座取电的各类设备（如计算机、打印机、饮水机、电冰箱、电视机等）的用能
8	电梯用能	建筑电梯及其配套设备（包括电梯空调、电梯机房的通风机和空调器等）使用的能量

续表

序号	能耗用途	定义
9	信息机房设备用能	建筑内集中的信息中心、通信基站等机房内的设备和相应的空调系统使用的能量
10	建筑服务设备用能	建筑内各种服务设备（如给排水泵、自动门、防火设备等）使用的能量，以及配电变压器损耗的电力等
11	其他专用设备用能	建筑内医用设备、洗衣房设备、游泳池辅助设备等不属于以上各类用能的其他专用设备使用的能量

② 国家标准《民用建筑能耗标准》（GB/T 51161—2016）

该标准将建筑能耗定义为“建筑使用过程中由外部输入的能源，包括维持建筑环境的用能（如供暖、制冷、通风、空调和照明等）和各类建筑内活动（如办公、家电、电梯、生活热水等）的用能”。同时，明确规定“公共建筑内集中设置的高能耗密度的信息机房、厨房炊事等特定功能的用能不应计入公共建筑非供暖能耗中”，也即表3-3中的“9 信息机房设备用能”和“11 其他专用设备用能”均应从建筑能耗中剔除。

该标准还给出了建筑能耗实测值的定义：

建筑能耗实测值应包括建筑中使用的由建筑外部提供的全部电力、燃气和其他化石能源，以及由集中供热、集中供冷系统向建筑提供的热量和冷量，并应符合下列规定：

a. 通过建筑的配电系统向各类电动交通工具提供的电力，应从建筑实测能耗中扣除；

b. 应市政部门要求，用于建筑外景照明的用电，应从建筑实测能耗中扣除；

c. 安装在建筑上的太阳能光电、光热装置和风电装置向建筑提供的能源不计入建筑实测能耗中。

此外，该标准规定了建筑能耗计算方法——“根据实际使用的能源种类分别按照电力、燃气和标煤统计估算，并宜按照供电煤耗法将电力折算为标煤，按热量法将天然气转换为标煤，三者相加，得到以标煤为计量单位的建筑能耗总量的数值”。

③ 北京市地方标准《民用建筑能耗指标》（DB11/T 1413—2017）

该标准中对民用建筑能耗的定义为“居住建筑和公共建筑使用过程中由外部输入的能源，包括维持建筑环境的用能（如供暖、制冷、通风、空调和照明）和各类建筑内活动（如办公、炊事等）的用能”。

同时，该标准给出“电力消耗”的定义：“维持建筑物运行所消耗的电能和室内设备所消耗的电能，包括制冷设备、通风设备、照明设备、电梯、给排水设备及室内设备等的电能消耗。该标准将电力消耗分为照明耗电量、空调耗电量和其他用能设备耗电量，其中，其他用能设备是指民用建筑内除空调系统和照明外的所有用能设备，主要包括电梯、通风、给排水系统和维持室内基本功能的设备等。”

对比国家标准《民用建筑能耗标准》（GB/T 51161—2016）对建筑用能的定义，北京市地方标准《民用建筑能耗指标》（DB11/T 1413—2017）将炊事用能纳入了建筑用能，虽没有明确说明是否包含信息机房设备用能，但从“维持室内基本功能的设备”来看，北京市地方标准同样是不含“9 信息机房设备用能”的。

2）北京市电耗限额管理工作对建筑能耗的定义

上述标准均对非建筑用能进行了剔除，使建筑能耗实测值更为准确，但从数据可获得性角度看，从能源公司外购的能源，可从能源供应公司计量结算点处直接获得准确的消耗量数据，可避免人为操纵数据的可能。而对建筑能耗实测值中所剔除的各类能耗，需依赖用户内部计量表计量，其数据获取程度（政府层面获取）及可靠性都存在一定问题。因此，从政府管理角度出发，大规模推行公共建筑能耗限额管理时，宜以能源供应公司的计量结算数据为准（即建筑电耗、热耗、气耗和水耗均以该楼的总表为准，不进行拆分和剔除），将建筑对应的外购能源主体作为限额管理的对象，也即“建筑能耗 = 维持建筑环境和活动用能 + 炊事用能 + 机房等特殊用能”。

（3）限额与定额定义

1）法律法规中的能耗限额与定额

《中华人民共和国节约能源法》《公共机构节能条例》《民用建筑节能条例》以及住房城乡建设部《“十二五”建筑节能专项规划》中相关条文表明能耗定额与能耗限额两个术语都是节能管理指标，只是表述不同。习惯上定额以行政主管部门标准发布形式下发，限额一般以规范性文件形式下达。其中：

定额是指在一定生产技术条件下，生产单位合格产品所消耗的人力、物力和财力资源的数量标准。提出定额概念是由于总量有限，对单位产品或单位工作中用量的消耗做出规定，从某种意义上来说，是一种资源在社会的再分配。定额在工业领域应用广泛，是在合理的劳动组织和合理地使用材料和机械的条件下，预先规定完成单位合格产品消耗的资源数量之标准，它反映一定时期的社会生产力水平的高低。

限额与定额含义较为接近。一般认为，定额具有法令性，只要在执行范围以内，任何单位都必须严格执行，不得任意变更定额的内容和水平。而限额比定额宽松，不具有法令性，只是超出限额要求限期整改，逾期不整改或者经限期整改后仍没有达到要求的由主管部门提出意见报请同级人民政府按规定责令停业整顿或者关闭，因此“限额”的概念更适合当前建筑节能发展的需要。

从控制能源消耗角度，提出建筑能耗限额的概念，其含义是在限额期（通常 1 年）内，建筑实现使用功能所允许消耗的建筑能源数量的上限值，强调一种总量的控制。建筑能耗限额的实质是基于一定目标表征建筑用能水平的基准线。

2）北京市公共建筑电耗限额管理中的能耗限额与定额

目前，北京市主管部门在涉及建筑能耗指标的管理上一般采用限额进行描述。国内其他省份大多依据该地区公共建筑历史电耗数据，通过统计分析的方法为每个类型的公共建筑画定一条统一的“红线”作为限额，该限额值表征了该地区公共建筑用电的整体水平。

北京市作为首都，受近年“京津冀融合发展”“通州副中心建设”“非首都功能疏解”“雄安新区建设”等政策的影响与推动，公共建筑使用相关的业务发展快速且变动频繁，同一建筑相邻年间的电耗变化率均值达到了 10% ~30%，而同类型的不同建筑间的单位面积年耗电量平均可相差 2 ~7 倍，如果也为同类型的公共建筑划定一个统一的电耗限额指标，势必会给因业务的快速发展而导致电耗量超出“红线”较多的公共建筑带来较大的降耗压力，甚至需要停止业务发展才能将电耗降低到“红线”以下；而对一些用电强度较低的公共建筑，则可因低于“红线”较多而放松运行管理。这与北京市公共建筑电耗限额管理工作的“鼓励节能但不限制发展”的初衷相背离。

认识到这一问题，北京市以建筑自身历史用电量为基准，为每一个建筑按年度下达电耗限额指标，并按照该限额指标按年度对其进行考核。这种方法充分考虑了每个公共建筑自身的业务发展现状，为其保留业务发展空间的同时，鼓励其维持与降低建筑能耗。

然而，随着我国城镇化和城市发展目标从“大建快上”转变为“建养并重、以修代建”的高质量发展，城市发展逐渐趋于稳定和成熟，北京市也必将需要统一的“红线”来体现不同类型公共建筑的用能平均水平，以及对类型内所有建筑进行统一标准的约束，因此，未来北京市公共建筑电耗限额的发展必然会走上统一的“红线”之路。

为了区分这两种限额方法，北京市在公共建筑电耗限额管理工作中对“限额”和“定额”进行了重新定义，即：以建筑自身历史数据为基准画定的“红线”为限额；以同类建筑平均水平画定的“红线”为定额。

3.1.2 规范限额管理范畴

（1）管理范围与信息来源

2014 年北京市将全市 3000m^2 及以上面积的公共建筑纳入电耗限额管理。其中，被纳入的公共建筑主要是指总面积在 3000m^2 及以上，且公共建筑面积占整个建筑面积 50% 及以上的公共建筑，计算公建面积比例时不包含车库和人防。

能耗限额管理系统中的数据分为三大类：建筑信息、能耗计量设备信息和能耗信息。数据来源主要有 3 种方式：市住房城乡建设委房屋全生命周期平台、北京市电力公司电力系统和人工调研。其中：

建筑信息来源为市住房城乡建设委房屋全生命周期平台以及人工调查与校核，内容包括：建筑编号、建筑地址、建筑名称、所属行政区、建筑面积、建筑年代，此部分由全生命周期平台提供；建筑功能、产权信息、物业单位、电表编号，此部分为人工调查所得。

建筑编号采用 110 起始 23、25 位编码，主要用于划分某一栋或多栋建筑的所属单位，使建筑使用（管理）者与能耗限额限制建筑相互对应，由于单位管辖范围变动或者建筑使用者、管理者变动，出现少部分建筑编号与建筑不对应情况，需要系统管理者或者第三方机构进行年度更新。

能耗计量数据来源为能源供应公司，现阶段主要以北京市电力公司所提供的电力数据为主，内容主要包括用户编号（电表编号）、用户地址（装表地址）、电价类别、用户名称等，为每个电表每年逐月的总电耗。

（2）楼栋与建筑组

北京市电耗限额管理工作中的管理对象，因实际操作需要，包括“楼栋”和“建筑组”两种。

1）楼栋

由于本项目采用房屋全生命周期管理信息平台作为公共建筑基础数据的来源，因此在“栋”的定义上必须与该平台保持一致。房屋全生命周期平台中的“栋”来自房产测绘中的划分，其依据是国家和北京市的房产测量规范，所划分的“栋”并不一定等于单体建筑。

以北京某建筑（图3-2）为例，从地面上看它由两个独立的单体建筑构成，分别是位于东侧的A座和位于西侧的万达广场B座和C座。A座和B座由一条道路分开，B座和C座由裙楼连为一体，呈“两座三塔”的形态。该建筑在房屋全生命周期管理信息平台中被按照功能类型及塔、裙形式拆分成5栋，从西至东依次被命名为某区某号院西区酒店（宾馆建筑）、西区裙房（商业建筑）、西区写字楼（办公建筑）、东区裙房（商业建筑）、东区写字楼（办公建筑）。

图3-2　北京某建筑实景

2）建筑组

目前，北京市公共建筑能耗限额管理信息系统的电力数据主要来源于北京市电力公司数据系统。其中，北京市房屋全生命周期管理信息平台以“建筑编号”为数据识别标识，为能耗限额管理信息系统提供公共建筑房屋基本信息；电力公司以“用户编号”为数据识别标识，为能耗限额管理信息系统提供建筑电耗数据。开展电耗限额指标制定与考核的基本工作，是对这两个源头的数据进行整合。

由于北京市房屋全生命周期管理信息平台和北京市电力公司数据系统属于不同部门体系，具有不同的功能，在数据的更新上暂无线上的互联互通机制。因此，当各平台的数据汇总于“能耗限额平台”时，会出现因识别标识的不同造成不同的数据映射，除了“一楼对一表”，还包括“多楼对一表”“一楼对多表”以及“多楼对多表”等多种形式，如图 3-3 所示。为能够开展建筑能耗限额相关计算，在“北京市公共建筑能耗限额管理信息系统”搭建之初，项目组引入了“组号”的概念，将有相互关联的建筑与电表建成“组”参与电耗限额计算。该组建筑消耗的总电量为组内各计量仪表的读数之和，电耗强度则为总电量与该组内所有建筑面积总和的比值。

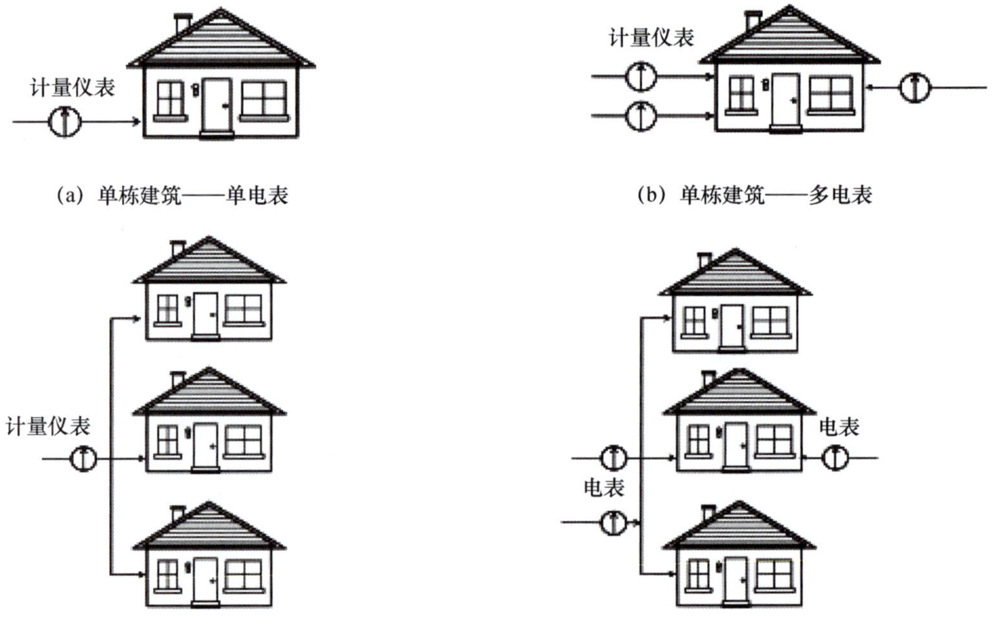

(a) 单栋建筑——单电表　(b) 单栋建筑——多电表

(c) 多栋建筑——单电表　(d) 多栋建筑——多电表

图 3-3　建筑编号与电表编号的不同映射关系示意图

（3）异议调整对象

按照《北京市公共建筑电耗限额管理暂行办法》的规定，纳入公共建筑能耗限额管理名单的公共建筑产权方或运行管理单位可对年度电耗限额和上一年考核结果提出调整申请，提交情况说明和证明材料，经区、市两级审核，对符合调整条件的，按照统一的方法重新核定限额值并重新考核。

在总结和归纳历年公共建筑电耗限额异议处理经验的基础上，能够提出异议调整的考核对象被严格限定为存在“数据有误”和“情况改变”两个大类情况的建筑组，并细分为以下 7 个异议类别：1）单栋面积不符；2）组内含非限额管理楼栋面积，电表覆盖面积不符；3）组内楼栋数量不符；4）电力用户编号有误；5）特殊用能；6）用能形式改变；7）建筑用途改变。各项说明如图3-4所示。企业用户可以通过登录管理信息平台，在异议申请表内直接选取相关异议原因，实现了企业用户异议申请的规范化操作，简化了的审核分类操作，提高了管理端的审核效率。

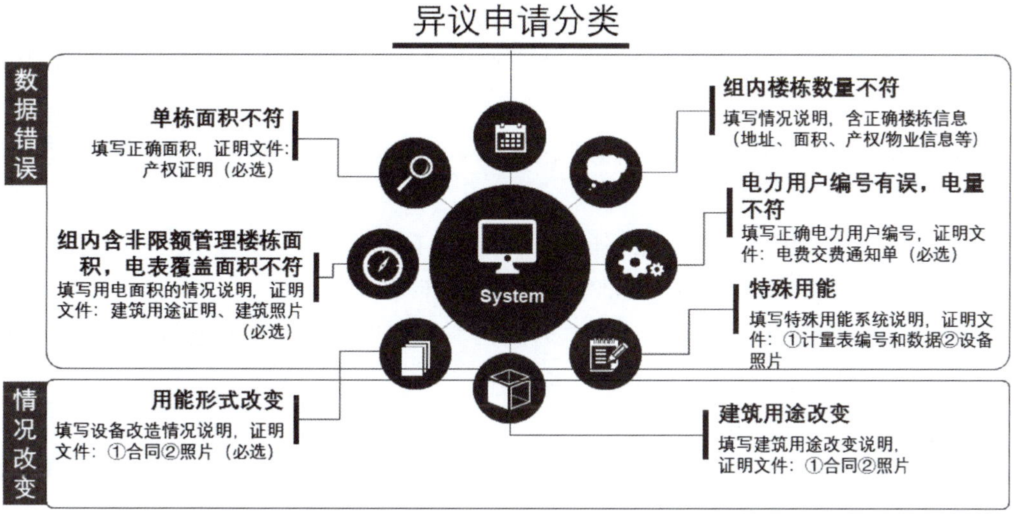

图3-4　异议调整类别

3.2　合理制定限额　规范调整方法

公共建筑电耗限额管理的开展，需要充分考虑城市高速增长背景下公共建筑能耗的剧烈波动特点，合理设置限额指标，以做到限额管理的公平公正。

2013—2020年，北京市电耗限额管理工作中的电耗限额制定方法经历了两个版本：一是2014年发布的《北京市公共建筑电耗限额管理暂行办法》（京建法〔2014〕17号，以下简称“原管理办法”）中以2011年和2013年历史用电量为比较基准的“自身历史用电量比较法”；二是2020年修订的《北京市公共建筑电耗限额管理暂行办法》(京建法〔2020〕5号，以下简称“2020管理办法”）中以限额待发布年前5年历史用电量平均值和同类建筑平均电耗水平为比较基准的“自身历史用电量比较+同类型平均水平比较”的限额与定额相结合的限额方法。

3.2.1　原限额制定方法

（1）方法内容

《北京市公共建筑电耗限额管理暂行办法》(京建法〔2014〕17号）规定了2014年和2015年的电耗限额计算方法，并指出2016年以后年度的限额另行制定，具体规定如下：

“公共建筑电耗限额依据本市建筑节能年度任务指标和电力用户历史用电量确定。2014 年、2015 年公共建筑电耗限额的确定方法如下：

（一）2013 年耗电量比 2011 年增加的电力用户，2014 年、2015 年限额值在 2011 年耗电量基础上，按 6% 和 12% 降低率分别确定。

（二）2013 年耗电量比 2011 年降低的电力用户，在 2011 年耗电量基础上，按照 12% 扣减 2013 年至 2011 年已降低率后平均分配到两年的原则，确定 2014 年和 2015 年的限额值。

（三）2013 年耗电量比 2011 年已经下降 12% 以上的电力用户，2014 年、2015 年限额值均按照 2013 年耗电量进行考核。

（四）2011 年用电量数据不完整的电力用户，限额计算以数据完整年度用电量为基准，2014 年、2015 年限额值在此基准上分别降低 6% 和 12%。

（五）对于未按期填报基础信息的电力用户，其年度电耗限额参照同类建筑单位建筑面积电耗限额值较低的前 10% 平均水平确定。

（六）2016 年以后年度的限额另行制定。”

在实际工作中，该方法一直沿用到 2019 年，有效指导了北京市逐年制定各建筑的电耗限额。

（2）局限性

在制定“原管理办法”时，由于管理工作刚起步，公共建筑的历史电耗数据较少（自 2011 年起），因此在“原管理办法”中主要以 2011—2013 年的电耗数据为参考基准。近年来，在实际考核工作实施过程中，该方法的历史局限性逐渐显现：依据该方法，在制定 2014 年和 2015 年的电耗限额时，仅使用了 2011 年和 2013 年的电耗数据，这导致超限额超大的建筑较多，造成工作人员的实际审查、校核工作量大。

例如，表 3-4 中，A 建筑 2011 年和 2012 年电量要远小于 2013—2015 年的；与 A 建筑相比，B 建筑的 2011—2013 年电量与 2014—2015 年电量相比没有很悬殊，但也相差较大。依据“原管理办法”中制定的电耗限额计算方法“（一）2013 年耗电量比 2011 年增加的电力用户，2014 年、2015 年限额值在 2011 年耗电量基础上，按 6% 和 12% 降低率分别确定”，A 建筑 2014 年限额值为 56. 4kWh，2015 年限额值为 52. 8kWh，超限额率分别为 3862500%（2014 年）和 4696000%（2015 年）；依据“（三）2013 年耗电量比 2011 年已经下降 12% 以上的电力用户，2014 年、2015 年限额值均按 2013 年耗电量进行考核”，B 建筑限额值为 132925kWh（2014 年）和 132925kWh（2015 年），超限额率分别为 167%（2014 年）和 314%（2015 年）。可以看到，A 建筑和 B 建筑的限额率均超出电耗考核所规定的超限额率 20% 的上限值。然而，从 2011—2015 年电耗数据看，A 建筑在 2011—2012 年显然处于业务停滞状态，2013—2015 年开始正常运营且逐年拓展的状态；B 建筑则从 2011—2015 年呈现逐年处于业务发展状态。因此，仍以 2011 年和 2013 年的耗电量作为制定限额的基准，存在不合理性。

表 3-4 某两个建筑 2011—2015 年耗电量数据

建筑编号	耗电量数据（kWh）				
	2011 年	2012 年	2013 年	2014 年	2015 年
A	60	69	2114295	2178540	2479530
B	177107	86208	132925	355170	549794

2016 年至 2019 年均沿用了 2014 年、2015 年的限额制定方法。由于建筑业务的快速发展和功能改变等原因，可能造成近几年内公共建筑电耗的剧烈波动，特别是 2016 年与 2011 年相差较远，部分建筑这两年的电耗量悬殊，在实际考核过程中发现一些建筑的超限额率甚至达到几万。此外，对一些电耗强度（单位面积电耗）较小的建筑，稍微进行一些业务扩展，就会因与自身历史数据相比较而超限额，即使其电耗量远小于同类建筑的平均水平，也会与电耗量大的超限额建筑一起被考核通报，容易限制其发展。因上述超限额率超大现象，导致在发布限额后有较多用户对限额值提出了异议，申请调整限额，给能耗限额管理人员在限额调整方法、异议情况分析及材料审核等方面增加了较大的工作量。

3.2.2 新限额制定方法

（1）新方法探索

鉴于“原管理办法”难以满足新时期的发展需求，北京市开展了能耗限额算法优化课题研究，旨在找到科学、合理、公平且操作性强的能耗限额制定方法。由于目前国内主要有限额和定额两种能耗管理方式，因此，研究以北京市公共建筑能耗限额管理信息系统为数据源，在这两种方法的基础上，针对北京市能耗限额算法的优化方法，提出了 3 种方案：一是基于同类建筑的能耗水平，制定公共建筑定额；二是依托“以自身历史数据衡量为主、同类建筑能耗水平比较为辅”的原则，将限额与定额相结合；三是在方案二的基础上，再增加一次定额考核，并比较分析了 3 种方案的考核结果。3 种方案的详细研究内容可参考专著《北京市公共建筑电耗限额管理实践与探索（2013—2016）》，以下仅介绍各方案的结果：

方案一：“制定公共建筑能耗定额”的方法，依据同类建筑用能水平画红线“一刀切”，相对公平，但对强度高的“超红线”建筑，因业务需求可能很难将能耗降到红线下。

方案二：“以自身历史数据衡量为主、同类建筑能耗水平比较为辅”的限额 + 定额方法，可对各能耗强度段的建筑起到督促节能的作用。因此，建议以方案二来制定每年各建筑的限额值：

1）将考核年的电耗与前三年电耗相比较，若前三年中有与考核年电耗相差 ±30% 以内的，则取其中的最小值降低 8% 作为其限额值；

2）若前三年中没有与考核年电耗相差 ±30% 以内的，则取当年同类建筑电耗的统计学 85% 位值为其限额值。

方案三：限额考核的初衷是鼓励节能，因此方案三建议在方案二限额与定额相结合方法基础上再次补充定额，即再增加一条红线：连续两年超限额值 20% 的，且同时连续两年超过当年同类建筑电耗的统计学 85% 位值的建筑，作为优先考核对象。

其中，对于截至考核年已建但尚未满四年的建筑，上述的“前三年”可理解为“前三年中已有电耗数据的年份”；而对考核年当年新建的建筑，可参照 2）取当年同类建筑电耗的统计学 85% 位值作为其限额值。

最后，基于上述 3 种方案的验证结果，提出了适合于北京市公共建筑的电耗限额制定建议：

1）将考核年的电耗与前三年电耗相比较，若前三年中有与考核年电耗相差 ±30% 以内的，则取其中的最小值降低 8% 作为其限额值；

2）若前三年中没有与考核年电耗相差 ±30% 以内的，则取当年同类建筑电耗的统计学 85% 位值为其限额值；

3）连续两年超限额值 20% 的，且同时连续两年超过当年同类建筑电耗的统计学 85% 位值的建筑，作为优先考核对象。

其中，对于截至考核年已建但尚未满四年的建筑，上述的“前三年”可理解为“前三年中已有电耗数据的年份”；而对于考核年当年新建的建筑，可参照 2）取当年同类建筑电耗的统计学 85% 位值作为其限额值。

（2）2020 年管理办法最终确定的方法

基于上述提出的方案二和方案三的优化思路，北京市从政府管理可操作性的角度，提出了最终的限额制定方案，即公共建筑电耗限额依据本建筑历史用电量和本市同类型建筑单位面积电耗平均水平确定。

1）电耗限额取以下的小值：

① 电耗限额待发布年前五年历史用电量的平均值下降 2%，即

$$Q_1 = \frac{E_{i-1} + E_{i-2} + E_{i-3} + E_{i-4} + E_{i-5}}{5} \times (1 - 2\%)$$

式中 i——限额待发布年；

$E_{i-1}, E_{i-2}, E_{i-3}, E_{i-4}, E_{i-5}$——历史用电量（kW · h）。

② 同类型建筑单位面积电耗平均水平乘建筑面积，即

$$Q_2 = \bar{e} \times A$$

式中 $\bar{e}$——管理平台上发布的上一年度同类建筑单位面积电耗平均水平，kWh/m^2；

A——建筑面积，m^2。

2）若历史年中有用电量数据缺失年份的，选取历史年中用电量数据完整年份，按照第一项确定限额。

3）若无历史年用电量数据的，按照第 1）中②确定限额。

相比于探索过程中提出的限额制定方法，2020 年管理办法中最终确定的方法：1）将比较基准从“前三年”扩大到了“前五年”，且直接取“前五年”的平均值，而不再将考核年的电耗与历史年相比较，简化了操作流程；2）直接取同类建筑电耗的电耗平均水平，而不再是 85% 位值，简化了算法，同类型建筑限额指标也更加严格了。

3.2.3 限额调整方法

每年在限额发布后，公共建筑产权方或运行管理单位可对年度电耗限额提出调整申请，而限额调整方法则主要是由限额主管部门提出初步方案，经由专家评审并依据专家意见和实际情况修改后确定并实施。

通过多年的能耗限额管理工作发现，限额调整申请中主要存在面积有误、编号错误、特殊用能、功能变更等 7 种情况，分别对应于不同调整方法和限额可调整、不可调整、待核实的结果。电耗限额异议申请中，各类问题主要以建筑用途变更、特殊用能以及组内楼栋数量不符为主，图 3-5 展示了限额异议申请的操作流程。

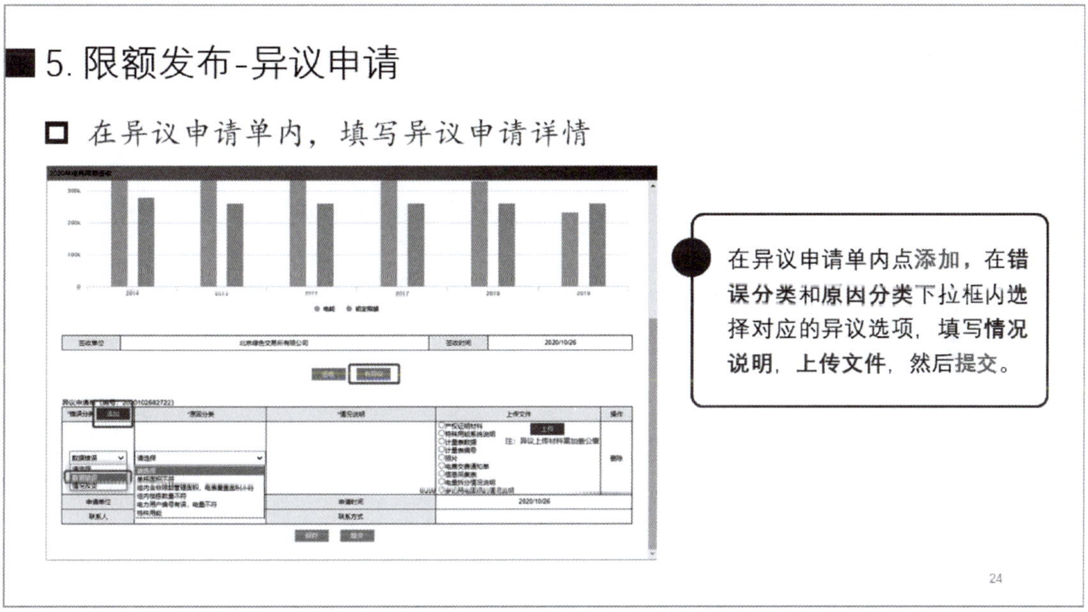

图 3-5 限额异议申请操作流程

（1）根据异议情况提出限额调整方案

2020 年由主管部门总结限额异议情况、提出限额调整方案，并经由专家评审确定各个异议原因拟采用的限额调整方案，如表 3-5 所示。该方案经由专家评审后，不再逐年进行大的调整，但每年仍会在此方案基础上征求一次专家意见，根据专家意见进行必要的微调，以确保方案的与时俱进。

表 3-5　2020 年异议分类及限额调整方案

异议分类			是否重新计算限额	限额调整方法
数据错误	1. 单栋面积不符		修改错误数据，重新计算限额	方法 1
	2. 组内含非限额管理面积，电表覆盖面积不符	电量和用电面积可拆分（有可能拆分后符合限额管理的部分为非整栋建筑）	重新计算限额	方法 5
		电量无法拆分，可修改用电面积	修改错误数据，重新计算限额	方法 1
		电量无法拆分、电表覆盖范围无法拆分计算	重新计算限额	方法 4
		组内含非限额管理面积（>50%）	不符合限额管理要求	不调整
	3. 组内楼栋数量不符		修改错误数据，待下一年重新计算限额	不调整
	4. 电力用户编号有误、电量有误	核减或新增用户编号后，建筑关联正确电量信息	重新计算限额	方法 3
		核减或新增用户编号后，建筑无法关联正确电量信息（含第三方购电）	重新计算限额	方法 4
	5. 特殊用能	特殊用能系统电量可拆分	重新计算限额	方法 2
		特殊用能系统电量不可拆分	重新计算限额	方法 3
		2020 年新增特殊用能系统	限额不变	不调整
情况改变	6. 建筑用途改变	实际发生用途改变	修改建筑功能，重新计算限额	方法 3
		在信息采集时未采集到建筑类型或信息采集错误	修改建筑功能，重新计算限额	方法 3
		2020 年发生改变	限额不变	不调整
	7. 用能形式改变		重新计算限额	方法 3

（2）专家评审确定的调整方法

经对限额调整方法的评审确认，2020 年限额调整实际采用的方法如下：

方法 1：“用电稳定年份的年均电量 ×（1－2%）”与“（修改用电面积后）同类建筑上年平均水平”取小值。

方法 2：“（2019 年用电量－2019 年特殊用能）×（1－2%）+2019 年特殊用能”与“（扣除特殊用能面积后）同类建筑上年平均水平 +2019 年特殊用能”取小值。

方法 3：“用电稳定年份的年均电量 ×（1－2%）”与“同类建筑上年平均水平”取小值。

方法 4：同类型建筑上一年度单位建筑面积电耗平均水平。

方法 5：“（2019 年用电量－2019 年非限额管理电量）×（1－2%）+2019 年非限额管理电量”与“（扣除非限额管理用电面积后）同类建筑上年平均水平 +2019 年非限额管

理电量”取小值。

说明：用电正常或稳定年份是指2019年及以前的用电正常或稳定年份（最多5年）。用电正常或稳定年份的年平均电量即为基准年用电量，用以按照现行政策计算和调整2020年限额值。

表3-6 同类型建筑2019年度单位建筑面积电耗平均水平

序号	建筑类型	电耗平均水平（kWh/m²）	
		大型	普通
1	办公建筑	81.32	86.86
2	商场建筑	119.58	129.69
3	宾馆饭店	94.06	106.22
4	文化建筑	73.44	82.79
5	医疗卫生	123.79	126.59
6	体育建筑	99.95	92.98
7	教育建筑	86.03	59.74
8	科研建筑	100.38	151.87
9	综合建筑	81.25	89.69
10	其他建筑	69.28	90.57

注：“大型”指建筑面积在2万平方米（含）以上的建筑、“普通”指建筑面积在2万平方米以下的建筑。

（3）最终限额调整结果

通过北京市公共建筑能耗限额管理信息平台，共有138家单位对2020年限额提出了异议申请，经过筛选和分析，最终拟定调整限额55家、不符合限额管理要求10家，限额不调整40家、下一年重新发限额33家，表3-7展示了2020年限额异议原因数量分布。

表3-7 2020年限额异议原因数量分布

错误分类	原因分类	数量
数据错误	1. 单栋面积不符	13
	2. 组内含非限额管理面积，电表覆盖面积不符	12
	3. 组内楼栋数量不符	23
	4. 电力用户编号有误，电量有误	8
	5. 特殊用能	33
情况改变	6. 建筑用途改变	37
	7. 用能形式改变	12
合计		138

（4）限额调整案例

以某办公建筑为例，该建筑总面积61624.85m²，初定限额为1091375.04kWh。在限额发布后，该建筑产权单位提出了异议申请，如表3-8所示。根据该异议申请单，北京市公共建筑电耗限额管理团队判定该建筑组符合限额调整条件，可按照表 3－5 中异议情况“6. 建筑用途改变－实际发生用途改变”对应的调整方法进行电耗限额调整，即“用电稳定年份（2018 和 2019 年）的年均电量 ×（1－2%）”与“同类建筑上年平均水平”取小值，计算如下：历史用电量法为（1615640＋1904960）÷2 ×（1－2%）＝1725094kWh；同类建筑平均水平法为 61624. 85 ×81. 32＝5011332. 8kWh。两者取小值后，调整后限额为 1725094kWh。

表 3-8　某建筑产权人的限额异议申请单

错误分类	原因分类	情况说明	上传文件
情况改变	建筑用途改变	2017 年前未正式使用，园区绝大部分为空置状态，在 2016 年 8 月交由其他公司进行租赁，在 2017 年 3 月才开始有租户陆续入驻，故园区相当于 2017 年 3 月才开始正式使用，2017 年之前用电量与 2017 年之后的用电量差额过大，请求根据我司园区实际情况，重新评定用电限额。	合同_ 1. pdf 合同_ 2. pdf 合同_ 3. pdf

3. 3　合理处理数据　拓展服务外沿

目前，北京市公共建筑能耗限额管理信息系统仍在持续拓展管理对象，以及不间断地接收建筑的电耗数据（将来计划拓展到热耗、气耗和水耗等数据，以下均以电耗数据作为案例），由于数据量较大，若仅在每年年底对全年的数据进行年度分析，不仅人工工作量大；且会有数据错误、缺漏等问题，很可能会因未能及时发现问题而导致相应的数据失效，同时也增加了工作人员核查数据的难度和工作量。因此，应采取合适的数据处理与分析技术，分阶段对采集数据进行整合、清理、分析诊断，并排除异常值；将年度数据分析与故障核查工作分散到各月，以及时核查和发现问题，合理分摊人工工作量。

同时，系统中如此大量的公共建筑数据若仅用于日常的公共建筑节能管理工作，其作用未得到充分发挥、价值未得到充分挖掘，必将形成数据孤岛和数据坟墓。相反，若能结合一些数据挖掘算法，对数据背后隐藏的现象或规律做进一步分析，则可更加充分挖掘数据的价值，为包括政府管理者与建筑管理者在内的数据应用方提供更有针对性的精细化服务。

基于上述考虑，北京市开始探索公共建筑电耗大数据的处理与分析方法，摸索大数据支撑政府精细化管理以及相关政策决策的方法和路径，拓展数据服务外沿。

3. 3. 1　数据挖掘方法概述

对海量数据进行处理与分析，除了采用常规的统计分析的方法，还可采用近年较为流行的“数据挖掘”技术。在大数据领域，数据挖掘被视为“数据中的知识发现”的同义词，或说数据挖掘是知识发现的一个基本步骤。知识发现过程如图 3-6 所示，由以下步骤的迭代序列组成：

1）数据采集：采集与能耗相关的数据，如能耗限额管理工作中所需的建筑基本信息与电力信息采集。

2）数据预处理：根据实际数据处理的需要，可包括数据融合、数据清理和数据变换等过程。其中，数据融合，是将不同的数据源的数据通过一定的方法进行融合，形成数据库；数据清理，主要是对目标数据进行缺失值、噪声处理及数据集成等；数据变换，是把清理后的数据变换和统一成适合挖掘的方式，不同的数据挖掘算法通常要求不同的数据变换形式。

3）数据挖掘：使用智能方法提取隐藏在数据中的数据模式，能耗限额管理中的智能方法主要涉及机械学习和数理统计；数据模式可包括建筑的用能特征，能耗限额或定额特征，能耗特征与建筑类型、区域及物性等关联特性等内容。

4）模式解释与评估：根据某种指标或指标体系，对所提取的数据模式进行解释和评估，并可视化展示所挖掘的知识或结果，如建立信息系统对外公布限额、展示建筑能耗信息及用能特征等。

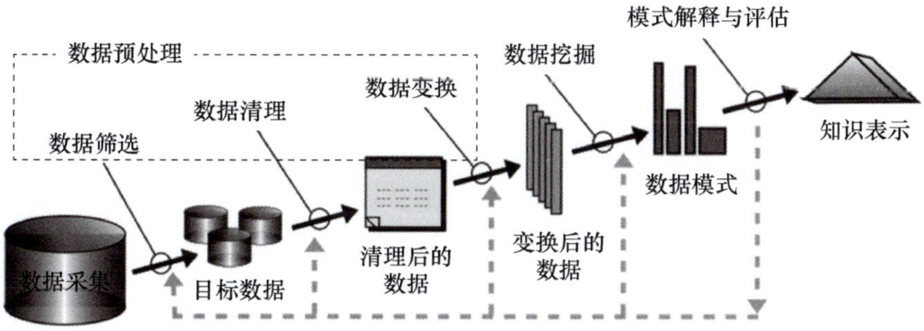

图 3-6 数据挖掘过程示意图

以下将基于北京市公共建筑电耗大数据，以建筑区域与类型电耗变化趋势分析以及超限额建筑中最具有节能改造潜力的建筑分析为例，介绍大数据挖掘技术在辅助北京市开展精细化建筑节能管理工作中的应用。

3.3.2 建筑能耗数据处理方法

（1）数据异常概述

将不同的数据源整合到同一个平台上后，即可对数据进行清理。数据清理的主要任务是检测与处理异常值。涉及公共建筑能耗限额管理工作的数据清理，主要是清理能耗异常值（离群值），即为找出能耗有误或不同于大多数对象的过程。造成异常的原因，可能是能耗计量表、数据传输或存储发生故障，也可能是因为能耗值对应的建筑面积、功能等发生了变更。所以，在找出异常值后，应进行相关调研，分析异常原因，并及时做出调整；经过长期的类似异常分析工作，可总结归纳出各异常对应的原因排序，形成自主报警、通告机制。

异常值分为绝对异常值和相对异常值两种。其中，绝对异常值是指超出考察对象的物理意义上的数值，如建筑能耗值中的空值、零值、负值或异常大值等。这类异常值可直接通过设置值阈进行检测。相对异常值是指该考察对象的值远不同于其他大多数考察对象的值，如能耗值远高于或远低于同类建筑的能耗值；或者当同时考察建筑的能耗和能耗强度时，其组合值不符合常规认识。例如，一般某建筑的能耗总量较高时，其能耗强度一般也偏高，若某建筑的能耗总量高而其能耗强度极低、远远偏离相近能耗总量的其他建筑能耗强度时（能耗总量和能耗强度都在正常值范围内），就可能被认为是异常的。造成其异常的原因可能是建筑面积数据有误（如包含了非该电能表计量的建筑区域等）。

对于建筑能耗异常值检测过程，可遵循如下步骤："绝对异常值剔除→数据标准化→异常点检测（相对异常值）→散点图可视化"。在北京市公共建筑电耗限额管理工作中，统计分析中经常涉及同类型建筑能耗的平均值计算，因此若在数据样本中检测到上述异常值，往往是对异常值直接进行剔除，避免平均水平受到个别异常值的影响而偏离真实情况。通常，待分析的数据集样本空间的数据量会较大，因此，当需要进行离线分析时，一般会通过编写 Python 程序完成。若需要对全市样本进行整体分析，则可直接在限额管理信息系统中完成。

（2）异常数据检测

1）绝对异常值检测

北京市公共建筑电耗限额管理工作中常用箱线图法来监测绝对异常值。箱线图又称为盒须图、盒式图或箱形图（Box-plot），是一种用作显示一组数据分散情况资料的统计图，如图 3-7 所示，主要包含 6 个数据节点，将一组数据从大到小排列，分别计算出该组数据的上边缘、上四分位数 Q_3（等于该样本中所有数值由小到大排列后第 75% 的数字）、中位数 Q_2（等于该样本中所有数值由小到大排列后第 50% 的数字）、下四分位数 Q_1（等于该样本中所有数值由小到大排列后第 25% 的数字）、下边缘及异常值。

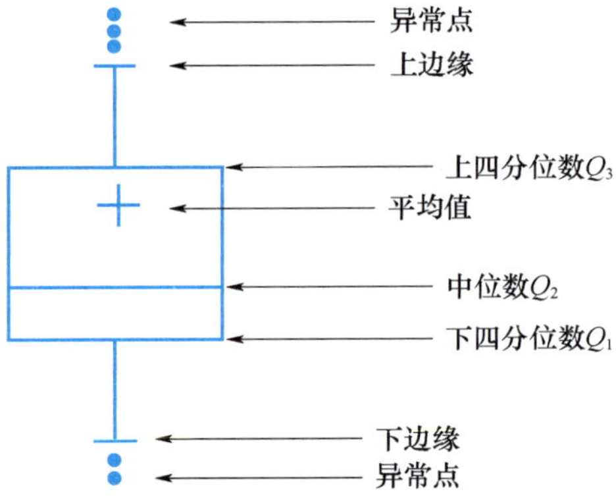

图 3-7　箱线图法检测绝对异常值

在箱线图中，异常值被定义为小于 $Q_1-1.5IQR$ 或大于 $Q_3+1.5IQR$ 的值。其中，IQR 为四分位距，又称四分差，$IQR = Q_3 - Q_1$。是描述统计学中的一种方法，以确定第三四分位数和第一四分位数的区别。

箱线图的绘制依靠实际数据，不需要事先假定数据服从特定的分布形式，没有对数据做任何限制性要求，它只是真实直观地表现数据形状的本来面貌；另一方面，箱线图判断异常值的标准以四分位数和四分位距为基础，四分位数具有一定的耐抗性，多达 25% 的数据可以变得任意远而不会很大地扰动四分位数，所以异常值不能对这个标准施加影响，箱线图识别异常值的结果比较客观。

2）相对异常值检测

① 数据标准化

采用标准化的方法可将所有数据映射到一个无量纲化的测评区间，即所有数据及不同类别的数据转化到同一数据级，但相对关系不变，便于比较分析。例如，若测评区间为[−2，2]，可将电耗和单位面积电耗量分配到4个指标段："很低（−2）～偏低（−1）""偏低（−1）～一般（0）""一般（0）～偏高（1）"以及"偏高（1）～很高（2）"。假定 min$A$ 和 max$A$ 分别是属性 A 的最小值和最大值，则 A 的值 a_i 被标准化为 a'_i，由式(3-1)计算：

$$a'_i = \frac{a_i - \min A}{\max A - \min A}(\max A' - \min A') + (\min A') \quad (3\text{-}1)$$

式中，max$A$ =2，minA' = −2。

② 异常点检测

异常点检测方法主要有统计学方法、基于聚类的方法和基于临近性的方法等3类。

a. 统计学方法通常假定数据由一个正态分布产生，利用数据与期望值的偏差大小识别离群点（最大似然检测或箱线图法），当离群点与正常数据相差较大，特别是数量级上的差别时，整体数据的期望和方差会有很大偏离，造成离群点无法识别或错误识别；

b. 基于聚类的方法，通过考察对象与簇之间的关系检测离群点：当一个对象归属于小的稀疏簇或不属于任何簇时，可被视为离群点，因此考察对象中离群点越多，聚类得到的簇也越多。然而，该方法要求提前给定簇的数量，如何给出合理的簇数值是一大挑战。

基于聚类的方法通过考察对象与簇之间的关系检测离群点：当一个对象归属于小的稀疏簇，或不属于任何簇时，可被视为离群点。常用的聚类方法为 k − 均值聚类：假设数据 D 包含 n 个对象，该方法把 D 中的对象分配到 k 个簇 C_1，…，C_k 中，使得对于 i，$j \leqslant k$，$C_i \subset D$ 且 $C_i \cap C_j = \varnothing$。该方法使用簇 C_i 的形心 c_i 代表该簇，形心可用分配给该簇的对象（或点）的均值定义，并用数据集中所有对象到其所属簇形心之间的距离的平方和 E 为目标函数：

$$E = \sum_{i=1}^{k} \sum_{p \in C_i} \text{dist}(p, c_i)^2 \quad (3\text{-}2)$$

式中 p——数据集中的任一数据点；

c_i——该数据点所属簇的形心值；

dist（p，c_i）——数据点 p 到形心之间的欧式距离。

该目标函数使得生成的结果簇尽可能紧凑和独立。该方法的处理流程如下：①在 D 中随机选择 k 个对象，每个对象代表一个簇的形心；②对剩下的各对象，根据其与各簇中心的欧氏距离，将其分配到最相近的簇；③计算生成簇的形心，按照各簇内数据的平均值重新计算各簇形心，并更新分配所有对象。迭代继续，直到本轮形成的簇与前一轮的簇相同。

c. 基于临近性的方法，是通过考察各对象的邻域中的其他对象的个数来认定是否离群，这种方法物理意义清晰、可解释性强、计算简便，北京市电耗数据的异常点检测采用了这种方法。

对于数据集 D，用一个距离阈值 r 来定义对象的邻域。对于每个对象 ω，考察 ω 的 r-邻域中的其他对象的个数。定义 1 个数比例阈值 τ，如果 D 中大多数的数据对象都远离 ω，即 ω 的邻域中数据对象的个数占 D 中数据总量的比例低于 τ 时，ω 可被视为一个离群点，即当：

$$\frac{|\{\omega \mid \mathrm{dist}(\omega,\omega') \leqslant r\}|}{|D|} \leqslant \tau \tag{3-3}$$

式（3-3）中，ω 为离群点。其中，$\mathrm{dist}(\omega,\omega')$ 为 ω 与另一数据对象 ω' 的距离。在进行离群点检测时，逐个计算数据集中每个对象与其他对象之间的距离，统计该对象的 r-邻域中其他对象的个数。一旦在该对象的 r 距离内找到 $\tau|D|$ 个其他对象，即可判断该对象不是离群点。

向量 $\boldsymbol{p}$（p_1，p_2，…，p_m）和向量 $\boldsymbol{q}$（q_1，q_2，…，q_n）之间的欧式距离 d（p，q）计算公式如式（3-4）所示：

$$d(p,q) = \sqrt{(p_1 - q_1)^2 + (p_2 - q_2)^2 + \cdots + (p_m - q_n)^2} \tag{3-4}$$

③ 异常值检测结果——散点图可视化

以 2016 年北京市某区的所有办公建筑能耗数据为例（314 个样本点），将所有能耗和单位面积能耗数据标准化到［-2，2］区间后，用散点图表示如图 3-8 所示。其中，纵坐标为标准化后的能耗量（目前仅考虑电耗），而横坐标则为标准化后的单位面积能耗量（能耗强度）；每个圆点表示一栋建筑，红线为 $y=x$ 线。通常，建筑的能耗量与能耗强度越匹配，代表该建筑的圆点越接近 $y=x$ 线。

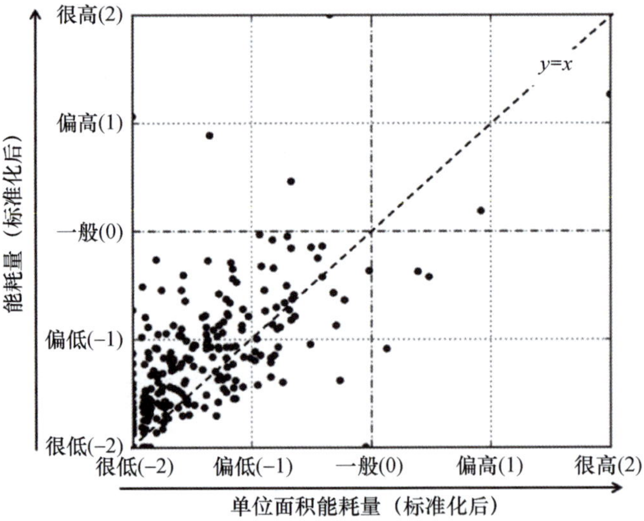

图 3-8　电耗与单位面积能耗数据标准化后的散点图

从图 3-8 可以看到，多数异常点是远离大部分数值点的，剩余部分异常点也因在其临近区域内的异常点数量小于阈值而被挑选出来。根据横、纵坐标的物理意义，可判断造成图中不同区域异常点的原因：

a. 左上角区域，能耗量高但单位面积能耗量低，可能是该建筑的录入建筑面积偏大，或实际运营规模已发生变化（如很多面积空置等）而尚未提交平台更新等造成；

b. 右下角区域，能耗量低但单位面积能耗量高，可能是该建筑的录入建筑面积偏小，或实际运行规模扩大（如新建建筑面积）、建筑功能变更而尚未提交平台更新等造成；

c. 右上角区域，能耗量和单位面积能耗量双高，可能是建筑本身的能耗过大，也可能是该建筑中包含了部分特殊功能用电（如数据机房等），导致能耗总量和强度均较高。

异常点经检测后，可直接在散点图上标示出来，如图 3-9 所示。

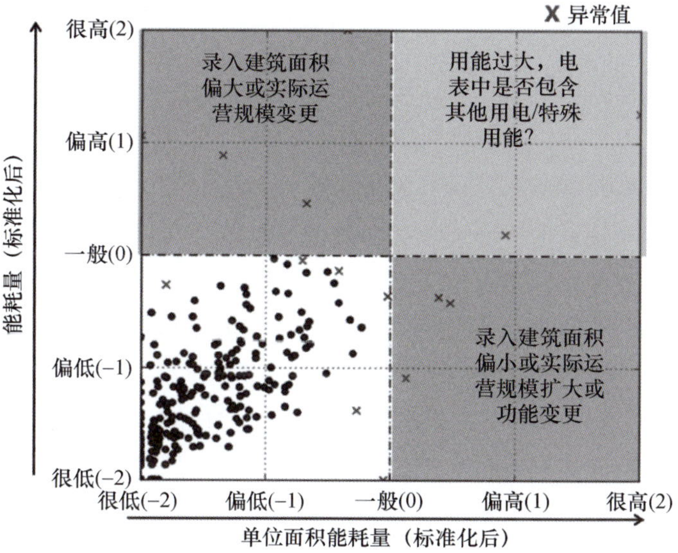

图 3-9　异常值检测结果散点图可视化

基于上述异常点检测技术，可按一定的频率（如每月或每季度等）对能耗数据进行筛查，从而对异常点进行跟踪调研，及时发现问题和更新平台数据，避免数据损失。为提高效率和减小人工工作量，今后可将该算法写入平台程序中，实现服务器端后台定期处理。

3.3.3　建筑电耗变化趋势分析

开展建筑区域与类型电耗变化趋势分析，其目的是了解北京市各区以及各类型的公共建筑历年电耗变化趋势，特别是找到电耗连年呈现整体上升趋势的建筑（组）以及所在区域，进而能够对这些建筑类型或区域进行重点管控。

对用电量呈现整体上升趋势的建筑进行识别，实际上是一个研究建筑物用电量变化规律的过程。该过程由 4 个步骤组成，包括数据收集、数据预处理、数据挖掘和模式解释，这是一个典型的数据挖掘分析流程，如图 3-10 所示。首先，通过数据收集生成一个包含 7614 个样本的数据池（以系统中的所有建筑组 2013—2017 年的数据为例），其中每一个建筑样本均是包含了各种基本信息和用电量数据的建筑组。然后，对数据进行清洗、归一化和离散化。随后是开展了两次数据挖掘任务：一项是利用 k 均值聚类算法研究建筑物能源消耗变化趋势的模式，另一项是建立模式与建筑物属性之间的关联性；进而，根据上述关联分析结果，可以找到用电量呈现不同变化趋势的建筑物的特征。

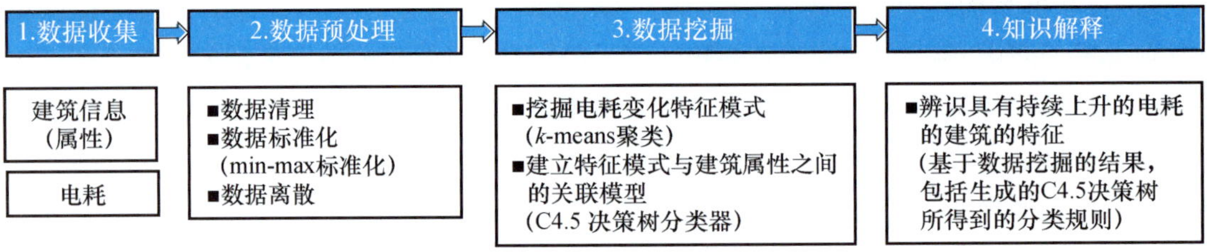

图 3-10　建筑电耗变化趋势分析流程

（1）分析方法

1）数据预处理

在形成数据样本后，下一步是进行数据预处理工作，本任务所涉及的数据预处理工作包括数据清理、归一化和离散。在 3. 3. 2 节已详细介绍了数据清理与归一化方法，本次分析将所有年份电量数据归一化到［0，1］空间中。

此外，为了更详细地研究电耗强度（ECI）和建筑面积（AREA）对建筑电耗变化模式的影响，将两个变量再次离散为 4 组，其中前者离散为“ECI1”（低于 100kWh/m^2）、“ECI2”（不低于 100kWh/m^2 但低于 300kWh/m^2）、“ECI3”（不低于 300kWh/m^2 但低于 500kWh/m^2）和“ECI4”（高于 500kWh/m^2），后者离散为“S1”（小于 10000m^2）、“S2”（大于 10000m^2 但小于 20000m^2）、“S3”（大于 20000m^2 但不大于 50000m^2）和“S4”（大于 50000m^2）。

2）电耗量变化趋势的模式挖掘

由于建筑的类型、尺寸和运行方式各不相同，2013—2017 年其用电量（强度）的变化特征往往不同，但可归纳为几种类型，如持续上升和下降的类型。这项研究将这些群体的特征定义为模式。建筑电耗变化特征模式的个数和内容都是事先不知道的，因此应该从数据池中提取，这实际上是数据挖掘领域中的一个聚类问题。

聚类分析是将数据合并成不同聚类的过程，其中相同聚类中的样本具有较高的相似性，而不同聚类中的样本具有较低的相似性。*k*-means、*k*-medoid 和自我组织地图（SOM）是使用最广泛的 3 种聚类算法。鉴于简单的性质，研究采用了 k－均值聚类算法，它经常使用样本与聚类之间的距离来描述相似性，研究中的距离用欧几里得距离计算，即式（3-3）。

在聚类之前，应该指定簇的数量 n，不同的 n 往往会导致不同的聚类性能。因此，研究采用 Davies-Bouldin 指数（Davies and Bouldin，1979）对性能进行评价，并确定 Davies-Bouldin 指数最低的适当 n 值从 1 到 10。

簇质心用适当的 n 固定，可以看到它们自己簇的代表。然后将每个点（样本）分配给具有壁橱质心的集群。最后，通过比较簇的质心之间的特征，研究用标签从 1 类标记到 M

类（假设样本最终聚集成 m 簇），其中同一簇中的点得到相同的标签，并被认为具有相同的电耗变化特征模式。聚类分析工作可在 Python 中进行。

3）关联模型构建

聚类后，使用 C4.5 决策树对模式与建筑物属性之间的相关性进行建模，以回答具有哪些特定属性的建筑物可能导致持续上升等特定特征的问题。其中，C4.5 决策树是一种广泛使用的分类算法，通常被认为比人工神经网络（ANN）、朴素贝叶斯分类器、支持向量机等其他类似算法更容易理解和处理字符型数据的性能更好。

C4.5 决策树算法利用 1 个决策树来展示其分类规则[15]。该树由 1 个根节点层，若干叶节点层，1 个输出层以及若干树枝组成，如图 3-11 所示。其中，根节点和叶节点均是特征属性（或变量等）；输出节点是可能的类别；树枝则是节点与节点之间的连接部件。

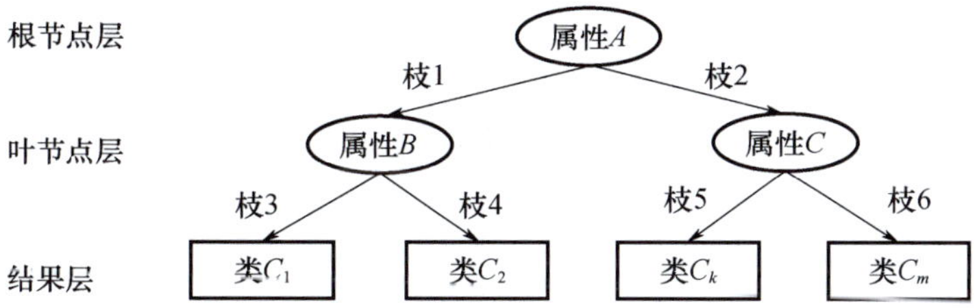

图 3-11 C4.5 决策树的构造

从根节点到每个输出节点上所有树枝连接起来，形成了该树的分类规则，一般用“如果……，则……”的句型表达：“如果某子集满足树枝 1，且树枝 2，……且树枝，则该子集属于类别 C_i”。

在该决策树中，一个特征属性可以是与目标任务相关的参数或变量，选择信息量大的、有辨别能力的、独立的特征属性是 C4.5 决策树算法实现有效分类的重要步骤。C4.5 决策树算法采用信息增益率（*IGR*）量化各属性的重要性，并进行逐步选择：首先从所有可能的属性中选择 *IGR* 值最大的一个作为根节点，并通过根节点的阈值将整个数据集分裂为 2 枝，即 2 个子集。随后，在新的子集中进行特征属性选择，并再次对子集进行分裂。重复以上的特征属性选择及分裂过程，直到数据集中所有属于同一类的数据被分到相同的子集中。为了降低树的大小、简化规则，通常会在树完全生成后进行剪枝[16]，如规定每个叶节点内样本点数不少于某个阈值。

建筑组属性，包括建筑所在区域（REG）、建筑类型（BTYPE）、建筑与电表对应关系（MAP）、建筑电耗强度（ECI）和建筑面积（AREA），用于构建决策树的根和叶节点，并使用 m 标签来构建结果。对 C4.5 决策树的培训是在数据挖掘工具 Weka 进行的。在训练过程中，部署了 k 重交叉验证技术（$k=10$），以减轻过度拟合问题。

4）找出电耗呈现持续增长趋势的建筑

分类规则列表可以由具有分支的节点从根层到生成的决策树中的结果层的路径提取并表示为“if-then”子句。然后，将通过规则来识别电耗量增加的建筑物的特征。

（2）分析结果

1）电耗量变化趋势的模式挖掘结果

为了找出建筑物能耗变化特征模式的数量和内容，对 2013—2017 年建筑物用电量数据进行了归一化处理，然后采用 k 均值聚类算法进行聚类。根据聚类结果，当簇数取 2C 时从 1 ~ 10 穷举，Davies-Bouldin 指数最低，这意味着用电消耗变化特征的模式可以最好地用图 3-12 中所示的 2 个簇质心来描述。聚类 1 的质心为（0. 202、0. 244、0. 450、0. 708、0. 872），从 2013 年到 2017 年呈现持续上升的趋势，因此团队将分配给聚类 1 的所有样本标记为“UP”。相比之下，簇 2 的质心（0. 886、0639、0. 401、0. 392、0. 153）呈持续下降趋势，因此分配给簇 2 的样品被标记为“DOWN”。在所有样本中，“向上”样本占 50. 4%，与“向下”样本占比基本相同。

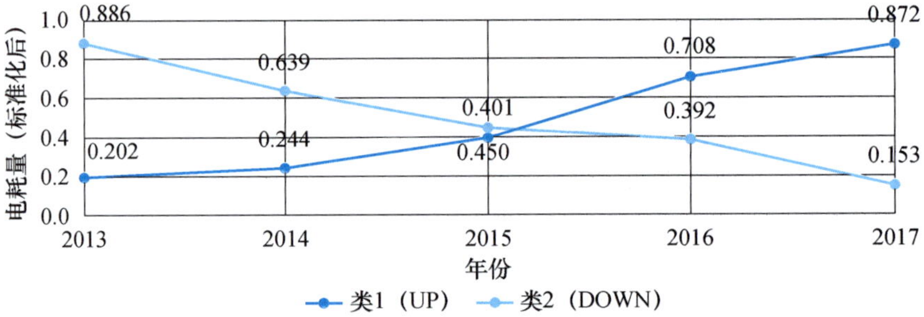

图 3-12　描述电力消耗变化特征模式的两个聚类质心

2）关联模型构建结果

图 3-13 以决策树的形式说明生成的模型。该树总共有 33 个节点，其中 29 个是模式（矩形）的结果，其他是属性（椭圆），实际上覆盖了 5 个属性中的 2 个属性（这意味着其他 3 个属性对模式的分类影响不大）。每个结果矩形中的“a/b”表示该结果分类的统计结果，其中“a”是被归类为该结果的样本数，“b”是在“a”样本中错误识别的样本数。

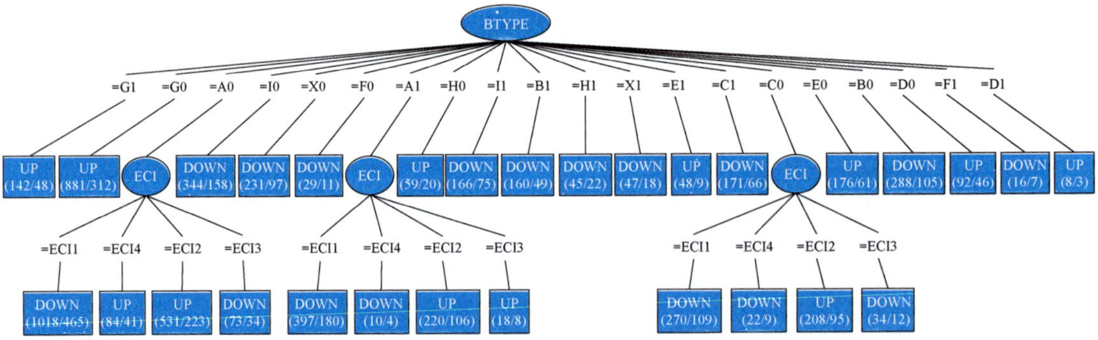

图 3-13　决策树形式的关联模型

表 3-9 列出了从图 3-13 中的树中提取的 33 个决策规则。例如，规则 3 可以表示为“如果样本满足‘A0’和 ECI =‘ECI1’的 BTYPE，则其模式可分为类 DOWN，支持度为

0.176，置信度为0.54”。

表 3-9 从决策树中提取的决策规则（从左到右）

序号	属性 1	属性 2	类	支持度	置信度
1	BTYPE ＝ “G1”	—	UP	0.025	0.66
2	BTYPE ＝ “G0”	—	UP	0.152	0.65
3	BTYPE ＝ “A0”	ECI ＝ “ECI1”	DOWN	0.176	0.54
4	BTYPE ＝ “A0”	ECI ＝ “ECI4”	UP	0.015	0.51
5	BTYPE ＝ “A0”	ECI ＝ “ECI2”	UP	0.092	0.58
6	BTYPE ＝ “A0”	ECI ＝ “ECI3”	DOWN	0.013	0.53
7	BTYPE ＝ “I0”	—	DOWN	0.060	0.54
8	BTYPE ＝ “X0”	—	DOWN	0.040	0.58
9	BTYPE ＝ “F0”	—	DOWN	0.005	0.62
10	BTYPE ＝ “A1”	ECI ＝ “ECI1”	DOWN	0.069	0.55
11	BTYPE ＝ “A1”	ECI ＝ “ECI4”	DOWN	0.002	0.60
12	BTYPE ＝ “A1”	ECI ＝ “ECI2”	UP	0.038	0.52
13	BTYPE ＝ “A1”	ECI ＝ “ECI3”	UP	0.003	0.56
14	BTYPE ＝ “H0”	—	UP	0.010	0.66
15	BTYPE ＝ “I1”	—	DOWN	0.029	0.55
16	BTYPE ＝ “B1”	—	DOWN	0.028	0.69
17	BTYPE ＝ “H1”	—	DOWN	0.008	0.51
18	BTYPE ＝ “X1”	—	DOWN	0.008	0.62
19	BTYPE ＝ “E1”	—	UP	0.008	0.81
20	BTYPE ＝ “C1”	—	DOWN	0.030	0.61
21	BTYPE ＝ “C0”	ECI ＝ “ECI1”	DOWN	0.047	0.60
22	BTYPE ＝ “C0”	ECI ＝ “ECI4”	DOWN	0.004	0.59
23	BTYPE ＝ “C0”	ECI ＝ “ECI2”	UP	0.036	0.54
24	BTYPE ＝ “C0”	ECI ＝ “ECI3”	DOWN	0.006	0.65
25	BTYPE ＝ “E0”	—	UP	0.030	0.65
26	BTYPE ＝ “B0”	—	DOWN	0.048	0.63
27	BTYPE ＝ “D0”	—	UP	0.016	0.50
28	BTYPE ＝ “F1”	—	DOWN	0.003	0.56
29	BTYPE ＝ “D1”	—	UP	0.001	0.63

总体而言，大多数规则的置信度低于0.7，表明在任何类型的建筑物或任何水平的ECI中，人们无法确定哪些样本可能具有UP或DOWN模式。换句话说，ECI趋势上升的样本和下降的样本在大多数建筑类型和ECI水平上分布几乎相同。

3）电耗呈现持续增长趋势的建筑

建筑节能管理的目标之一是控制公共建筑能耗的增加，因此已经或可能会有UP模式（电耗呈整体持续增加趋势）的建筑（组）应该是关键的对象。然而，根据表5-1所示的建模结果，很难判断哪些建筑（组）可能具有“UP”模式。

虽然，如果假设这些规则在其支持度超过 0.05 和置信度超过 0.5 时可以被接受，那么可以得出结论，小于 $20000m^2$ 的教育建筑（表 3-8 中的规则 2）和小于 $20000m^2$ 的办公楼，同时 ECI 在 100～300kWh/m^2（表 3-8 中的规则 5）很可能会有一个 UP 模式，因此应该受到更多的关注。

为了对建模分析进行比较和补充，研究了这 2 种模式的分布以及行政区域、建筑类型、测绘类型、建筑面积水平和电力消耗水平的 UP 与 DOWN 的样本数比值，如图 3-14 所示。假设当 UP 与 DOWN 的样本数比值高于 1.2 时，应该更多地关注该类样本，那么 1）属于 DX（大兴）、FS（房山）、MY（密云）、HR（怀柔）、YZ（亦庄开发区）和 YQ（延庆）区域的建筑组和 2）属于 D1、E0、E1、G0、G1 和 H0 将是关键对象。

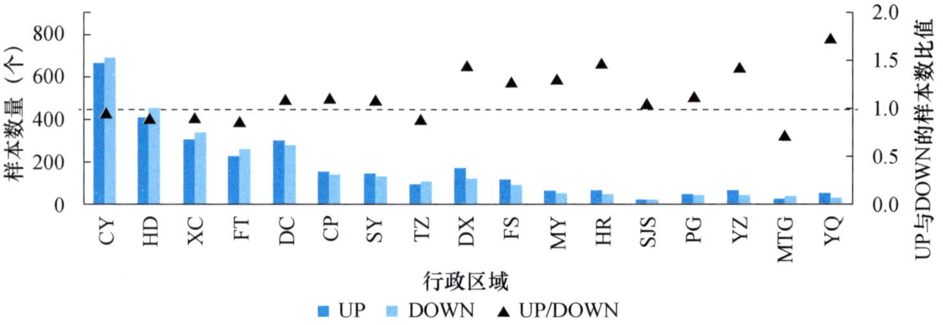

(a) 基于建筑所在区域

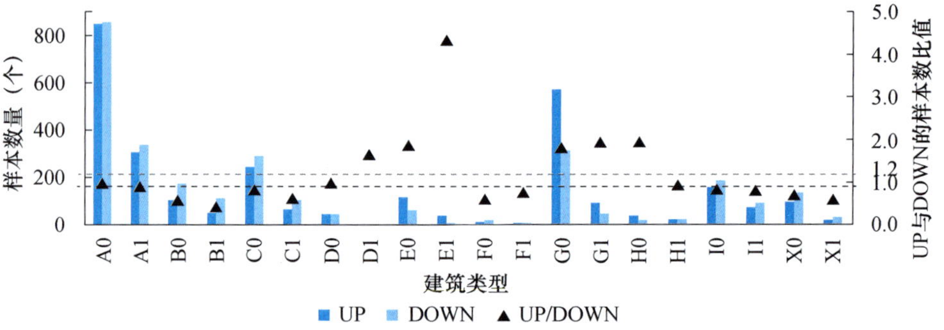

(b) 基于建筑类型

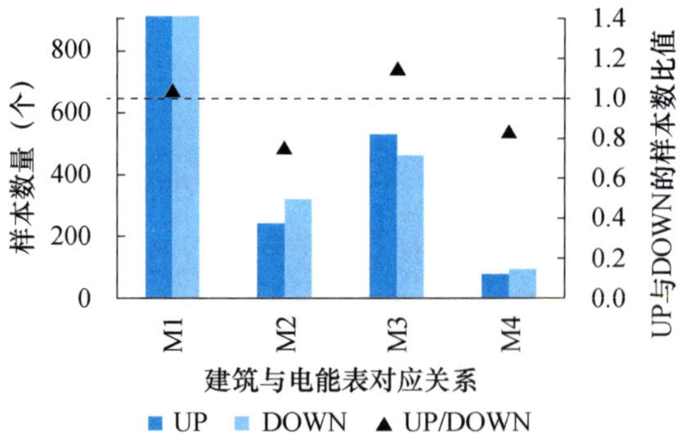

(c) 基于建筑与电量对应关系

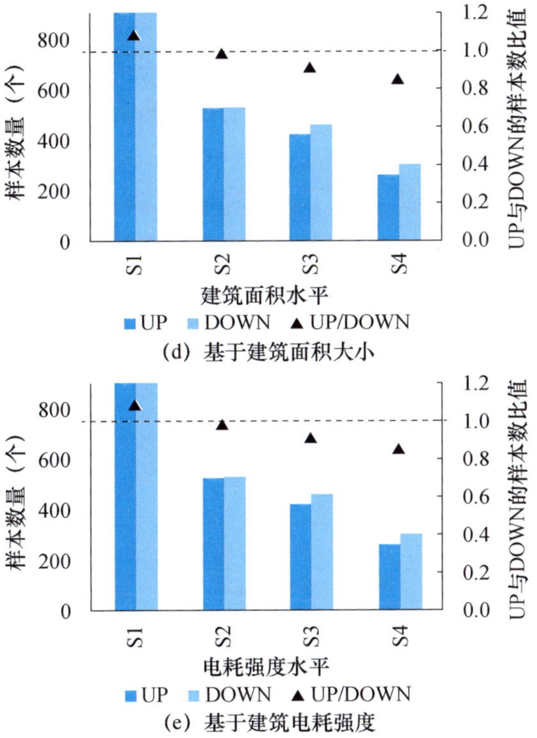

图 3-14 模式 UP、DOWN 以及 UP/DOWD 比例的分布

3.3.4 具节能改造潜力建筑挖掘

在超限额建筑中寻找最具节能改造潜力的建筑，实际上是找出电耗或电耗强度超过同类型中其他建筑（组）的过程。也可由如图 3-15 所示的 4 个步骤组成。

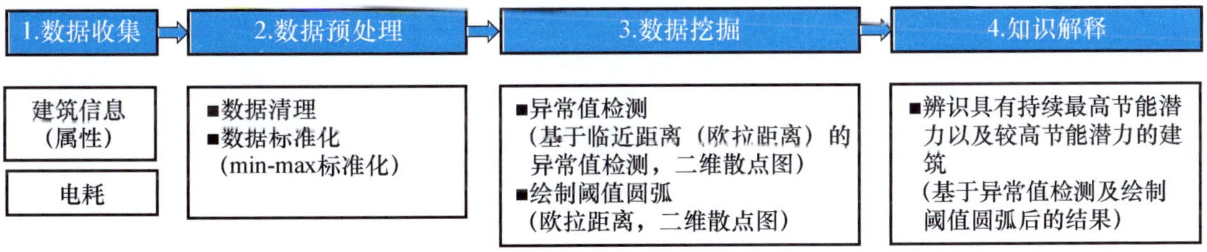

图 3-15 具有较高节能潜力的建筑物识别数据分析流程图

（1）分析方法

1）数据预处理

同样，样本中的所有数据将首先被清洗和归一化处理，本任务中所有电耗量和电耗强度数据将被归一化到［－2，2］，并被投射到图 3-6 所示的散点图上。

2）异常值检测

异常值是与大多数其他点表现出很大不同的点，在本研究中，它们可能比其他点具有更低或更高的电耗（强度），其中电耗（强度）高得多的点可以被认为具有极高的节能潜力。

本任务中，异常值检测采用了 3.3.2 节中所述的基于临近距离的方法。

3）识别具有较高节能潜力的建筑

在筛选出异常值后，可以再次将剩下的样本投射到图 3-16 中所示的二维坐标图上，并以点（－2.0，－2.0）为中心，1.5 为半径，人为地绘制出一个阈值圆，如图 3-16 所示。然后，圈外的点要么具有较高的用电量，要么具有较高的用电量强度，要么两者兼而有之，因此可以认为具有较高的节能潜力，这是对能耗水平相对较高的建筑进行二次筛选的过程。

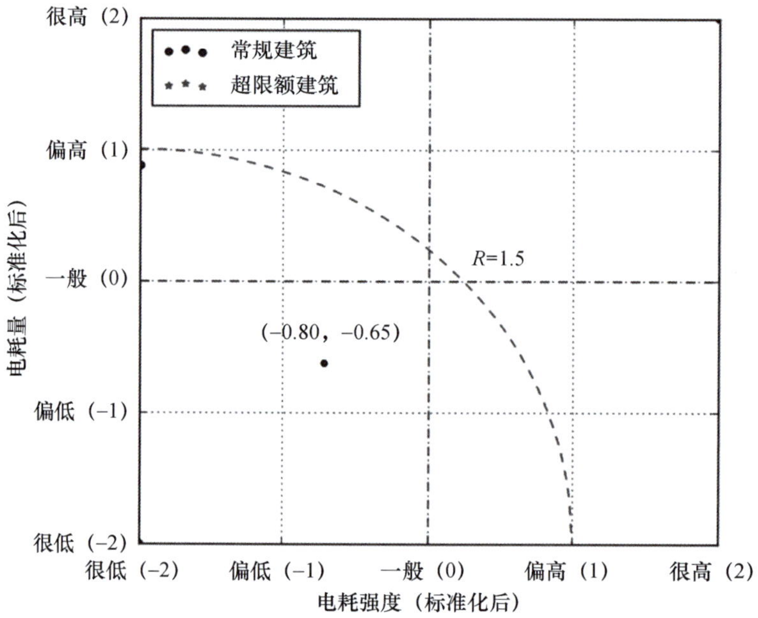

图 3-16 绘制阈值线

经过离群点检测，既属于离群点也属于超限额的建筑（组），可以被认为是节能潜力最高的点，处于阈值圆外且属于超限额的建筑（组）可以被认为是节能潜力相对较高的点。

（2）分析结果

当所有的建筑样本被投影到一个二维坐标上时，远离大多数其他点的点可以通过基于邻近的方法被检测为异常值。图 3-17 显示了电耗强度在 ECI_1 和 ECI_2 范围内的 A1 样本的异常值检测结果，其中蓝色点为正常样本（未超限额），红色星为超限额样本，上方带标签的红色点为被检测为异常值的超限额建筑。红星从“非常低”到“一般”水平均匀分布，其中被识别为异常值的具有较高的电耗量和电耗强度，并且远离其他大多数点，如图 3-17 所示。

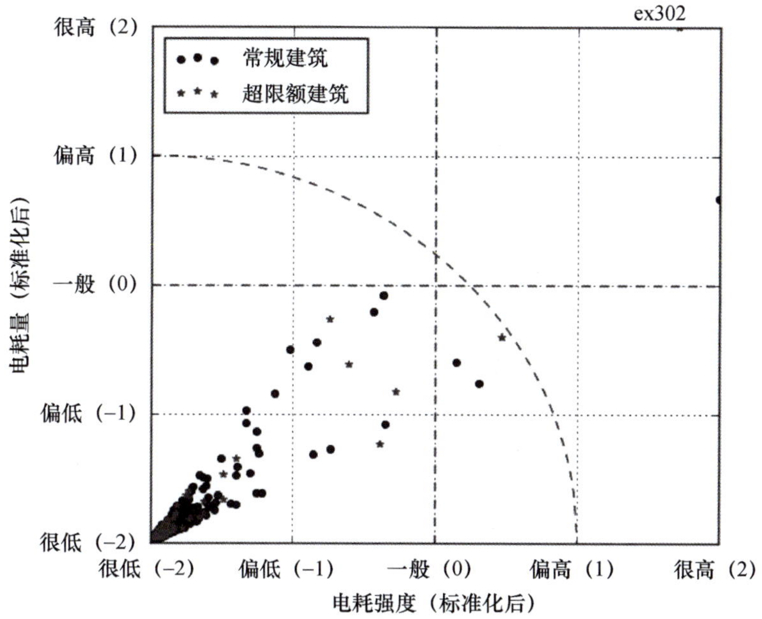

(a) 电耗强度在ECI_1范围内

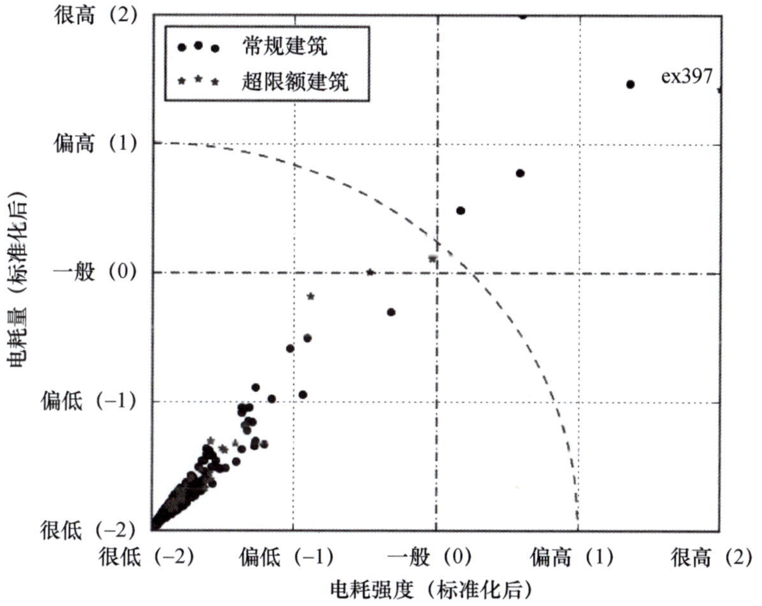

(b) 电耗强度在ECI_2范围内

图 3-17 电耗强度在 ECI_1 和 ECI_2 范围内的 A1 样本的异常值检测结果

图 3-18 展示了在移除所有异常值后具有阈值圆的二维坐标。这时，红星点（标记为“ex-xxx”等，其中 xxx 为数字编号）均匀地在“非常低”到“非常高”水平之间分布，那些在阈值圈之外的带标签的红星点是超限额样本，被认为具有相对较高的节能潜力。

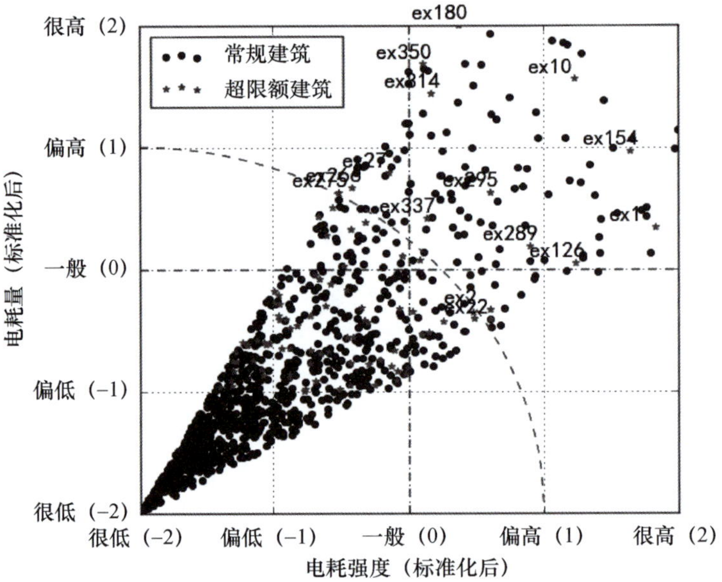

(a) 电耗强度在ECI_1范围内

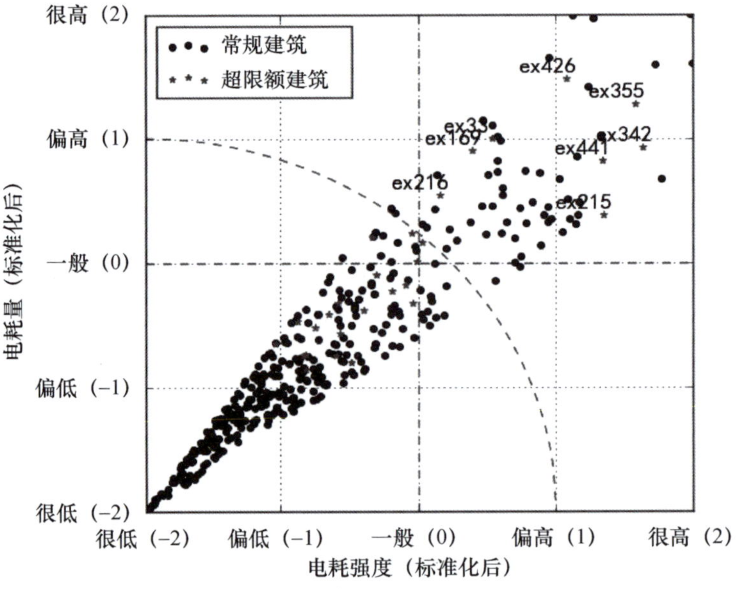

(b) 电耗强度在ECI_2范围内

图 3-18 电耗强度在 ECI_1 和 ECI_2 范围内的 A1 样本的第二次筛选结果

根据异常值检测，节能潜力最高的建筑物（被检测为异常值的超限建筑物，命名为Ⅰ型）数量为 78 个，占超限额建筑样本总数的 17.6%；节能潜力相对较高的建筑物（位于阈值圆外的超限额建筑点，命名为Ⅱ型）数量为 110 个，占 24.8%。将这些样本点按行政区域和建筑类型分布，如图 3-19 所示，其中“Ⅰ型”或“Ⅱ型”的百分比是每个子集中“Ⅰ型”或“Ⅱ型”样本的数目与相应样本总数的比率，而“总比例”是每个子集中样本数目与抽样空间总数的比率。

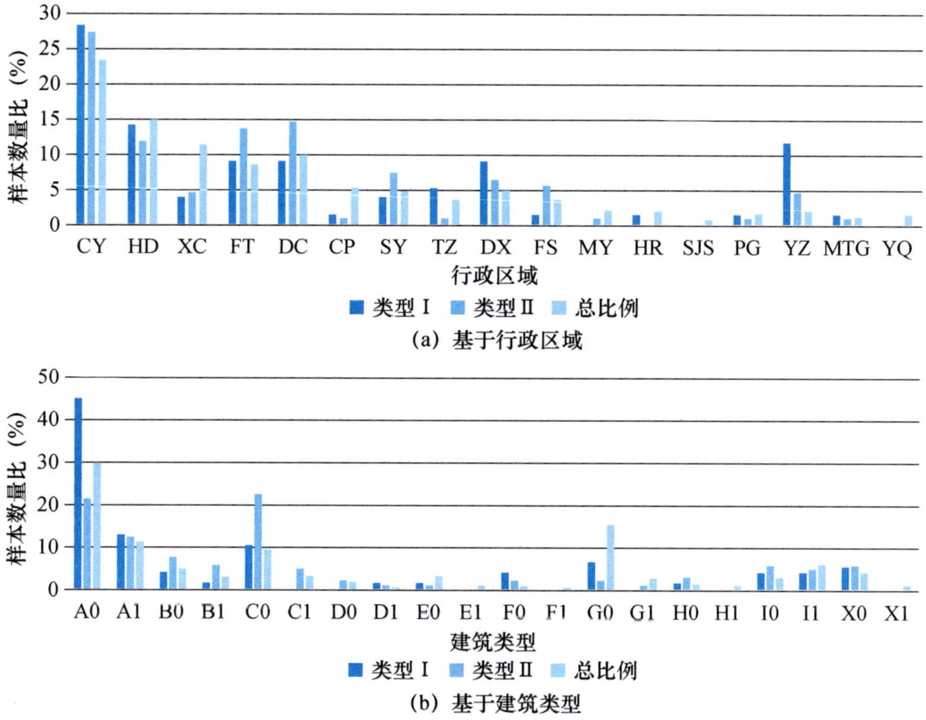

图 3-19 节能潜力最高和相对较高的超限额建筑分布

一般来说，如果不同行政区域或建筑类型的建筑物的电耗特性相似，则“Ⅰ型”或“Ⅱ型”的百分比将等于或接近“总比例”。因此，与“总比例”值相比，“Ⅰ型”或“Ⅱ型”百分比高得多的行政区域或建筑类型也应该是政府推动节能改造的关键对象，包括 CY（朝阳）、DX（大兴）和 YZ（亦庄开发区）以及属于 A0（普通办公建筑）、C0（普通宾馆饭店）和 F0（普通体育建筑）类型的。

4 成效显著 北京市收获公共建筑电耗限额管理硕果

北京市城镇公共建筑面积在2014年接近3亿m^2，非供暖能耗约为1073万吨标准煤。2019年北京市城镇公共建筑面积约3.9亿m^2，总量增长30%左右。北京市以电耗为切入点建立起全市3000m^2以上公共建筑的电耗限额管理大数据平台，覆盖建筑面积在2019年已达1.63亿m^2。通过宣传培训和管理考核与奖惩工作，公共建筑用户资源节约和环境保护意识日益增强、绿色生产生活方式逐渐形成，成功地遏制了限额管理范围内公共建筑电耗快速增长的势头。相比2013年，2014—2019年，限额管理范围内的公共建筑共节省电量约23.6亿千瓦时，减少碳排放约200万吨，为北京市绿色发展、建筑领域实现碳达峰碳中和做出重要贡献。

本章从限额管理系统中的公共建筑整体电耗逐年变化、电耗限额管理产生的社会影响、对其他建筑节能相关工作的支撑与配合等角度，总结近年北京市公共建筑电耗限额的发展成效。

4.1 促使建筑运行节能 遏制电耗增长势头

4.1.1 限额管理对象数量多类型广

北京市公共建筑电耗限额管理对象建筑数量多、范围大、类型广，在全国已开展公共建筑电耗监管工作的省市中处于领先地位。

截至2019年年底，已纳入北京市公共建筑电耗限额管理信息系统的公共建筑有12222栋（工业、农业、保密单位、军队单位等建筑不在电耗限额管理范围内），总建筑面积达1.63亿平方米，涉及7460家单位。其中，朝阳区、海淀区、西城区和东城区，在建筑组数量、总面积及总电量上均处于全市前4名，总数量占到全市的58%[图4-1（a）]，总面积占到了全市的70%，总电量占到了67%。按照使用功能的不同，所有建筑被分为办公、商场、宾馆饭店、文化、体育、医疗卫生等10类，其中办公、综合、教育、商场、宾馆，在建筑组数量[图4-1（b）]、总面积及总电量上均处于全市前5名，总数量、总面积、总电量均约占到了全市的90%，是限额管理的主要对象。

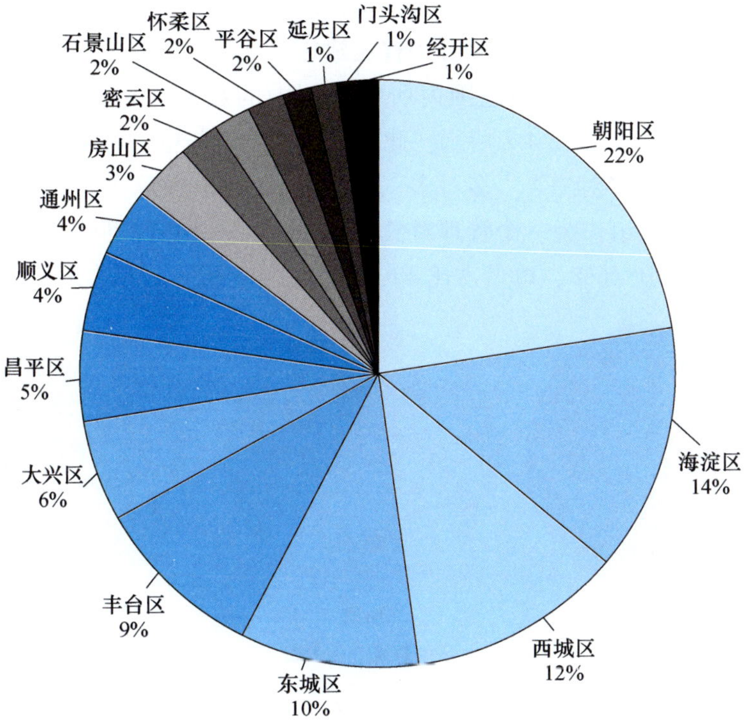

(a) 区域分布

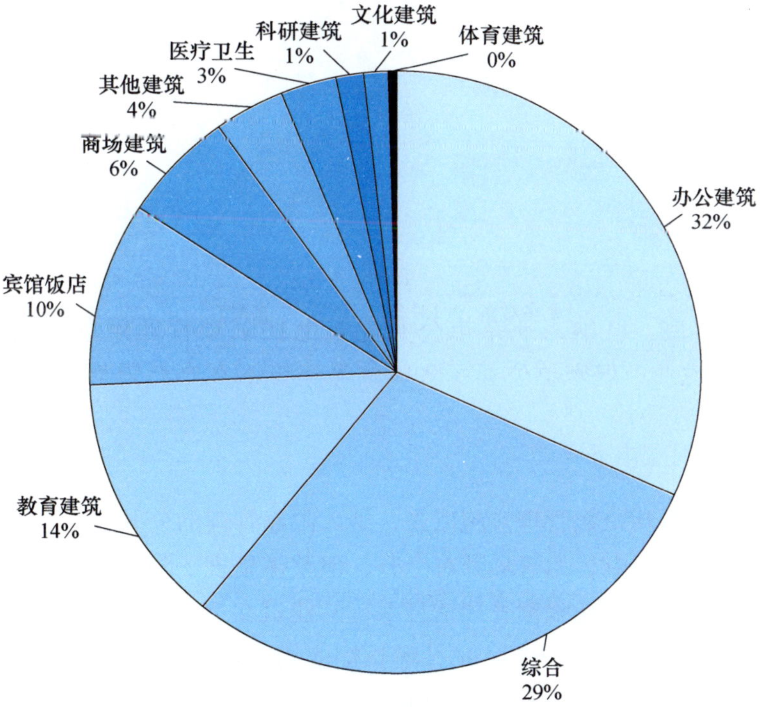

(b) 类型分布

图 4-1 不同建筑功能建筑的面积占比

由于不同规模的建筑往往会采用不同的用能结构与系统，因此，北京市又参照国内其他省市经验将各类建筑以 2 万 m^2 为界划分为普通建筑（<2 万 m^2）和大型建筑（≥2 万 m^2）两类，其中大型建筑在限额管理范围内所有建筑中的数量占比为 18.9%，面积占比为 59.4%，电量占比 55%，如图 4-2 所示。此外，根据建筑与电表的对应关系，又将其分为“一对一”“一对多”“多对一”“多对多”，并将每一组有关联关系的建筑和表打包成为一个建筑组，每个建筑组作为一个管理对象。其中，“一对一”型公共建筑（组）数量上占比 68%，面积上占比 46%，电量占比 49%，如图 4-3 所示。

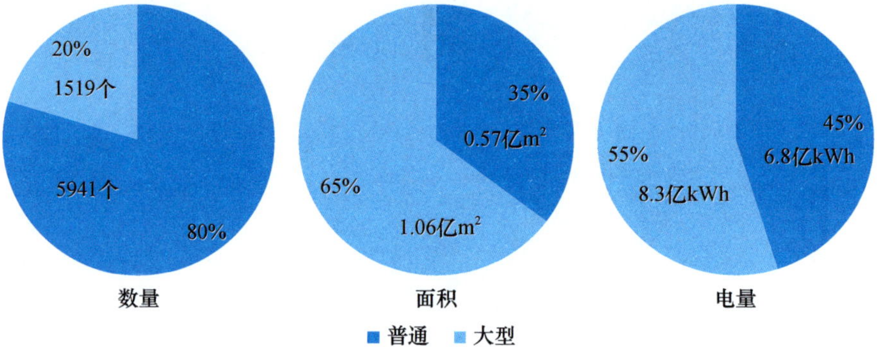

图 4-2 普通与大型公共建筑组占比

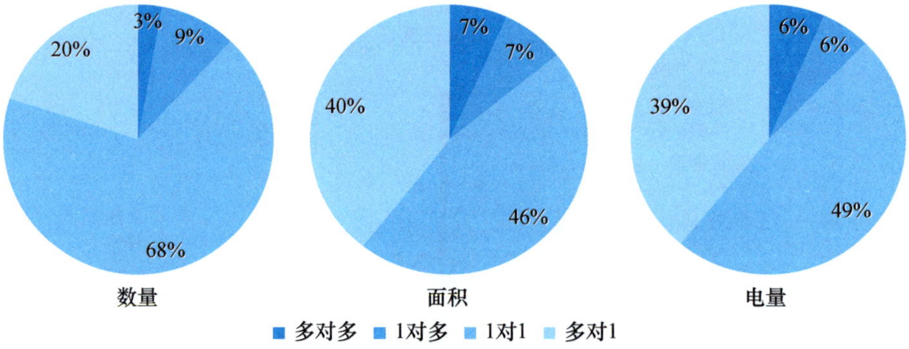

图 4-3 不同建筑与电表对应关系的建筑组占比

4.1.2 电耗近年呈现整体下降趋势

北京市公共建筑电耗限额管理实施以来，纳入限额管理的公共建筑总用电量及电耗强度的快速增长得到有效遏制，尽管局部有上升，但整体呈现下降趋势。

纳入北京市公共建筑电耗限额管理信息系统的建筑在 2011 年和 2013 年的平均电耗强度分别为 117.5kWh/m^2和 121.1kWh/m^2，增长幅度约 1.8kWh/m^2/年，如图 4-4 所示。若持续按此趋势增长，2019 年公共建筑平均电耗强度将达到约 131.9kWh/m^2。随着 2013 年起公共建筑电耗限额管理工作以及 2016 年《北京市公共建筑能效提升行动计划（2016—

2018 年)》——公共建筑节能绿色化改造工作的开展，平均电耗强度开始整体呈下降趋势，如图 4-4 所示，2014—2019 年各年平均电耗强度相对 2013 年的最大降低幅度为 6.4%(2017 年)，最小降低幅度为 2.6%（2016 年)，平均降低幅度为 4.8%。2019 年当年的平均电耗强度为 116.2kWh/m^2。由于本书统计过程使用的是纳入北京市公共建筑电耗限额管理系统的样本，2011—2019 年参与统计的样本建筑数量及面积保持不变。因此，由于面积不变，电耗强度与总电量的变化趋势是完全一致的。

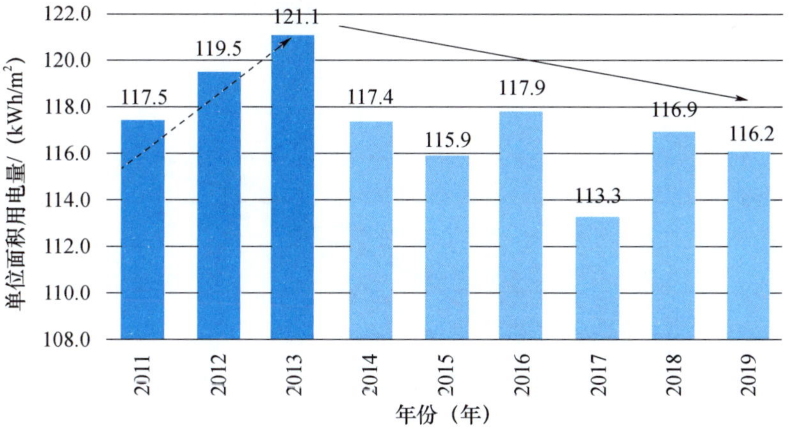

图 4-4 北京市公共建筑电耗限额管理信息系统中建筑的逐年平均电耗强度

4.1.3 “科医教体文”建筑节能潜力大

科研与医疗卫生建筑单位面积用电量（电耗强度）大且呈现持续上升趋势，教育、体育和文化建筑的电耗强度尽管相对较小，但近年呈现出持续增长趋势，应重点关注上述建筑类型的用能特征及增长关键因素，进而挖掘节能潜力。

从建筑电耗强度值及发展趋势看，科研与医疗卫生建筑的电耗强度高，且在 2011—2019 年期间呈现持续增长趋势；教育、体育及文化的电耗强度尽管相对较小，但近年同样呈现快速增长趋势，如图 4-5 所示。这与近年来国家大力推行科技创新、医疗改革以及居民更加追求健康、文体等高层面美好生活需求等城镇发展趋势相一致。因此，应重点关注上述建筑类型的用能特征及其增长关键因素，挖掘节能潜力，遏制或减缓其增长势头。

相比 2011 年，近年普通和大型商场建筑的电耗强度均较为稳定，基本在 10% 以内波动；普通办公建筑有呈整体下降趋势，但下降幅度不大、仍在 10% 以内，而大型办公建筑电耗强度则较为稳定，接近于 2011 年水平；普通宾馆饭店与综合类公共建筑电耗强度同样较为稳定，在约 5% 范围内波动，而大型宾馆饭店与综合类公共建筑电耗强度则均呈整体下降趋势，幅度达到 10% 左右。

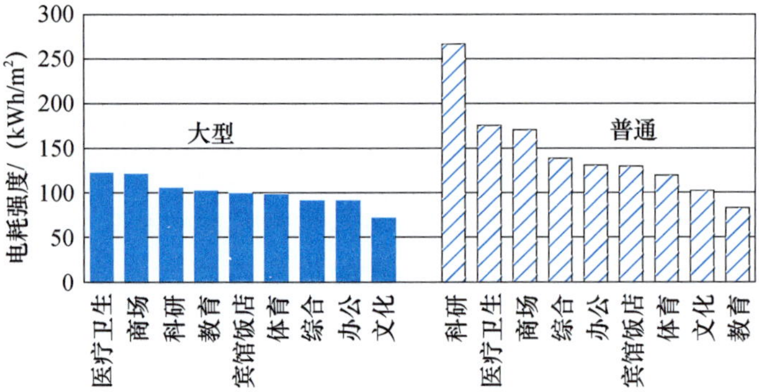

（a）2019年

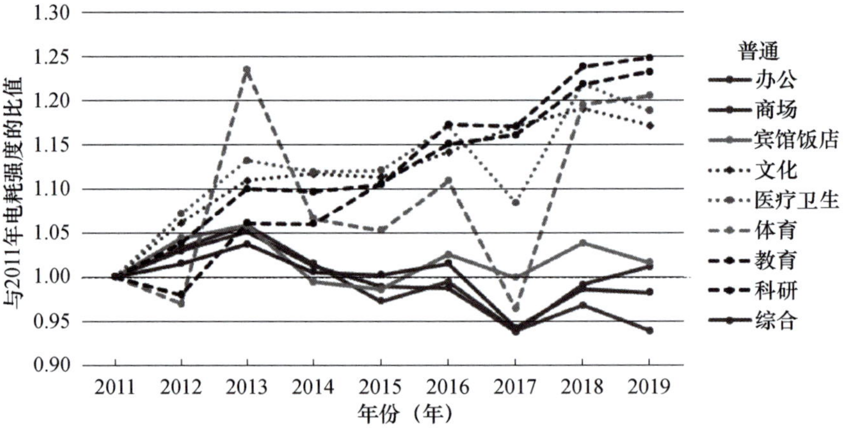

（b）普通公共建筑

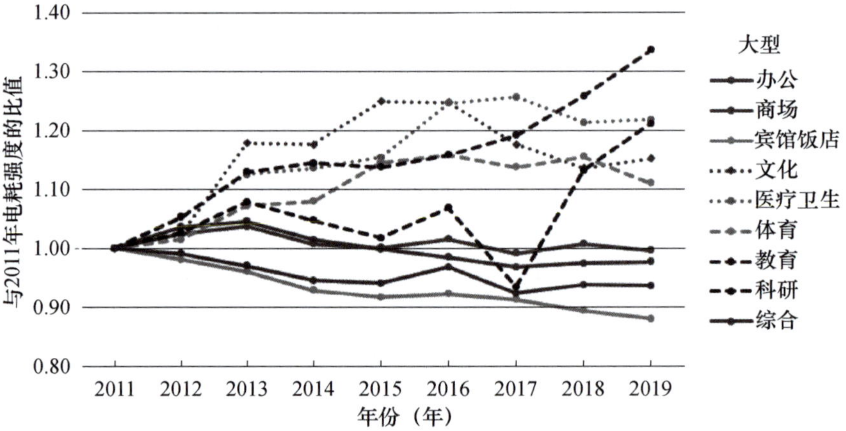

（c）大型公共建筑

图 4-5　2011—2019 年不同类型建筑的平均电耗强度变化曲线

4.1.4　充分落实限额考核管理机制

限额考核与管理工作逐年落实，并对考核优秀与不合格名单进行公示，激励与督促开展建筑节能。

根据《北京市民用建筑节能管理办法》(市政府令第256号)和《北京市公共建筑电耗限额管理暂行办法》(京建法〔2014〕17号)相关规定，北京市住房和城乡建设委员会、北京市发展和改革委员会于2016年至2020年连续五年对全市公共建筑考核对象的年度电耗限额指标执行情况进行了考核，结果如表4-1所示（每年考核的是前一年的限额执行结果，如2017年考核的是2016年电量是否超过2016年发布的限额)，共计考核优秀用户数546家次、建筑数778栋次，共计考核优秀用户数546家次、建筑数778栋次，一年超限额20%的用户数1049家次、建筑数1416栋次，连续两年超限额20%的用户数433家次、建筑数599栋次。值得注意的是，由于管理权限差异，在上述每年的电耗限额考核对象建筑均隶属于非公共机构单位。然而，实际工作中发现，每年的连续两年超电耗限额20%的建筑中属于公共机构单位的建筑，数量基本与非公共机构单位的建筑数量相当（如在2017年的考核中，前者是后者的1.03倍，由于缺乏公共建筑的全能耗数据，仅考察电耗超限额而非全能耗超限额会导致结果产生一定的误差)。可见，北京市公共机构建筑也具备一定的节能潜力。

表4-1 2016—2020年连续5年电耗限额考核结果

考核结果		年度				
		2016	2017	2018	2019	2020
考核优秀	用户数/组	226	111	105	51	53
	建筑数/栋	342	154	138	71	73
1年超限额20%	用户数/组	—	161	444	232	212
	建筑数/栋	—	219	569	316	312
连续2年超限额20%	用户数/组	151	52	32	78	116
	建筑数/栋	201	80	48	99	148

4.1.5 能效提升作用超过需求增长

气候波动、百姓需求变化会直接影响公共建筑电耗，但从整体上看，近年建筑用能系统运行能效提升对电耗的降低作用超过了百姓增长的需求（“使用时间加长+舒适标准提高”）对电耗的增长作用。

气候寒冷或炎热程度增强会显著增加一个地区的采暖与空调系统的运行时间。采暖度日数和空调度日数是从需要采暖的强度和需要采暖的天数两个方面反映一地气候寒冷程度的指标。一年中，当室外日平均温度低于冬季采暖室内计算温度时，将日平均温度与冬季采暖室内计算温度差的绝对值累加，得到一年的采暖度日数。参考《建筑节能气象参数标准》(JGJ/T 346—2014)，本报告中冬季采暖室内计算温度采用18℃（冬季按1月、2月、3月、11月和12月统计)，夏季空调室内计算温度采用26℃（夏季按5月、6月、7月、8月、9月统计)。图4-6绘制了2011—2019年冬季总电耗与采暖度日数和逐年夏季总电耗与空调度日数的变化情况：各年冬、夏季总电耗与采暖度日数、空调度日数的变化趋势基本一致；2017 年空调度日数较高，但夏季总电耗并不高，整体开启空调系统时的室外气温较高、空调系统运行时间较短是其总电耗不高的重要原因。

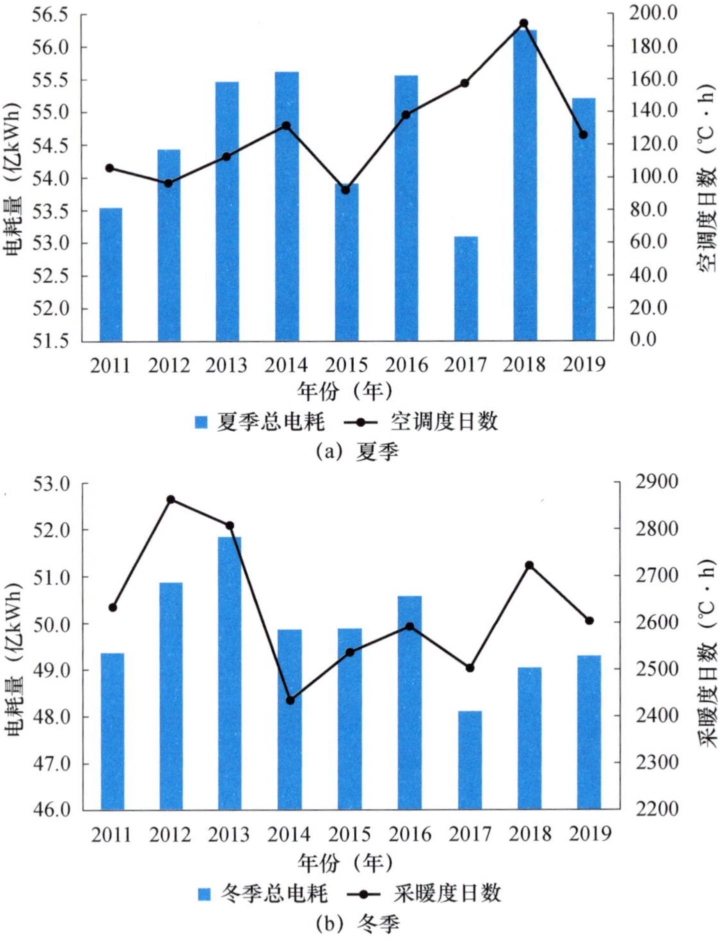

图 4-6 2011—2019 年夏季与冬季总用电量与采暖度日数的变化

同时，由于近年尤其是 2017 年以前，北方地区秋冬季雾霾较严重，新风净化系统及便携式空气净化器使用量急剧增加，并直接导致建筑能耗的上升。据统计[17]，北方地区空气净化器销售市场从 2011 年的 112 万台增加到 2015 年的 352 万台，5 年之内增长了 214.2%。而作为线上空气净化器销售主要渠道之一的京东，仅在 2016 年 12 月 16 日至 20 日北京雾霾重度污染红色预警期间就销售了 11 万台空气净化器，同比增长超过 210%。自 2017 年年底起，北京市重点开展大气治理，打起了“蓝天保卫战”，雾霾天明显减少。然而，据 2018 年的销售数据统计，用户对“除甲醛空气净化器”以及“室内持续新风供给”的需求量急剧上升，为实现室内空气的健康，用户往往会一年四季不定期开启空气净化器来净化有害物质、冬季增加新风系统对新风的供给，这同样会增加建筑用能。

此外，伴随着民众经济生活水平的提高、人民对美好生活的向往，越来越多的公共空间逐渐被改善以营造更舒适与健康的室内环境。同时，我国经济的高速发展又促使公共建筑的使用时间加长（如加班时间增多等），而更高的室内环境标准、更长的使用时间往往会带来更高的能源消耗（表 4-2、表 4-3），这些也正是公共建筑用电量难以大幅降低的根本原因。

表 4-2 相关因素对冬夏季电耗的影响及其实际变化趋势

项目	气候	使用时间	舒适标准	系统运行效率
对电耗的影响	越恶劣，能耗越高	使用时间越长（加班等），能耗越高	舒适标准越高，能耗越高	运行效率越高，能耗越低
实际变化趋势	—	增加	提高	提高（升级冷热源设备、改善策略、行为节能等，较难实现）

表 4-3 相关因素对过渡季电耗的影响及其实际变化趋势

项目	气候	使用时间	舒适标准	系统运行效率
对电耗的影响	对过渡季电耗基本无影响	使用时间越长（加班等），能耗越高	舒适标准越高，能耗越高	运行效率越高，能耗越低
实际变化趋势	—	增加	提高	提高（LED，分时分区、电梯群控等，较易实现）

如图 4-7 所示，若直接按照线性关系，将 2012—2019 年逐年的电耗转化到与 2011 年同一气象条件下（采暖度和空调度日数相同）进行比较，则夏季实际总电耗整体要高于校准后电耗，而冬季实际总电耗整体要低于校准后的电耗，过渡季电耗（主要用于照明、电梯等，基本不受气候变化的影响）则是在 2013 年后显著下降，这说明：夏季公共建筑“使用时间加长 + 舒适标准提高”对电耗的增长作用超过了“系统运行效率”对电耗的降低作用，冬季和过渡季则刚好相反，均是“系统运行效率”对电耗的降低作用超过了“使用时间加长 + 舒适标准提高”对电耗的增长作用。

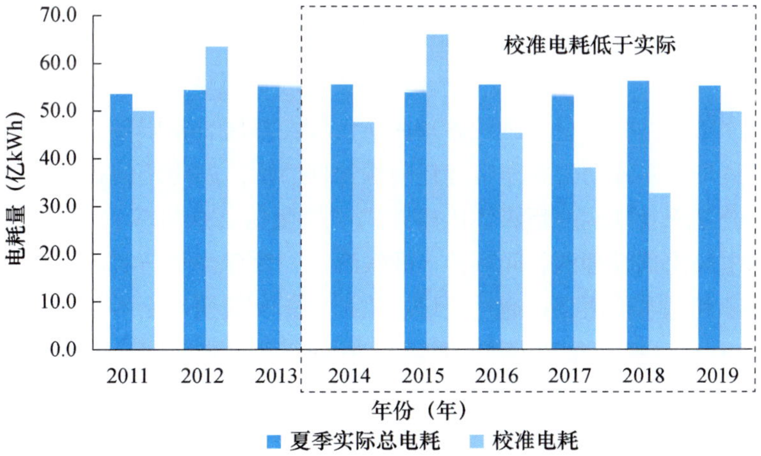

(a) 夏季

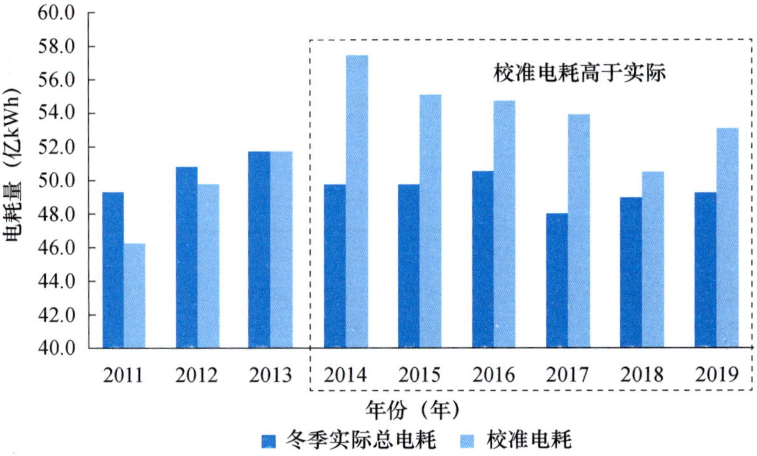

（b）冬季

（c）过渡季

图 4-7　校准到与 2011 年同等气候条件后的电耗对比

4.2　奠基舆论影响　深植节能理念

近年来，北京市公共建筑电耗限额管理团队每年在开展日常限额管理与专题研究工作的同时，始终在开展形式多样的公共建筑能耗限额管理活动，如传统的报刊与宣传视频、互联网文章，以及结合基于互联网的新媒体传播方式（如微信公众号等），向社会公众广泛开展北京市公共建筑电耗限额管理的新闻宣传、政策解读、教育普及与实施效果展示，逐步形成全社会的普遍共识和基本价值观；通过论坛、培训会、交流研讨会等活动，介绍团队多年来工作中碰到的难点、问题和推广摸索到的经验，让同行业少走弯路，推动行业共同进步。

4.2.1　传统模式与新媒体宣传　提高公众认可度

（1）报刊与培训会

自 2015 年至 2019 年，市住房城乡建设委在《北京日报》和《中国建设报》上分别刊载了5篇和1篇关于北京市公共建筑电耗限额管理工作的报道。若按照《北京日报》日发行量40万份、《中国建设报》日发行量7.9万份计算，则五年期间上述报道的阅读民众至少达到了207.9万。

此外，市住房城乡建设委每年会组织全市范围内的针对各区级主管部门、建筑产权人、物业及使用者的培训和交流研讨会，截至2020年年底，共计组织培训会9次，直接培训人数超过2000人次。

（2）互联网与公众号

除了传统的报刊与培训会外，市住房城乡建设委官网、“安居北京”微信公众号等政府官方宣传平台刊登北京市公共建筑电耗限额的相关政策法规、通知公告等，随后经其他互联网门户网站或平台转载，使传播范围和受众相比报刊和培训会更为广泛。

截至2020年11月，市住房城乡建设委的官方网站搜索到与限额管理相关的政府公开、政民互动、政府服务、房屋管理、工程建设等内容共计246个（搜索词为“公共建筑限额管理”），如图4-8（a）所示，其中2013年至2020年共计226个，占比92%，逐年的数量如图4-8（b）所示。可以看到，2013—2016年为奠定基础、快速“发展”期，官

（a）官网搜索页面及结果

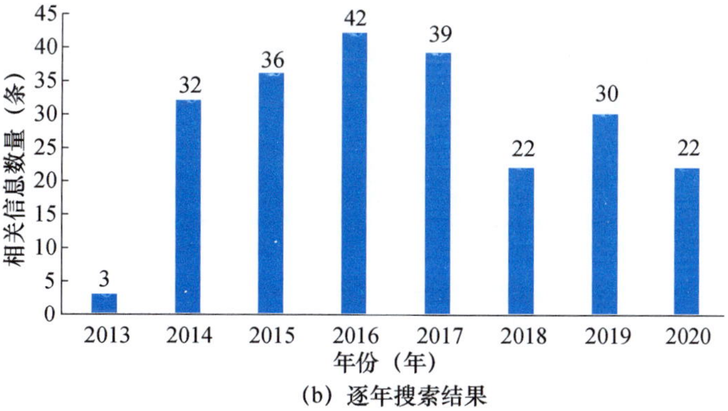

（b）逐年搜索结果

图4-8 市住房和城乡建设委员会官网发布的关于限额管理的信息

网的信息量逐年递增；2017—2020 年为稳步推进期，工作模式和政策已相对稳定，官网的信息量逐渐回落并稳定在 20 ~ 30 条。从官网的统计数据看，平均每条信息的浏览次数超过了 500 次，因此，可估算 2013—2020 年期间官网所有公共建筑限额管理相关的公开信息浏览量达到了 12.3 万人次。

此外，因其他门户网站对官方信息（含微信公众号内容）的转载、引流等形成了更为巨大的浏览量。如以百度搜索为例（https：//www.baidu.com/），以“北京，公共建筑限额管理”作为关键词，可搜索到 899 万个相关结果，而直接以“公共建筑限额管理”作为关键词，则可搜索到 1300 万个相关结果，如图 4-9 所示，则北京市公共建筑限额管理相关工作占据了全国约 70% 的公共建筑限额管理相关搜索量，即每 10 条结果就有 7 条是在介绍北京市相关工作的。若简单以每个搜索结果平均点击次数为 10 次，则点击量可达到约 9000 万次。

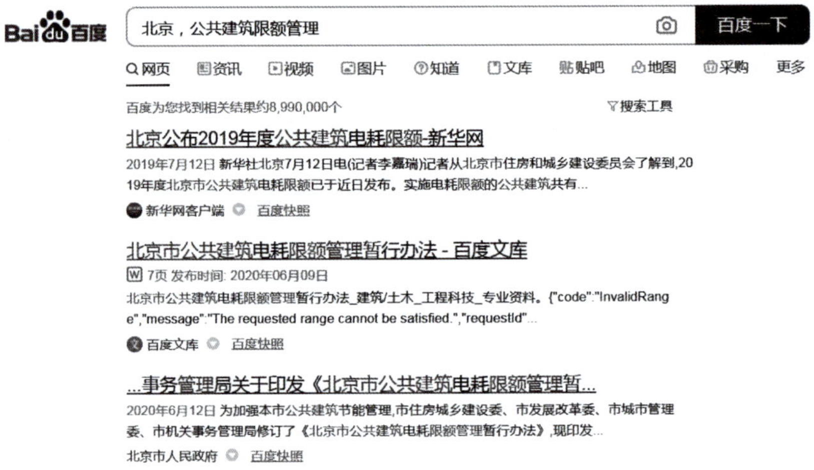

（a）关键词为“北京，公共建筑限额管理”

（b）关键词为“公共建筑限额管理”

图 4-9 互联网上关于“公共建筑限额管理”的搜索结果

（3）专著与学术论文

除了上述报告、培训会及互联网宣传模式以外，2018 年市住房城乡建设委出版了《北京市公共建筑电耗限额管理探索与实践（2013—2016）》，截至目前共计发行了 1000 册。此外，通过“中国知网”以“公共建筑，限额”作为关键词进行搜索时，可搜索到 87 条结果，如图 4-10 所示，其中与北京市公共建筑电耗限额管理相关的 18 条（约 21%），去掉 8 条咨询类文章，共计发表 10 篇相关期刊论文，总下载量达到了 969 次，他引量 23 次。通过专著及学术论文，为相关行业从业人员提供了有效且深入的方法和经验参考。

图 4-10　中国知网上相关公共建筑限额管理搜索结果

4.2.2　部门与行业交流　传递管理经验理念

近年来，通过部门与行业论坛交流的方式，北京市公共建筑电耗限额管理团队与国内其他省市公共建筑节能相关主管部门及行业从业人员交流 10 余次，涉及 200 余人次，通过传递管理经验与理念，逐步将“北京方案”推向全国。

2017 年 3 月，上海市住建部门一行专程来市住房和城乡建设委调研公共建筑电耗限额管理工作（如图 4-11 所示），重点了解北京市公共建筑电耗限额管理相关政策的制定和执行情况，《北京市公共建筑电耗限额管理暂行办法》的编制过程及主要难点、办法执行过程中遇到的困难和问题等。市住房城乡建设委相关部门负责人就北京市“十三五”时期民用建筑节能规划编制情况、北京市公共建筑能耗限额管理工作的开展情况、北京市公共建筑能效提升行动计划的落实情况等向上海市住房和城乡建设管理委员会的调研人员进行了详细介绍，演示了“北京市公共建筑电耗限额管理数据展示平台”，并共同观看了北京市住建委 2016 年拍摄的公共建筑电耗限额管理宣传片《建筑节能助力城市绿色生活》。双方就共同关心的公共建筑电耗限额管理存在的困难和问题以及公共建筑节能改造相关政策标准的制定情况进行了深入探讨。

图 4-11　2017 年上海市住建部门来访

此后，2019 年 2 月，国家机关事务管理局到北京市发展和改革委员会调研，市住房城乡建设委相关部门负责人参加了此次调研会，汇报了北京市公共电耗限额管理工作的最新进展与成效。住房城乡建设部（2019 年 5 月）、深圳市住建部门（2019 年 9 月）以及成都市住房和城乡建设局（2019 年 11 月）等相关人员分别来市住房城乡建设委调研北京市公共建筑能耗限额管理相关政策及经验，科研所及技术支撑单位相关负责人均就电耗限额管理在实施过程中的经验与教训与来访人员进行了深入交流，探讨了双方在公共建筑节能领域的管理经验及未来发展方向。

2019 年 4 月，第十五届国际绿色建筑与建筑节能大会暨新技术与产品博览会在深圳会展中心召开，大会邀请到国内外 500 多位建筑节能领域的权威专家和众多行业领先企业代表进行专题研讨和经验分享，5000 多名行业精英共同参与探讨绿色发展。北京市公共建筑电耗限额管理团队骨干成员被邀请在“绿色建筑青年论坛”上做了题为《北京市公共建筑电耗限额管理与实践》的报告，向与会行业精英介绍了北京市公共建筑电耗限额管理的最新成果。

2019 年 11 月，住房和城乡建设部科技与产业化发展中心组织召开“2019 年公共建筑能效提升工作交流会”，北京市公共建筑电耗限额管理团队骨干成员受邀作了题为《北京市公共建筑能效提升工作经验分享和未来发展探讨》主旨报告，向参会的全国其他省市政府部门及行业人员详细介绍了北京市公共建筑电耗限额管理工作已取得的创新成果及探索与实践经验等，受到了听众的重点关注。

4.3　联动改造奖励　推进建筑节能

前文提到，为切实提升公共建筑能效水平，北京市于 2016 年发布了《北京市公共建筑能效提升行动计划（2016—2018）》，明确了北京市将在 2016—2018 年间完成不少于 600 万 m^2、节能率达到 15% ~20% 的公共建筑的节能绿色化改造工作，并将按 30 元/

m^2 的奖励标准对实际节能改造节能率达到要求的项目给予市级资金奖励。由此，北京市公共建筑电耗限额管理工作除了行政执法这一抓手以外，更多了一个激励政策，来促使公共建筑产权人由被动的“要我改”走向了主动的“我要改”，即通过限额考核找出最具节能改造潜力的建筑，进而将其作为节能绿色化改造的重点对象，通过资金奖励引导其开展节能改造，并逐步走向主动节能。自此，北京市公共建筑电耗限额管理结合节能绿色化改造形成了北京市“公共建筑节能组合拳”，切实推动北京市公共建筑实现能效提升。

4.3.1 参与改造的限额管理建筑的概况

（1）改造项目数量与分布

截至2020年10月底，已进入北京市公共建筑节能绿色化改造项目库的项目个数为121个，总面积达到964万平方米，朝阳区、海淀区及东城区为项目最多的前三区域，如图4-12所示。经核实确定已完成改造项目106个，总面积855万平方米，其中普通公共建筑15项，预计平均节能率为24.49%，大型公共建筑91项，预计平均节能率为21.11%。

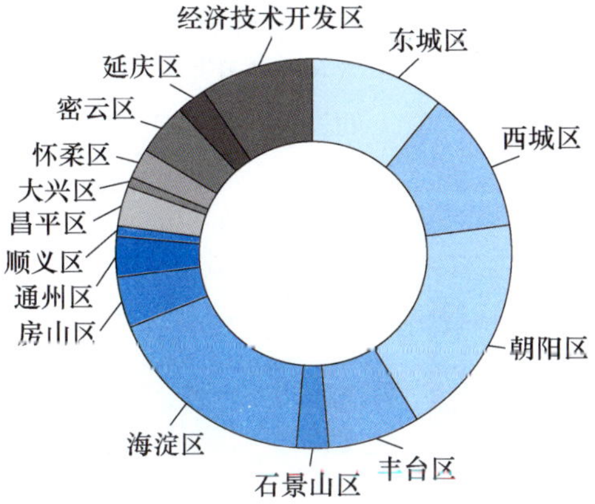

图4-12 已进入北京市公共建筑节能绿色化改造项目库的项目区域分布

目前，已同意拨付奖励资金的项目24个，获得资金奖励的面积共计185.3万平方米，项目的实际平均节能率20.18%，共计每年节能21167吨标准煤，取得了良好的节能减排效果和社会效益。区建委已受理通过还未组织综合验收的项目6个，企业已提交资金申请区建委还未受理的项目9个。在这39个项目中，有3个项目的建筑在限额管理系统中未关联用户编号，有2个项目的用户编号只有2019年用电量。因此，以上述已关联用户编号、且各历史年电量较为齐全的34个项目作为样本，分析北京市公共建筑电耗限额管理与节能绿色化改造这2个政策“组合拳”形成的实效。

（2）节能改造内容概述

公共建筑节能改造内容主要围绕热工性能、围护结构、用能方式以及用能设备效率展开。该34个节能改造项目的节能改造内容主要涉及以下8个方面：供暖通风空调、给排水、供配电、照明系统、监测与控制系统、特殊用电、动力用电系统以及围护结构改造。其中以供暖通风空调、照明系统、监测与控制系统为主要改造项目，如图 4-13 所示。

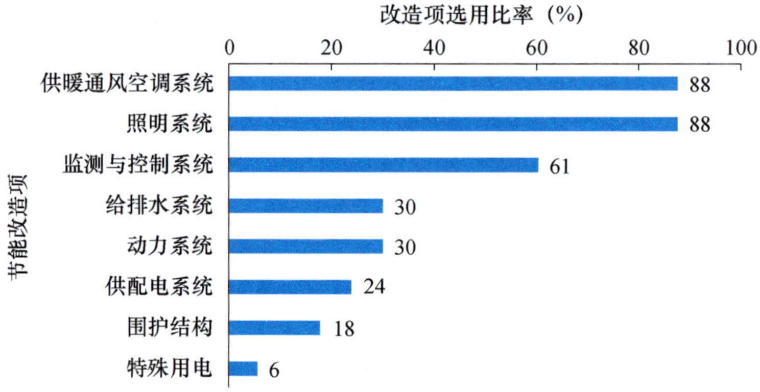

图 4-13　节能改造内容

（3）节能改造与限额管理对象对比

在这 34 个项目中，共有 50 栋建筑，合计 237 万平方米，占北京市公共建筑电耗限额管理范围内的建筑总面积的 1.61%。其中，项目改造开始时间在 2014—2017 年，项目改造完成时间在 2016—2019 年，如图 4-16（a）所示；项目面积小于 2 万平方米的 4 个，项目总面积超过 10 万平方米以上的 7 个，如图 4-14（b）所示。

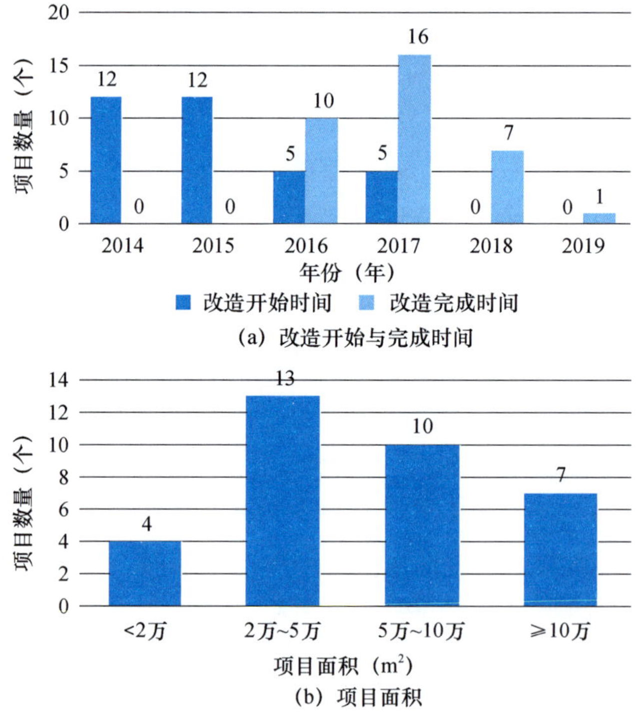

图 4-14　34 个参与改造的限额管理项目概况

4.3.2 参与改造的限额管理建筑的电耗变化

（1）用电总量变化趋势

表4-4详细列出了限额管理范围内所有建筑及此34个节能绿色化改造项目的2011—2018年年用电量、年用电量与2011年年用电量比值以及环比增长率。图4-15则展示了两者2011—2018年年用电量与2011年年用电量比值的变化曲线。

表4-4 节能绿色化改造项目和限额管理范围内所有建筑2011—2018年年用电量指标对比

年份（年）	限额管理范围内所有建筑			节能绿色化改造项目		
	年用电量（亿kWh）	年用电量（2011年用电量）	环比增长率（%）	年用电量（亿kWh）	年用电量（2011年用电量）	环比增长率（%）
2011	191.9	1	—	4.08	1	—
2012	199.08	1.0374	3.74	3.98	0.9762	-2.45
2013	206.59	1.0765	3.77	4.11	1.0061	3.27
2014	202.67	1.0561	-1.90	4.01	0.9839	-2.43
2015	200.96	1.0472	-0.84	3.79	0.9281	-5.49
2016	205.85	1.0727	2.43	3.73	0.9147	-1.58
2017	198.26	1.0332	-3.69	3.58	0.8785	-4.02
2018	205.48	1.0708	3.64	3.58	0.877	-0.16

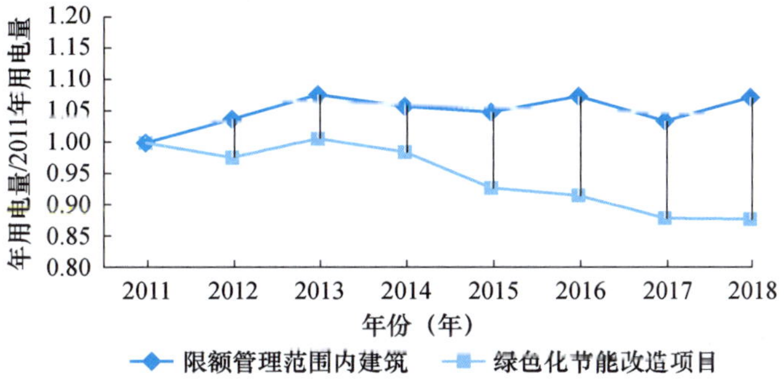

图4-15 节能绿色化改造项目和限额管理系统内所有建筑2011—2018年年用电量与2011年年用电量比值变化

从表4-4和图4-15中可以看出：

1）2011—2013年期间，限额管理系统中所有建筑的总用电量逐年上升，平均年增长率为3.7%，2014年达到了峰值（206.59亿千瓦时），之后出现一定的波动（198亿~206亿千瓦时），但整体呈现下降趋势。

2）节能绿色化改造项目中的建筑的用电量同样在2014年达到峰值（4.11亿千瓦时），但之后处于连续下降状态。其中2015年下降量最大（5.49%），其次是2017年（4.02%），2018年下降率最低（0.16%），其余年份的下降率在2%左右。

3）两方面数据同时在2013年达到峰值，之后节能绿色化改造项目内的建筑用电量持续降低，在2018年，节能绿色化改造项目年用电量的定基发展速度比限额管理低近20个百分点。

（2）用电强度变化趋势

表4-5详细列出了这34个节能绿色化改造项目和限额管理范围内所有建筑2011年至2018年单位面积电耗及两者的比值，图4-16展示了两者的变化趋势。可以看到：1）节能绿色化改造项目的历年电耗呈现了整体逐年下降的趋势，由最高的168kWh/m^2降到了146.46kWh/m^2，这说明这些被改造项目确实具备较大的节能改造潜力；2）节能绿色化改造项目在改造前的平均单位面积电耗要比限额管理范围内所有建筑的平均单位面积电耗高出20%，而改造后单耗逐年接近、并于2018年基本与限额管理范围内所有建筑的平均单位面积电耗基本持平。

表4-5　节能绿色化改造项目和限额管理建筑单位面积电耗对比情况

年份（年）	节能绿色化改造项目内建筑单位面积电耗（kWh/m^2）	限额管理范围内建筑单位面积电耗（kWh/m^2）	节能绿色化改造项目单耗/限额管理单耗
2011	166.99	129.43	1.29
2012	163.02	134.28	1.21
2013	168.01	139.34	1.21
2014	164.30	136.69	1.20
2015	154.99	135.54	1.14
2016	152.75	138.84	1.10
2017	146.69	133.72	1.10
2018	146.46	138.59	1.06

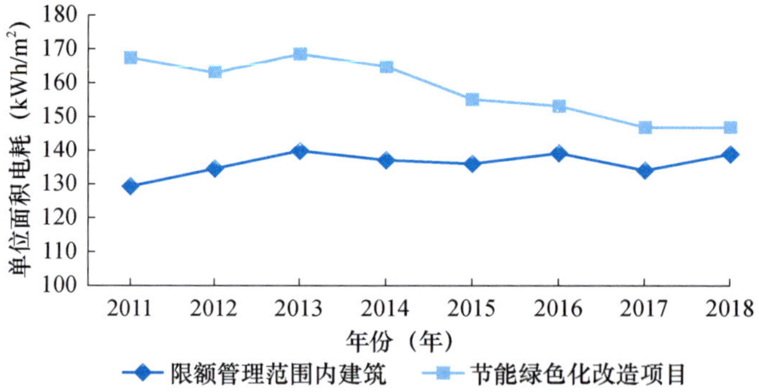

图4-16　节能绿色化改造项目和限额管理建筑2011—2018年单位面积电耗对比图

（3）改造时间与用电强度关联分析

根据不同改造时间，对同年份开始改造、基本处在同一个改造期内的项目的单位面积电耗逐年变化进行了对比，结果如图4-17（a）～（d）可以看出：1）整体上，大部分建筑在实施节能绿色化改造后，单位面积电耗是呈下降趋势的；2）同一年份开始的节能绿色化改造，改造完成时间靠后的，单位面积电耗普遍要比改造完成时间靠前建筑的单位面积电耗更低，这可能是因为改造前单位面积电耗越高的建筑，实现要求的节能率（15%～20%）越容易，所用的实施改造时间一般也就越短；同时，改造时间越靠后，可以选用的节能设备与技术越多、设备与技术实现的降耗效果越好，最终的单位面积电耗水平也就可能越低。

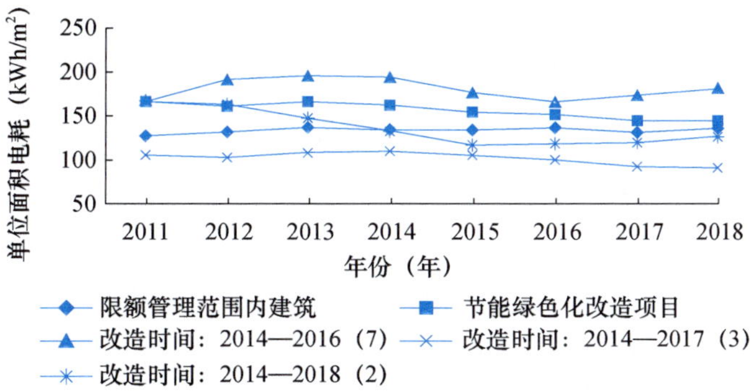

(a) 2014年开始改造（完成时间是从2016年到2018年）

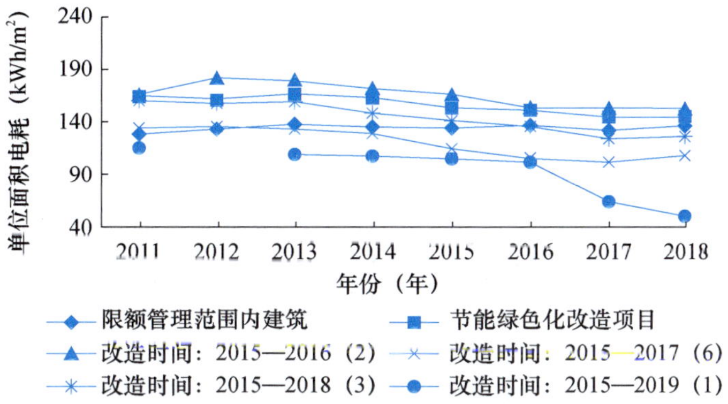

(b) 2015年开始改造（完成时间是从2016年到2019年）

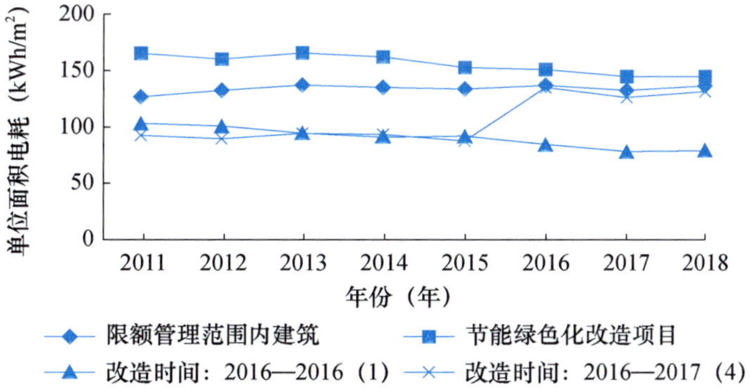

(c) 2016年开始改造（完成时间是从2016年到2017年）

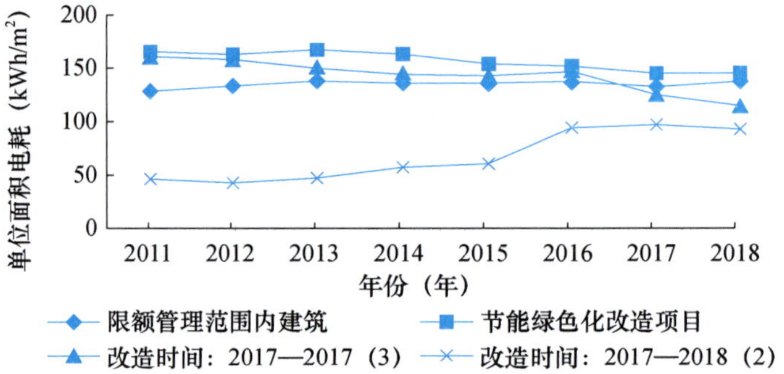

(d) 2017年开始改造（完成时间从2017年到2018年）

图 4-17　节能绿色化改造项目和限额管理建筑 2011—2018 年单位面积电耗对比图

4.3.3　参与改造的限额管理建筑的投入产出

由于各公共建筑用能结构差异以及节能潜力的不同，该 34 个节能绿色化改造项目的投资额从 60 万元到 2800 万元不等，单位面积投资额范围从 1.8 元/平方米到 471 元/平方米不等，如图 4-18 所示。

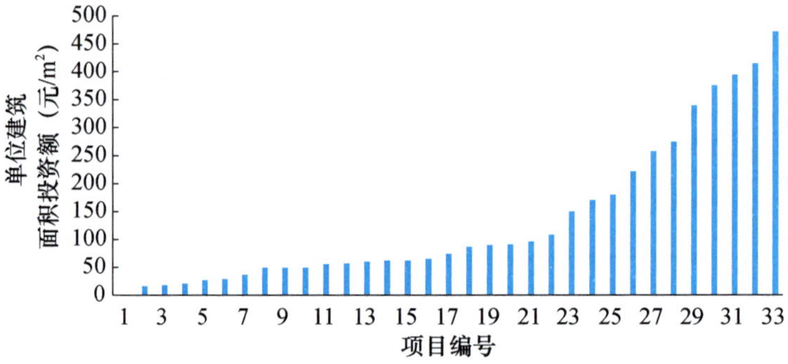

图 4-18　节能绿色化改造项目单位面积投资额

节能率为节能改造评估重要指标。通过对比此 34 个案例项目节能改造前后能耗强度，可以看出节能率均能达到 15% 以上，最高可达 37%，主要分布于 20% ~25%，如图 4-19 所示。

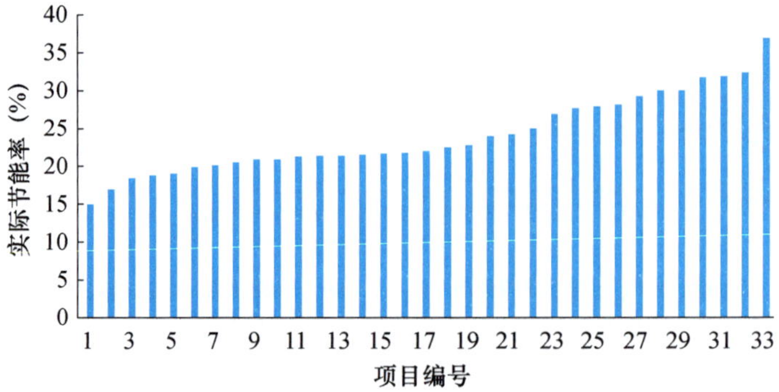

图 4-19　节能绿色化改造项目实际节能率

评价节能效果除了单纯从节能率出发，单位节能量投资额也是反映节能绿色化改造经济效益的重要指标。不同或相同的建筑类型，能耗强度有一定差异，在 11.5 ~ 79.9kgce/m^2 范围内，所有案例能耗强度均值为 46.5kgce/m^2，如图 4-20（a）所示；对于不同或相同的建筑类型，由于用能方式不同，以及建筑本身属性不同，单位节能量需要的投资有一定差异，节能绿色化改造项目中的建筑单位节能量所需投资额分布在 1.9 ~ 49.4 元/kgce，所有案例单位节能量所需投资额均值为 12.15 元/kgce，如图 4-20（b）所示，其中办公建筑平均单位能耗量投资额为 15.2 元/kgce，商场建筑平均单位能耗强度为 8 元/kgce，宾馆饭店的平均单位能耗强度为 9.8 元/kgce。

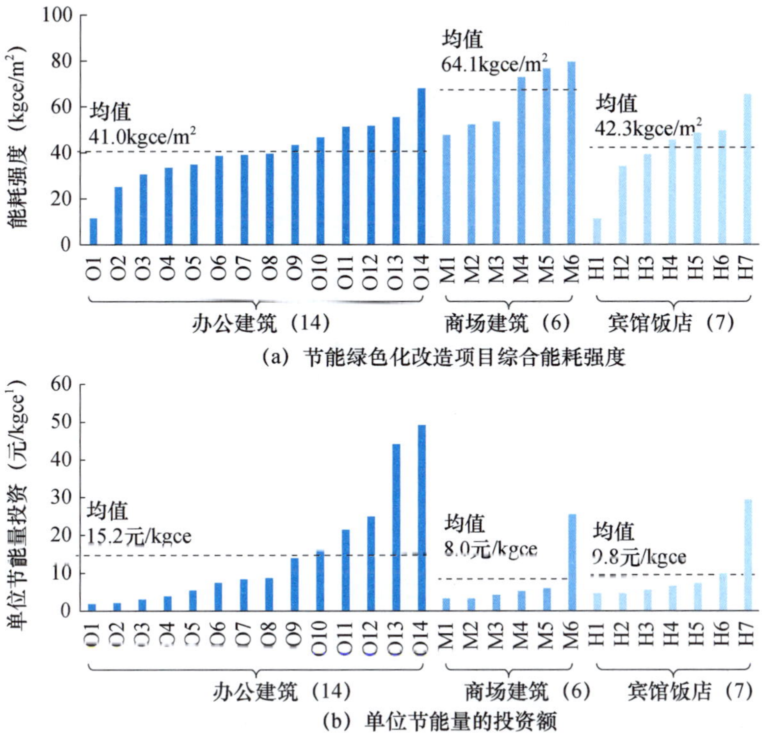

图 4-20 节能绿色化改造项目综合能耗值及单位节能量投资额

4.3.4 参与改造的限额管理建筑典型案例

（1）某大型商场节能绿色化改造项目

该商场位于西城区，于 1994 年竣工完成。该建筑分为地上 11 层、地下 3 层，总建筑面积为 75324.7m^2。主要用能系统包括供暖系统、空调通风系统、照明系统和供水系统。外墙无保温材料，外窗为双层中空铝合金窗，屋顶保温材料为炉渣。商场内采用 3 台离心式水冷机组、8 台新风机组，冷却及冷冻水泵共 10 台。

该商场建筑用能以电力消耗为主，占比约为 90.2%。年电力消耗量高达 1825 万千瓦时，折合 5238.62 吨标准煤。热力消耗占能源消耗总量 4.25%，天然气消耗量占比为 5.45%，水消耗量占比仅为 0.10%。

该项目 2014 年电耗量超过了限额值，遂开始改造，通过建筑用能分析以及用能设备性能分析，如图 4-21 所示并确定并实施了如下改造内容：

1）将现有传统光源更改为 LED 光源，在满足现有照明系统的照度、显色指数、色温、配光曲线、功率因素、无级调光及智能控制的基础上，降低照明系统的能耗。采用更节能的照明光源及灯具替换原有能耗较高的照明设备。

2）AHU 机组换新。

3）空调、冷热水管保温换新，将原有保温材料全部换新，减少冷、热媒在输送过程中的无效热损失，并使热媒维持一定的参数以满足用户需求。提高空调运行能效，有效降低空调运行能耗。

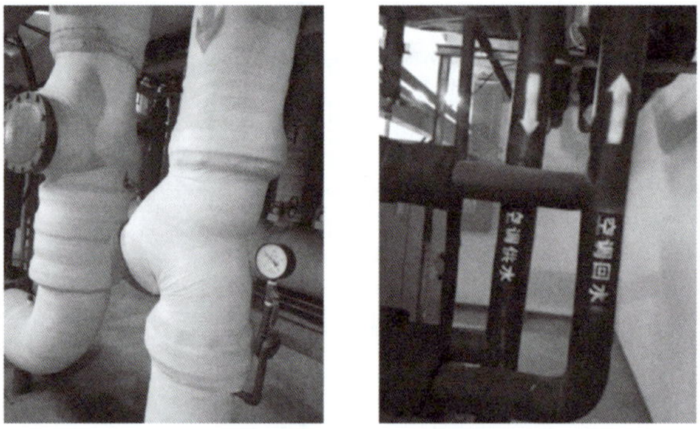

图 4-21　管道保温改造后现场情况

4）冷却塔换新。由于原有冷却塔年限长，效率低，在节能、环保方面已不再符合要求，现通过更换冷却塔，使制冷系统得到更加理性化的设计，便于维修保养，且在冷效保证方面的得到最佳运行效果。从而达到环保、节能等目的（图 4-22）。

图 4-22　冷却塔改造后现场情况

5）冷冻泵、采暖泵等变频控制，现为采暖循环泵及冷冻循环水泵增加变流量控制功能，根据实际负荷需求进行变流量调节，部分负荷时降低水泵功率。进而减少水泵的运行耗电量。

改造项目从2014年3月开始，2016年9月完成。总投资额达2821.94万元，预计回收期为6年。预计能耗强度从77.1kgce/m^2降低至62.36kgce/ m^2。节能率为19.13%。根据能耗限额管理系统用电数据和各年度电耗限额值发放情况，该年耗电量从2014年的1825.3万kWh降低至2018年1468.1万kWh，总体呈下降趋势。电耗限额值从2014年的1791.7万kWh降低至2015年的1677.4万kWh，根据能耗限额管理规定，2016—2018年延续此限额值，如图4-23所示。可以看出，2014年绿色化节能改造开始，年耗电量与电耗限额值均逐年下降，且耗电量始终低于电耗限额值，改造效果明显。

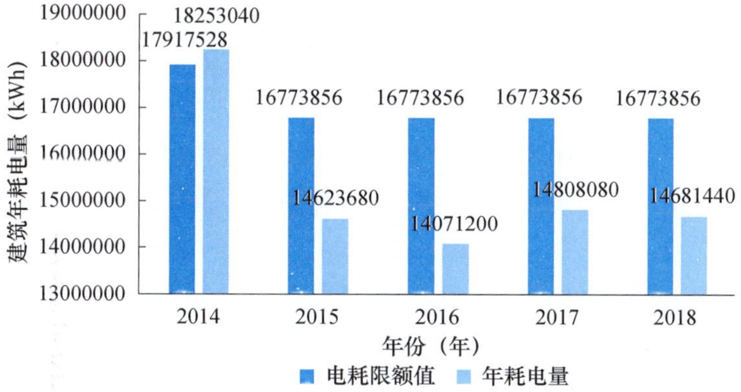

图4-23 该商场2014—2018年耗电量及电耗限额值

（2）某大型酒店节能改造项目

该酒店位于北京市西城区，竣工于1994年。建筑共19层，地上13层，地下3层，总面积为63057.48m^2。建筑外墙为玻璃幕墙，采用双层中空玻璃。外保温采用200mm厚幕墙封堵材料，内保温材料为100mm厚ASA保温板。

该酒店的主要能源消耗类型为电力、天然气、市政热力及资源水。建筑空调冷源为5台电制冷空调主机，3台流量为450m^3的冷却塔，冷冻及冷却水泵各5台（图4-24）。公共区域配备10台组合式空调机组，酒店配备新风机组共计15台，风机盘管共计1032台，酒店辅助制冷系统另有15台VRV及分体式空调设备。

该酒店内共有18部电梯，其中12部客梯、4部货梯、2部自动扶梯，采暖及生活热水系统热源为市政热力，特殊用能主要是洗衣房设备及餐饮厨具用能。

该项目同样是2014年电耗量超过了限额值，遂开始改造。节能改造前，以2014年为基准期，电力消耗6945599kWh，折合1993.4吨标准煤，占总能耗的47.49%。天然气消耗量为274508Nm^3，市政热力消耗量53586GJ。通过分析建筑能源消耗结构以及各用能设备的效率及使用习惯，确定并实施了以下改造内容：

图 4-24　空调机房及冷却塔现状

1）对照明系统进行 LED 改造。将公共区域及客房原有的大功率 T8 灯管、筒灯内的节能灯、射灯和金卤灯统一更换为更为节能环保的 LED 光源，照明灯具共计更换 LED 灯具 12772 盏。

2）锅炉低氮改造。改造内容涉及两方面：一方面更换表面燃烧的低氮燃烧器，另一方面在主烟道加装烟气余热回收装置以降低烟气温度。

3）冷却塔清洗。对酒店的 3 台冷却水量为 600 吨的冷却塔进行清洗，改善换热效果。

4）加强节能管理。修订实施了新的运行管理制度，具体涉及酒店的空调、照明、动力、门窗等多方面。

该酒店于 2017 年 3 月完成改造，北京市公共建筑电耗限额管理信息系统数据显示，年电耗量从 2014 年 11420800kWh 降低至 2019 年的 9354240kWh，除 2018 年有小幅度上涨，整体呈逐年下降趋势，如图 4-25 所示。电耗限额从 2014 年的 11008076kWh 降低至 2015 年 10305433kWh，根据能耗限额管理办法规定，2016—2018 年电耗限额保持不变。建筑节能改造，自 2015 年每年电耗量均低于能耗限额值。

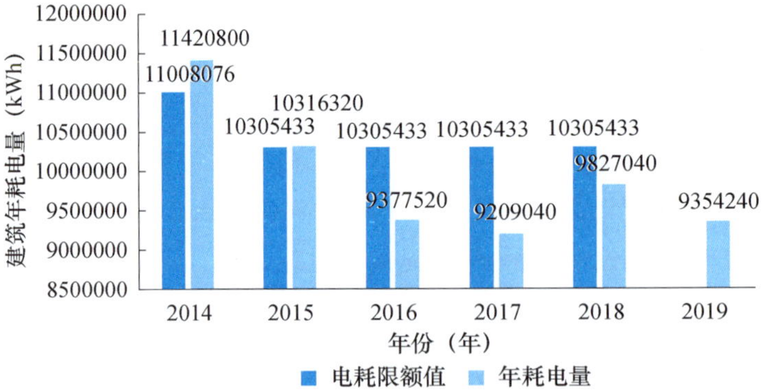

图 4-25　某酒店 2014—2019 年电耗量及电耗限额值

（3）某大型办公楼节能绿色化改造项目

改造项目办公楼位于北京市海淀区知春路，总建筑面积 43953. 02m²。建筑使用的主要能源包括电力、天然气以及资源水，其中电力主要消耗于空调冷冻站、照明、水泵、风机等设备，年电耗占能源消耗总量的比例超过了85%。该楼的暖通系统设备包括：空调冷源为3台麦克维尔水冷离心式冷水机组，并配备有横流式冷却塔3台，冷却水循环泵以及冷冻水循环泵各3台。供暖热源为3台德国布德鲁斯1320kW燃气锅炉，供暖系统与空调系统共用末端设备；照明系统筒灯和灯管共计3269盏。建筑共有电梯10部，其中包括扶梯2部、货梯2部、客梯6部。

该楼的主要改造内容集中于暖通空调和照明系统（2项的年耗电量占总电耗量的72%以上），包括空调系统冷冻水泵变频控制改造、空调系统冷却水泵变频控制改造、供暖系统循环泵变频控制改造、燃气锅炉低氮燃烧改造、LED绿色照明改造、扶梯变频控制改造、电梯智能控制以及用能设备节能运行制度建设等主要节能改造措施。

1）冷冻、冷却水泵级采暖循环泵变频改造：增加变频控制柜6台，对系统进行全面调试。对实际末端负荷需求进行变流量调节，部分负荷时降低水泵功率，进而减少水泵的运行耗电量。

2）供暖循环水泵变频改造：增加变频控制柜3台，对系统进行全面调试。

3）扶梯变频改造：手扶电梯入口处增加载客感应器，电机采用变频器控制。

4）电梯智能群控改造：针对建筑6台直梯进行智能控制，直梯型号TE-HP611250200，利用直梯群控计算科学合理地分配客梯运行，实现电梯系统智能优化运行。

5）开展LED灯绿色照明改造。

6）低氮燃烧改造：将3台德国布德鲁斯1320kW燃气锅炉的普通燃烧机改造成意科法兰再循环式低氮燃烧机，减少氮氧化物排放的同时，实现节能降耗（图4-26）。

图4-26 低氮燃烧改造后的燃烧机

7）开展管理节能：通过对于能源监测数据的详细分析，发现日常能源使用的规律，总结同期的定比与环比，加强能源运营人员的节能考核；通过对不同类型用能设备的数据分析，总结设备特性，对于能耗不合理设备及时通过更换设备或者更改运行方式等方法节约能耗；调整设备用能时间，将照明、空调末端、电脑等日常设备设定其启停时间或纳入整体控制，在保障功能效果的情况下尽量节约；过渡季用能方式以及不同时期空调的出水回水温度调节等专业节能措施。

该办公楼于2016年完成改造工作。根据北京市公共建筑电耗限额管理系统数据显示，该办公楼2014年与2015年连续2年超限额，自2016年改造完成后，年电耗量从2014年的6174420kWh降低至2016年的5331120kWh，整体呈逐年下降趋势，2018年小幅度上扬；2014年电耗限额值为5825161.2kWh，2015年后降低至5453342.4kWh，根据能耗限额管理办法规定，2015—2018年电耗限额保持不变，因此自2016年改造完成后，该办公楼电耗不再超限额、考核合格，并在后续2年电耗量持续低于电耗限额值，如图4-27所示。

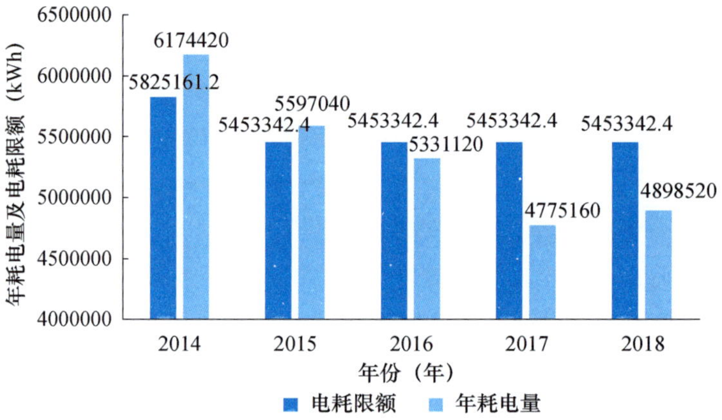

图4-27 某办公楼2014—2018年耗电量及电耗限额值

4.4 构建建筑电力数据库 提升城市管理能力

近年来，基于已形成的公共建筑电耗大数据库，北京市公共建筑电耗限额管理团队除了配合节能绿色化改造工作外，还每年为市住房城乡建设委的民用建筑能耗统计工作及绿色建筑标识评价工作提供数据支撑与项目电耗考核辅助。同时，近几年北京市公共建筑电耗限额管理工作中积累的数据、方法、工作经验，以及“北京方案”所体现的地域建筑节能管理特色，均为北京市公共建筑节能相关标准的编制、修订等提供了有力支撑。

4.4.1 为能耗统计工作提供信息支撑

北京市民用建筑能耗统计工作是自2016年起，按照住房城乡建设部2015年印发的《民用建筑能耗统计报表制度》工作要求，通过北京市年度民用建筑能耗数据以及建筑基本信息的整理、审核、汇总，结合本单位相关课题、项目等累计的建筑信息及能耗数据对北京市建筑能耗统计数据进行校核、交叉检验、筛选，进而对北京市建筑能耗统计数据进行不同维度的分析、对比，归纳总结北京市建筑特点及北京市各类建筑规模、能耗强度，进而为北京市节能政策及长期建筑能源规划的制定提供基础。

该项工作首先需要确定调研样本，调研样本只有具有一定的覆盖量和代表性才能在一定程度上反映整个北京市民用建筑的能耗水平，同时这些样本的基本信息和能耗数据要能够被较为有效地获取到，其调研方法和流程如图 4-28 所示。由于北京市公共建筑电耗限额管理信息系统已对北京市接近 50% 的公共建筑的基本信息（建筑编号、地址等）及电能表信息（电能表编号、与建筑的对应关系等）进行了非常全面和深入的梳理，因此成为了民用建筑能耗统计工作选择重点调研样本、补充样本数据的一个重要数据支撑。同时，也正是得益于两项工作采用了相对统一的样本库，两项工作所得到的统计分析结果能够相互印证和补充，互为支撑。

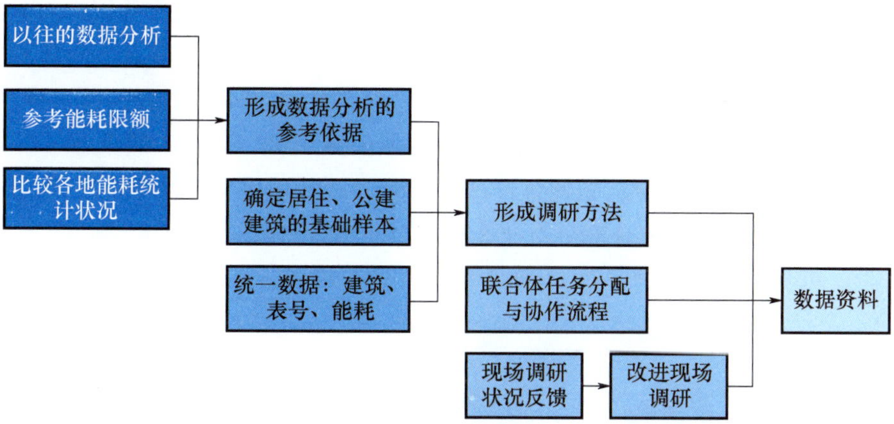

图 4-28 北京市民用建筑能耗统计课题调研方法流程

基于上述考虑，2019 年 10 月，北京市公共建筑电耗限额管理团队详细对比了房屋全生命周期平台、民用建筑能耗统计系统及公共建筑电耗限额管理信息系统的总数据量、重叠样本量，并分析了不重叠的原因，结果如下：

1）房屋全生命周期平台数据概况

截至 2018 年 5 月 5 日，房屋全生命周期平台中建设时间在 2017 年（含）之前的全市公共建筑有 112399 栋，共计 6.72 亿 m^2；其中公共建筑面积比例占 50% 以上的建筑有 76905 栋，共计 2.997 亿 m^2。大型公共建筑有 2846 栋，共计 1.29 亿 m^2；3000m^2 以上的普通公共建筑有 17442 栋，共计 1.198 亿 m^2。

2）民用建筑能耗统计样本数据概况

2020 年以前民用建筑能耗统计工作已调研的大型公共建筑有 2695 栋，共计 0.8965 亿 m^2。其中，有 3 栋未列建筑面积；有 1058 栋建筑面积在 2 万 m^2 以下（0.0838 亿 m^2），但在列表时与大型公共建筑共用了用户编号；1634 栋建筑面积在 2 万 m^2 以上（0.8127 亿 m^2）。已调研的普通公共建筑 1000 栋（列表中面积在 3000 ~20000m^2 之间的），面积共 0.0687 亿 m^2。

3）公共建筑电耗限额管理信息系统范围内数据概况

截至 2018 年年底，北京市公共建筑电耗限额管理信息系统中共有 7657 组，11352 栋建筑，总建筑面积 1.48 亿 m^2。其中，①大型公共建筑有 1741 栋，建筑面积共 0.86 亿 m^2（其中 9 栋不在全生命周期平台中，总面积为 56.53 万 m^2），分布在 1491 组（3034 栋）

中，总面积共0.93亿m^2，其中包含了1293栋普通公共建筑，0.07亿m^2。②普通公共建筑有9611栋，总面积为0.63亿m^2。

4）数据比对

大型公共建筑中，民用建筑能耗统计样本与公共建筑电耗限额管理信息系统样本：①重合部分（前者的大型公共建筑样本与后者的大型公共建筑样本相比较）有1292栋大型公共建筑，共计0.64亿m^2，其中含12栋普通公共建筑，面积共计11.43万m^2；②不重合部分（前者的大型公共建筑样本与后者的大型公建样本相比较）有1395栋，共计0.26亿m^2，其中含1046栋普通公共建筑，共计0.08亿m^2；③重合部分（前者的大型公共建筑样本与后者的所有样本相比较）有2077栋建筑，共计0.70亿m^2，其中含790栋普通公共建筑，共计0.06亿m^2；④不重合部分（前者的大型公共建筑样本与后者的所有样本相比较）有610栋建筑，共计0.19亿m^2，其中含268栋普通公共建筑，共计0.02亿m^2。

普通公共建筑中，民用建筑能耗统计样本与公共建筑电耗限额管理信息系统不重合部分有2栋，共计20950m^2；重合部分有998栋，共计6849892m^2。

总体看，两个系统样本的重合率为83%，如图4-29所示。

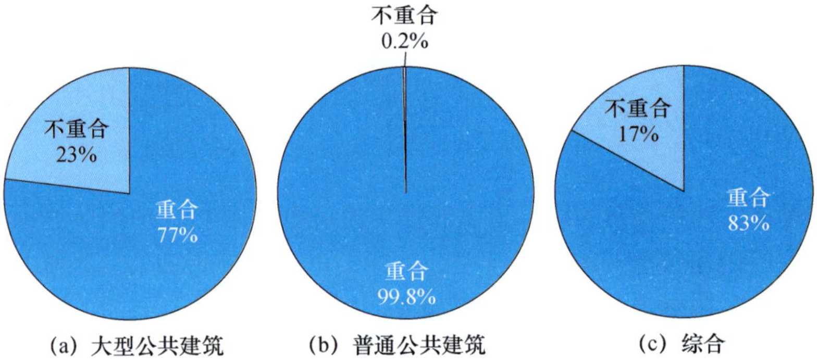

图4-29　2个系统建筑样本重叠率统计

经分析发现，两个系统样本数据对比不重合的原因有三：一是民用建筑能耗统计工作最初的建筑清单中的建筑信息不包含建筑编号，无法与限额管理信息系统对应；二是因调研需要，民用建筑能耗统计工作最初的建筑清单中部分建筑地址在房屋全生命周期平台基础上做了一些加工；三是确有部分民用建筑能耗统计样本不在限额管理范围之内。

基于调研结果，北京市电耗限额管理团队为2020年度的民用建筑能耗统计工作提供了1000个大型公共建筑（建筑基本信息、电能表编号等）作为新增调研样本，极大降低了民用建筑能耗统计工作的前期样本梳理及现场电能表数据调研的工作量。

4.4.2　为绿色建筑标识评价提供考核支持

北京市地方标准《绿色建筑评价标准》（DB11/T 825—2015）在“10运营管理”的“10.2评分项”中，将“耗电量符合《北京市公共建筑电耗限额管理暂行办法》（京建法〔2014〕17号）的要求”作为“10.2.11采用能源管理系统，监测建筑能耗，进行数据分析和管理，评分总分值 10 分，并按下列规则分别评分并累计”的一个评分项，分值为 2 分，如图 4-30 所示。

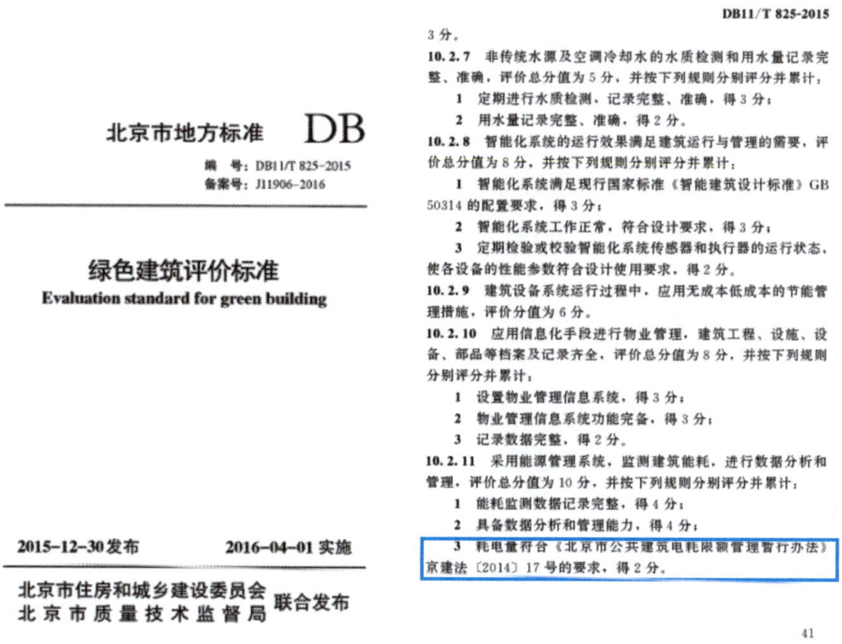

北京市地方标准 DB

编　号：DB11/T 825-2015
备案号：J11906-2016

绿色建筑评价标准
Evaluation standard for green building

2015-12-30 发布　　2016-04-01 实施

北京市住房和城乡建设委员会
北京市质量技术监督局　联合发布

DB11/T 825-2015

3 分。

10.2.7 非传统水源及空调冷却水的水质检测和用水量记录完整、准确，评价总分值为 5 分，并按下列规则分别评分并累计：

1 定期进行水质检测，记录完整、准确，得 3 分；

2 用水量记录完整、准确，得 2 分。

10.2.8 智能化系统的运行效果满足建筑运行与管理的需要，评价总分值为 8 分，并按下列规则分别评分并累计：

1 智能化系统满足现行国家标准《智能建筑设计标准》GB 50314 的配置要求，得 3 分；

2 智能化系统工作正常，符合设计要求，得 3 分；

3 定期检验或校验智能化系统传感器和执行器的运行状态，使各设备的性能参数符合设计使用要求，得 2 分。

10.2.9 建筑设备系统运行过程中，应用无成本低成本的节能管理措施，评价分值为 6 分。

10.2.10 应用信息化手段进行物业管理，建筑工程、设施、设备、部品等档案及记录齐全，评价总分值为 8 分，并按下列规则分别评分并累计：

1 设置物业管理信息系统，得 3 分；

2 物业管理信息系统功能完备，得 3 分；

3 记录数据完整，得 2 分。

10.2.11 采用能源管理系统，监测建筑能耗，进行数据分析和管理，评价总分值为 10 分，并按下列规则分别评分并累计：

1 能耗监测数据记录完整，得 4 分；

2 具备数据分析和管理能力，得 4 分；

3 耗电量符合《北京市公共建筑电耗限额管理暂行办法》京建法〔2014〕17 号的要求，得 2 分。

41

图 4-30 北京市地方标准中关于电耗限额的条文

尽管耗电量满足《北京市公共建筑电耗限额管理暂行办法》(京建法〔2014〕17 号)的要求（不超限额）仅得 2 分，且在该标准中运营管理部分的权重仅为 0.1，影响极小，但在北京市绿色建筑标识评价过程中，实际上是要求所有参评的建筑必须满足电耗不超限额的条件，否则不予通过。因此，尽管电耗限额管理的要求只是一个评分项，但实际操作时是按控制项对待的，在各绿色建筑项目标识评审前，北京市公共建筑电耗限额管理团队均会协助相关部门对待评审项目进行限额考核，只有不超限额的项目才能进入标识评价阶段。

自 2017 年起开始配合绿色建筑标识评价工作以来，北京市电耗限额管理团队已校核了共计 27 个绿色建筑运行标识项目的限额情况，如图 4-31 所示。

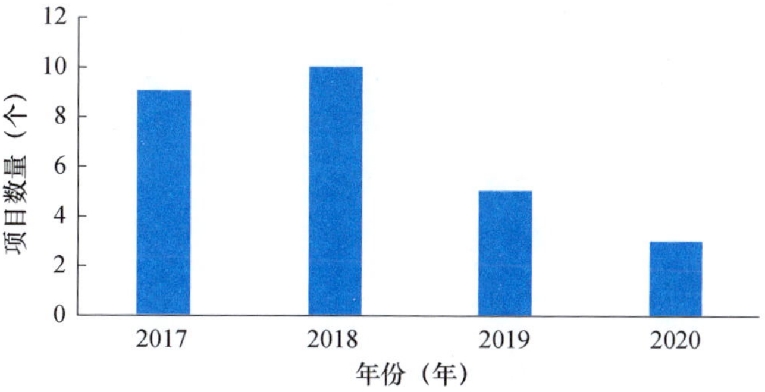

图 4-31 2017—2020 年考核的绿色建筑评价标识项目数量

4.4.3 为相关标准编制提供数据与经验支撑

（1）为《北京市民用建筑能耗标准》的编制奠定了方法与数据基础

由于缺少北京市民用建筑的能耗标准，导致很多需要给出北京市民用建筑能耗基准值的地方，无据可循，例如现阶段北京市欲针对公共建筑开展全能耗的限额管理，就因为国家标准中的指标值和北京市公共建筑的实际用能情况差异较大而无法实施。目前只能参考国家标准《民用建筑能耗标准》（GB/T 51161—2016）选用全国的指标值或参考北京市地标《民用建筑能耗指标》（DB11/T 1413—2017）。然而，经过对比分析发现，国家标准编制时是使用了全国多个省市的数据，制定的指标值相对北京市公共建筑运行能耗而言过于严格，而上述北京市地标则是为新建建筑设计/能评提供参考的，又过于宽松。因此，亟需制定北京市民用建筑能耗标准，让北京市民用建筑的运行管理、性能评估、标识评价以及公共建筑能耗限额管理等工作有据可依。于是，2020 年 11 月市住房城乡建设委于科技村镇处召开的“2021 年工程建设地方标准制修订项目立项审查会”上，再次将《北京市民用建筑能耗标准》作为一项重要的标准修编工作提请专家评审，并获得了专家的一致通过。

近几年，北京市公共建筑电耗限额管理的系列工作实践已为该标准的编制打下了良好的数据基础。现阶段不仅仅是已形成了多年的电耗限额平台、大量的民用建筑电耗数据，还涉及北京市政府多部门多个建筑相关数据平台，包括市住房城乡建设委的房屋全生命周期平台、节能绿色化改造平台以及民用建筑能耗统计平台，北京市城市管理委员会的北京市建筑总能耗平台（能源供给侧汇总数据），以及各能源企业的能源数据平台，包括电力公司、燃气集团和热力集团平台等，如图 4-32 所示。同时，随近年北京市公共建筑能耗限额管理课题的开展，各平台数据均在向限额管理平台汇集，最终将形成一个以该平台为核心的北京市公共建筑全能耗数据平台。结合近几年北京市公共建筑电耗限额管理团队多次组织到各能源供应企业开展能耗数据现状及取数路径调研，以及民用建筑能耗统计课题的调研经验，已对北京市公共建筑的用能数据特点有了非常详细和全面的了解。

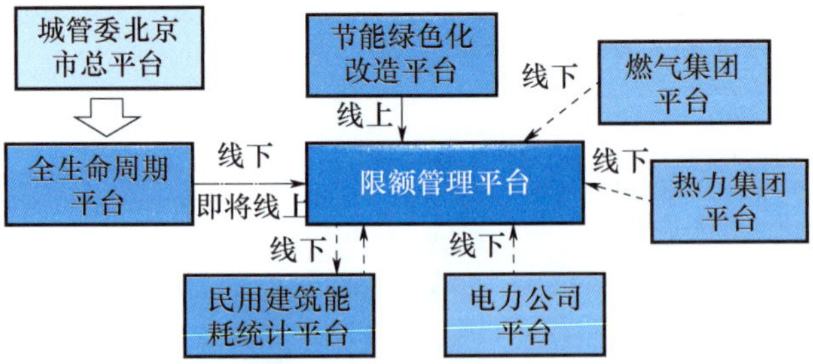

图 4-32 北京市公共建筑能耗相关数据平台关联关系示意图

同时，北京市电耗限额管理工作通过专题研究的方式，已多次开展了全能耗数据调研、标准对标等工作，探讨了北京市公共建筑能耗计算方法、限额制定方法，为开展该标准的编制提供了方法基础。例如，团队于2018年开展了北京市公共建筑全能耗限额指标计算方法研究工作，基于团队开展的北京市全能耗计算方法现状及北京市典型公共建筑的全能耗数据调研结果，在传统全能耗计算方法基础上，提出了优化的全能耗计算方法——基于新直接折算系数与针对不同用能系统的权重系数，以案例的形式分析了传统计算方法与本研究所提出的新方法所计算的全能耗值之间的差异；同时，初步探讨了办公、商场和宾馆饭店建筑的全能耗限额值。又如，团队于2019年9月就北京市公共建筑的全能耗计算方法召开了一次专家研讨会，专家就全能耗计算方法、数据来源及具体限额制定方法等，提出了系列建议。

此外，标准的编制过程采取“自上而下”与“自下而上”相结合的数据采集方式，2种数据相互验证、相互补充。其中，“自上而下”的方式，可通过北京市电耗限额管理信息系统已有的电耗大数据，以及基于该平台已有的建筑信息从能源供应企业获取大数（无法细到单个建筑，但可以达到建筑类型和区域的尺度），得到不同建筑类型的平均能耗水平；而“自下而上”的方式，则可基于北京市电耗限额管理信息系统的建筑各个体样本数据，结合民用建筑能耗统计工作调研获取建筑终端使用能耗，包括建筑总能耗、分项能耗以及相应的用能系统信息等，数据可细化到同类建筑中不同用能系统对应的能耗水平等。

（2）被作为北京市因地制宜的建筑节能管理特色纳入到《既有公共建筑节能改造技术规程》中。

北京市地方标准《既有公共建筑节能改造技术规程》是市住房城乡建设委于2019年立项编制的一个推荐性标准，其目的是为了指导北京市既有公共建筑的节能绿色化改造，保证项目取得预期的节能效果。目前该标准已出征求意见稿。

在该标准中“4 改造判定”的“4.9 综合判定”中，将北京市公共建筑电耗限额管理相关要求作为了一个单独的综合判定原则列入，体现了北京市因地制宜的建筑节能管理特色。其具体条文内容如下：

“4.9.2 当公共建筑连续两年能耗限额考核不合格时，应进行节能改造。

【条文说明】北京市自2013年起，开始针对全市建筑面积在3000m^{2}以上（含）且公共建筑面积占单体建筑总面积50%以上（含）的公共建筑开展电耗限额管理。根据现行《北京市公共建筑电耗限额管理暂行办法》，市住房城乡建设委、市城市管理委、市机关事务管理局会同相关部门将会逐年对考核不合格建筑的电费结算单位通报批评并责令限期整改。”

4.4.4 为建筑领域规划编制提供数据支持

2019年9月，市住房城乡建设委开展了《北京市“十四五”时期建筑绿色发展规划》相关的系列专题研究，包括“北京市‘十三五’时期民用建筑节能规划实施效果评估”“北京市民用建筑用能现状（不同建筑、不同系统）及节能潜力分析研究”等。北京市公共建筑电耗限额管理信息系统中覆盖了北京市3000m^{2}以上的公共建筑的用能数据，是开展上述建筑用能现状、节能实施效果评估、节能潜力分析以及规划北京市碳达峰、碳中和实施路线图的基础、不可或缺的数据来源。在上述专题研究实际执行过程中，北京市公共建筑能耗限额管理团队始终在配合各专题研究团队，积极按需提供已掌握的数据及数据资源，为《北京市“十四五”时期建筑绿色发展规划》的顺利编制贡献了自己的力量。

5 展望未来　北京市探究公共建筑电耗限额管理方向

北京市自2013年起实施公共建筑能耗限额管理，督促超限额用能单位开展能源审计，查找高能耗原因，发掘节能“诀窍”。统计数据显示，经过7年来社会各界的共同努力，北京市公共建筑总电耗过快增长趋势已得到有效遏制，建筑用能主体在能耗管理水平提升上获益匪浅。

建筑是人类生活和工作的主要场所，承载着为人民提供美好生活环境和良好公共服务的功能。建筑的功能和品质直接影响到人民群众能否获得“美好生活”的幸福感。当前，我国城镇发展正处于由单纯增量型发展向存量型更新过渡的关键阶段，居民消费也已从“量的增长以满足基本生活需求”转变为“质的提高以满足美好生活向往”，国民全方位需求升级、消费升级与多元化，这必将带来建筑用能设备数量的增加和种类的更加多样化。如何在建筑用能需求增长的同时控制住建筑的用能强度和总量，一方面需要从建筑用能设备与系统的节能技术创新入手，另一方面则需要通过建筑用能的管控路径创新，推动节能技术的推广以及建筑开展运行节能措施与节能改造。公共建筑电耗限额管理工作正是北京市在公共建筑能耗总量与强度双控的时代背景下率先在全国开展的建筑运行能耗管理路径的创新。

同时，建筑行业一直被视为碳减排的重要领域。2020年9月22日，国家主席习近平在第七十五届联合国大会一般性辩论上发表重要讲话，提出中国将提高国家自主贡献力度，采取更加有力的政策和措施，二氧化碳排放力争于2030年前达到峰值，努力争取2060年前实现碳中和。根据国际能源署（International Energy Agency，IEA）对于全球建筑领域用能及排放的核算结果[18]：2018年，全球建筑业建造（含房屋建造和基础设施建设）和建筑运行相关的终端用能占全球能耗的35%，其中建筑建造和基础设施建设的终端用能占全球能耗的比例为6%，建筑运行占全球能耗的比例为30%；2018年，全球建筑业建造（含房屋建造和基础设施建设）相关 CO_2 排放占全球总 CO_2 排放的11%，建筑运行相关 CO_2 排放占全球总 CO_2 排放的28%，如图5-1所示。根据清华大学建筑节能研究中心（Building Energy Research Center of Tsinghua University，BERC）的测算[19]：2018年，我国建筑建造和运行相关 CO_2 排放占我国全社会总 CO_2 排放量的比例约为42%，其中建筑建造占比为22%，建筑运行占比为20%（其中，公共建筑运行碳排放占比约30%）。因此，如何快速实现建筑行业特别是建筑运行阶段的碳排放达峰及深度减排，而不影响人居环境品质的改善及百姓幸福感，是我国应对气候变化目标的重要议题。

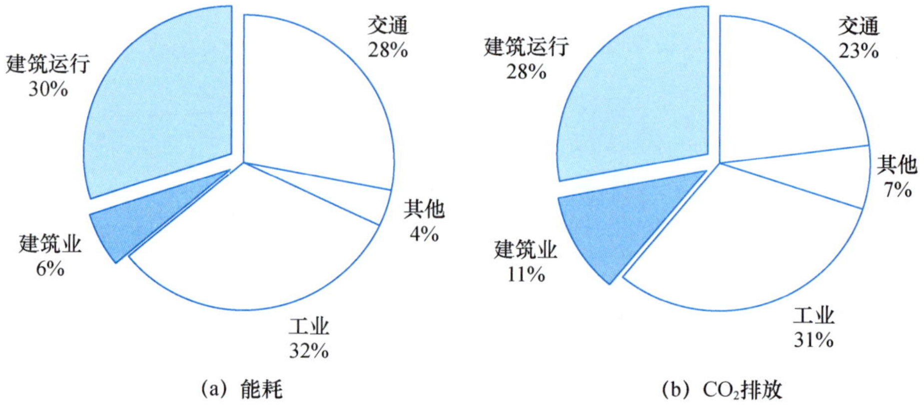

图 5-1　全球建筑领域终端用能及 CO_2 排放（2018 年）[20]

除了调整建筑外购热力和电力的能源结构外，提高建筑运行能效、推广低碳建筑技术是建筑实现碳达峰、碳中和的主要方向。北京市对公共建筑能耗限额的管理，正是致力于在管理电力消耗量的同时，积极引导公共建筑的合理用能方式，通过政策手段鼓励建筑绿色化改造，从而达到在逐步满足人民对美好生活向往、提高人民生活品质的同时，推动北京市实现碳达峰、碳中和的发展目标。

当前，公共建筑能耗限额管理工作已成为北京市实践公共建筑节能减碳目标的重要工作之一。下一阶段，北京市公共建筑电耗限额管理工作仍需要紧跟国际国内发展趋势和政策发展方向，将碳达峰、碳中和作为工作目标，及时调整管理方法和机制，更有效地促使北京市在经济社会发展全面绿色转型和建设人与自然和谐共生的现代化工作中取得成绩。

随着数据采集技术的进步以及“以人为核心”的服务理念的深化，北京市公共建筑能耗管理也将从粗放型逐步走向精细化管理：从能源供给侧、能耗需求侧以及能源分配、输送中间环节分别进行合理化改造和完善；同时也从单一的政府行政管理逐渐向管理与服务相结合过渡，并积极尝试市场化发展机制，让被管理对象有收获、主观愿意参与，提升内生动力。北京市作为全国范围内公共建筑电耗限额管理的探索者之一，需要不断探索新方法、新制度，来满足社会发展、能源结构变化、建筑用能合理化等多方面的需求。

5.1　能源数据维度的延展

尽管从“大数据”上看北京市公共建筑节能工作取得了一定的成效，但是目前限额系统中的数据均是建筑账单电耗数据，无其他如燃气或热力数据以及与用能结构和用能特征相关的细节，不利于公共建筑的能耗总量控制。因此，“十四五”期间，北京市将科学实施建筑用能精细化管理，加强与建筑供热能耗和燃气能耗管理部门的沟通，以及与逐年的“民用建筑能源资源消耗统计”课题配合，实现多方联动和信息互联互通，加快推进建筑用能从电耗管理到全能耗管理的进程，使限额管理更精准。深入推进公共建筑全能耗限额管理机制，促进公共建筑能源结构调整，达到全面节能的目的。在试点推进前，需解决全能耗数据采集方法、全能耗计算方法、全能耗定额指标以及全能耗限额（考核）确定方法等问题。

5.1.1 探寻数据采集方法 灵活选取试点对象

（1）全能耗数据采集方法

国内外各省市的建筑全能耗数据采集方法主要包括调查问卷、平台统计和填报、大范围安装计量表形成监测平台等方法，如图 5-2 所示。

图 5-2 国外及国内各省市数据采集方法

地区	统计方法	能耗数据	建筑数据
杭州（商业建筑）	调查问卷	电力（电表）、燃气部门获取	调研问卷，建筑所有权人填报
马鞍山	调查问卷	根据《民用建筑能源资源消耗统计报表制度》中的能耗统计表，发放问卷	
重庆	平台统计与问卷	重庆市公共建筑能耗监测平台和重庆市机关事务管理局，电力数据	重庆市公共建筑能耗监测平台和重庆市机关事务管理局
上海	监测平台	分项计量	区级分平台和直接上传市级平台的建筑收集纳入管理的公共建筑基本信息，在建筑基本信息的采集传输过程中，设置了人工审核环节确保基本信息的准确、完整
江苏省	平台统计	分项计量	子平台（市级平台）传输
美国/欧洲	问卷/平台填报	当年天然气、燃油、区域供热能耗总量，部分建筑获得电和天然气逐月能耗	公共建筑信息，包括物理特征、使用方式、用能设备信息
北京（能耗限额管理平台）	调查问卷、能源供应单位提供数据	能源审计结果、能源供应单位提供数据	北京市建委建筑信息数据库

沟通难度大、采集效率低、整理工作烦琐

初投资大、需要大量经费持续维护

南方地区建筑以电耗为主

平台报送背后需要有配套机制支持

其中，调查问卷主要问题是沟通难度大、采集效率低、整理工作烦琐等；大范围的建筑监测系统及城市平台主要问题是初投资大且需要大量经费来持续维护整套系统和平台；平台填报需通过一定的配套机制（如财政奖励、市场化政策等），解决填报对象的自愿及长效问题，同时也需要一定的人力和物力来整理数据。结合北京市公共建筑电耗限额管理已有基础及经验，从管理的角度出发，对于北京市公共建筑全能耗限额管理工作而言，最具操作性且数据最为准确的方法是获取每栋建筑的电、气和热表，进而通过表号直接从相应的能源供应企业拿数据。

实现上述数据采集的途径之一是利用民用建筑能耗统计工作的相关成果（该工作通过人工上门的方式获取北京市典型民用建筑的电、气和热表号，随后通过表号从各能源供应企业获得相应的能耗数据，进而给出北京市各类型建筑的全能耗指标值），但根据北京市近年来针对能源供应企业开展的调研及数据现状看（图 5-3），这种途径将面临以下 4 个问题。

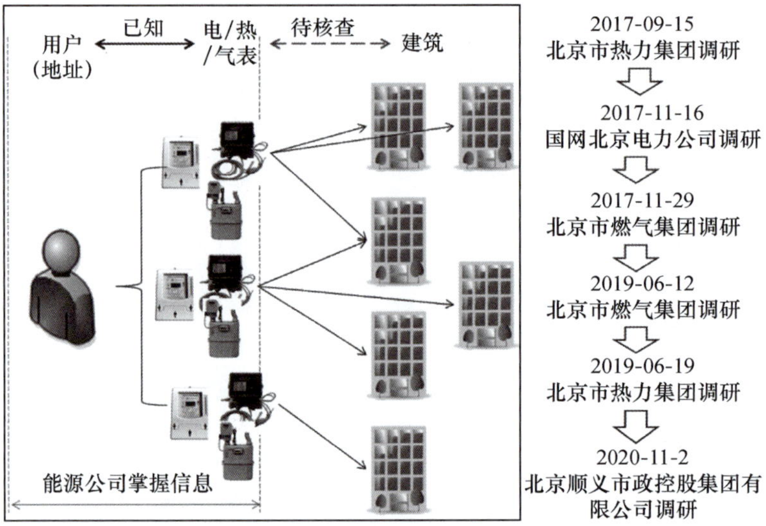

(a) 针对能源供应企业的调研

	计量表	计量方式	表与建筑对应关系	报送频率
电力集团	电能表编号	电能表计量	1对1、多对1、1对多	每月1次
热力集团	公共建筑已部分（新建）实现热计量，但薄弱	按面积估算（远传较薄弱）	1对1	每采暖季1次（横跨2年）
燃气集团	燃气表编号	燃气表计量	1对1 多对1	每月1次购买数据

(b) 调研发现的各能源数据现状

图 5-3　北京市近年来针对能源供应企业开展的调研及数据现状

1）由于与公共建筑电耗限额管理工作的目标和任务存在一定差异，民用建筑能耗统计工作流程为“通过大数求取分项能耗指标→分项能耗指标求和→全能耗指标”。因此单栋建筑的电、气、热耗数据是否完整不影响能耗统计，而公共建筑全能耗限额管理需要的是单栋建筑完整的电、气、热耗数据。这就要求两项工作在建筑样本及建筑能耗的精细化程度上走向统一。如目前民用建筑能耗统计课题掌握了 2442 个大型公共建筑群、共计 3685 栋建筑（另 1000 个中小型公共建筑）的能耗数据。其中，能够与限额管理系统对接上的大型公共建筑为 3311 栋，占统计样本比 90%，其中建筑与电能表一对一的建筑为 1703 栋（占统计样本比 46%）。无法完全对应的原因主要是民用建筑能耗统计中部分建筑没有明确建筑编号以及存在部分建筑不在电耗限额管理的名单中的现象。

2）由于是通过人工现场采集建筑的表号，这就存在一定的数据质量问题，且难以及时进行数据的校核与更新。自 2013 年以来，限额管理工作仅管理电耗一项也需每年开展建筑基础信息核查（电耗数据异常等）与新增采集工作，在增加燃气和热力数据后，这项工作将倍增。实际上，民用建筑能耗统计工作尽管不需要严格核查单个建筑能耗数据有无问题，但同样面临建筑、电、气、热表等的变更，新增统计样本等问题。

3）在 3. 1. 1 节中介绍了建筑能耗的定义。其中，北京市地方标准中建筑能耗含炊事用能、不含信息机房用能，而国家标准中的建筑能耗定义是不含炊事用能和信息机房用能的，而民用建筑能耗统计工作中的建筑能耗是涵盖了炊事用能（燃气）和信息机房用能（一级电能表），如图 5-4 所示，从计量上无法拆分。因此，公共建筑全能耗限额管理中建筑全能耗的定义将会与国家标准和北京市地方标准均不同，而造成难以对标的问题。

图 5-4　不同标准中的建筑能耗定义

4）限额管理工作持续从能源企业取数缺乏法规保障，现行相关法规中没有能耗限额管理拿数的规定。目前，《北京市民用建筑节能管理办法》(北京市政府令 256 号）中规定了建筑相关所有权人、使用人、运行管理单位和能源供应单位要配合建筑能耗调查统计工作，如图 5-5（a）所示，但没有明确要求向限额管理工作报送能耗数据。《北京市公共建筑电耗限额管理暂行办法》(京建法〔2020〕5 号）中规定了市电力公司每年向市住房城乡建设委提交用户上一年度电量数据，如图 5-5（b）所示，但没有针对燃气公司和热力公司的报数规定。

第十一条 本市建立民用建筑能耗统计制度，具体办法由市住房城乡建设行政主管部门会同市统计、计量行政主管部门制定。

民用建筑的所有权人、使用人、运行管理单位和能源供应单位应道配合建筑能耗调查统计工作，并按照规定提供统计调查所需要的资料。

(a)　《北京市民用建筑节能管理办法》（北京市政府令256号）

第八条 每年 12 月 31 日前，市电力公司与市住房城乡建设委签订保密协议，市电力公司根据市住房城乡建设委提供的用户明细，在次年 1 月 31 日前，向市住房城乡建设委提交对应用户上一年度的电量数据。

(b)　《北京市公共建筑电耗限额管理暂行办法》（京建法〔2020〕5号）

图 5-5　关于从能源企业取数的规定

实现上述数据采集的途径之二是通过“四表合一”技术，实现分项能耗远程实时采集。2014 年八部委《关于促进智慧城市健康发展的指导意见》以及 2015 年国家发展和改革委员会、国家能源局出台的《关于促进智能电网发展的指导意见》均明确指出支持水、气、电、热集中采集，建设跨行业能源运行动态数据集成平台。由此，“四表合一”在国内部分试点推广。然而，该技术实际推广进度异常缓慢，网络上的最新动态基本停留在 2018 年，其最可能原因是很难有一家仪表企业同时在电、气、热和水 4 个行业占据优势地位，难以大范围推广“四表合一”技术。

实现上述数据采集的途径之三是等待城市信息模型（CIM）技术的发展。现阶段，多数发达国家与国际一流大都市均已着手布局“数字城市”（图 5-6），而我国城镇化与城市发展领域在 2021—2035 年国家中长期科技发展规划及“十四五”科技规划中，均将“数字城市”CIM 开发部署为重点任务。然而，尽管该项技术在公共建筑能耗限额管理工作中的应用前景很好，但该技术属于前沿科技，从研发到应用仍需较长一段时间（包括数据标准、平台底层架构及建模技术等）。同时，仍然面临智能表具的技术与经济挑战。例如，如果要求用户自行装表，不同厂家的表具通信协议、数据格式等会存在一定差异，需统一数据标准；统一换表费用谁来承担需要探讨，若政府统一换装，将会需要一大笔财政资金支持。此外，同样面临公共建筑的能耗数据动态上传的法律法规保障机制问题。

图 5-6　发达国家及城市的“数字城市”的 GIS + 建筑模型

因此，基于上述问题分析，现阶段北京市全面采集公共建筑全能耗数据难度过大，建议分区域、分类型及重点工程试点先行推广，建立试点管理对象清单，出台相应试点管理办法（明确清单、能耗数据采集、限额管理与考核方法等）。

（2）试点对象选取原则

按照北京市公共建筑电耗限额系统中大型公共建筑的分布情况，如图 5-7 所示，可选取重点区域为朝阳区、海淀区、西城区和东城区，该 4 区的大型公共建筑总电耗占比达到了系统内大型公共建筑总电耗的 78%；选取大型办公建筑作为重点建筑类型，其总电耗占到了系统内大型公共建筑总电耗的33%。可将上述区域和类型中的各年考核优秀建筑以及考核不合格建筑均纳入试点推行对象中。

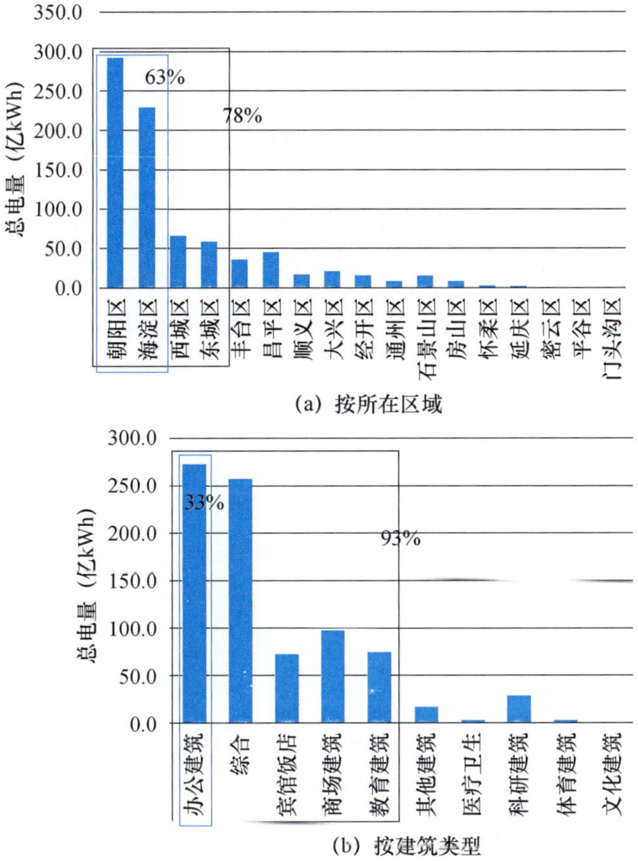

图 5-7 北京市公共建筑电耗限额系统中大型公共建筑分布

此外，在上述先行管理对象基础上，可进一步通过“委内 & 行业推荐 + 自愿申报”的方式，逐渐扩大试点对象，包括获得绿色建筑奖励资金的建筑以及获得节能绿色化改造奖励资金的建筑，根据《关于印发北京市装配式建筑、绿色建筑、绿色生态示范区项目市级奖励资金管理暂行办法的通知》（京建法〔2020〕4 号）以及《北京市公共建筑节能绿色化改造项目及奖励资金管理暂行办法》（京建法〔2017〕12 号），这 2 类建筑均有提交全能耗数据要求，同时有事中、事后监管需求。调研过程中，发现北京市绿色建筑运行标识评价系统中约有 60% 的项目已被纳入到电耗限额管理系统中。此外，还可以吸纳和引导其他行业内口碑比较好的建筑（物业管理团队）以及其他自愿申报的建筑加入试点先行管理对象。

5.1.2 科学制定能耗限额 部分继承原有方法

（1）全能耗定额指标

目前，国内其他省市发布的公共建筑相关的能耗限额标准中，以“定额”指标为主。

全能耗定额指标确定方法主要有两种：一种是分项指标求和法，基于建筑电耗、气耗、热耗等单项指标值求和后得到一个全能耗指标值；另一种是全能耗样本统计分析法，基于大量的建筑全能耗样本数据，进行统计分析后给出全能耗指标。

1）分项指标求和法

北京市《民用建筑能耗指标》(DB11/T 1413—2017）以及北京市民用建筑能耗统计课题在制定北京市建筑能耗指标时，均采用了分项指标求和法，即利用全市电、气、热的大数，给出分项能耗平均水平（约束值）。

其中，北京市《民用建筑能耗指标》(DB11/T 1413—2017）规定了民用建筑采暖耗热量、电力消耗（照明耗电量、空调耗电量和其他用能设备耗电量）、生活用气量（生活热水用气量和炊事用气量）、综合能耗指标的现行值和民用建筑采暖耗热量、电力消耗（照明耗电量和空调耗电量）、生活用气量（生活热水用气量和炊事用气量）的目标值（如表5-1 所示，以办公建筑为例）。其能耗指标制定采用了“理论计算与模拟计算相结合”的方法：一种是理论计算的方法，按照我市气候条件、建筑功能及用能方式等，根据标准给出的计算公式及用能参数，进行计算和模拟得出指标；第二种是基于统计的方法，以现有建筑能耗数据为基础，按相关规定、采用计算机软件进行统计分析得出。验证的样本来源于经过专家论证并已批复的北京市民用建筑节能专篇项目中抽样，以及能源审计数据、碳核查数据、热力公司调研数据和市住房和城乡建设委民用建筑能耗调查数据中随机抽样得到。

表 5-1　北京市《民用建筑能耗指标》给出的办公建筑能耗指标

用能分项		年能源消耗折标煤/［kgce/（m^2·年）］	
		现行值	目标值
采暖耗热量		8.5	7.1
电力	空调	2.5	2.0
	照明	1.4	1.3
	其他用能设备	4.8	—
	小计	8.7	—
炊事用气量		2.9	2.5
综合能耗		20.1	—

北京市民用建筑能耗统计课题则主要是通过直接上门、逐个获取不同建筑的电、气及热表号，进而依据从各能源供应公司（北京市电力公司、北京市燃气公司、北京市供热办）等取数。进而通过“大数求取分能耗指标→分能耗指标求和→全能耗指标”的路径给出了建筑能耗指标值，由于不直接计算每栋建筑的全能耗，因此不侧重关注每栋建筑电、气、热是否完整。表 5-1 为该课题组 2018 年调研的各分项能耗的样本量，表 5-3 为该课题给出的建筑分项与综合能耗指标值。

表 5-2 北京市民用建筑能耗统计课题 2018 年调研样本 单位：个

能源消耗类型 建筑功能	有数据的建筑样本数量（含大中小）			
	电力	天然气	集中热力	自来水
办公	672	847	566	890
商场	142	179	118	197
宾馆	136	148	94	154
医疗	56	64	38	83
文化教育	84	113	65	136
国家机关办公	56	53	32	41
综合	18	18	16	18
其他	—	85	167	173
合计	1178	1507	1096	1692

表 5-3 北京市民用建筑能耗统计课题给出的建筑分项与综合能耗指标

建筑功能	电力（$kgce/m^2$）	天然气（$kgce/m^2$）	集中热力（$kgce/m^2$）	综合能耗（$kgce/m^2$）
办公	28. 16	4. 69	7. 51	40. 36
商场	36	4. 83	6. 14	46. 97
宾馆	28. 19	10. 76	8. 53	47. 48
医疗	38. 32	11. 49	11. 26	61. 07
文化教育	26. 97	10. 24	9. 89	47. 1
其他	53. 52	3. 5	3. 75	60. 77
国家机关	30. 94	2. 66	13. 65	47. 25

分项指标求和法的重要优势在于可以直接利用建筑领域不同能源（分项能耗）的宏观使用经验（统计数据或经验公式等），分别计算建筑各种能源消耗量指标值，而不一定需要每个样本建筑都具有完整的分项能耗值。主要问题在于，建筑因功能、尺度及使用人数等原因，用能结构差异较大。有的建筑电耗、气耗、热耗均有，而部分建筑只有电耗，或者有电耗、热耗但没有气耗或有气耗没有热耗等，因此直接将不同分项能耗的指标直接求和得到综合指标，对部分建筑并不一定公正。然而，北京市公共建筑用能需求类型是一致的，主要涉及夏季空调和冬季供暖，无论是用电还是用热或气来供应，其能耗总量的限值应该是一致的，这样才能逐步整体优化建筑用能、淘汰不合理的用能结构和形式。

2）全能耗样本统计分析法

全能耗样本统计分析法要求已有大量的建筑全能耗数据样本，进行通过统计分析方法，如直接采用平均值或四分位值等，给出全能耗指标。

国家标准《民用建筑能耗标准》(GB/T 51161—2016) 在制定建筑的能耗指标值时采用了此种方法。其以统计分析法为主要方法，取每一类型公共建筑的中位数为约束值，取下四分位数为引导值。同时，以技术测算法用以验证与校核。分析所用的样本来源于2011年全国民用建筑能耗统计数据和能源设计审计。其中，全国共有29个省、市、自治区上报完成了2011年度的民用建筑能耗统计信息，共有公共建筑24051栋（含北京701栋民用建筑）；公共建筑能源审计数据含北京30栋、上海710栋、广东省1636栋、深圳559栋以及陕西省84栋。因此，该国家标准所制定的北京市公共建筑能耗指标实际上主要基于30栋公共建筑的能源审计数据。其给出的寒冷地区办公建筑非供暖能耗指标的约束值和引导值如表5-4所示。

表5-4　寒冷地区办公建筑非供暖能耗指标的约束值和引导值

建筑分类		约束值［kWh/（m^2·年）］	引导值/［kWh/（m^2·年）］
A类	党政机关办公建筑	55	45
	商业办公建筑	65	55
B类	党政机关办公建筑	70	50
	商业办公建筑	80	60

在北京市民用建筑能耗统计课题2018年的统计样本中，共计有351栋大型公共建筑具有完整的分项能耗数据（同时具有电、气和热耗），若按照全能耗样本统计分析法、并取每类建筑的单位面积能耗的平均值作为限额指标（采用箱线图法剔除异常值，与民用建筑能耗统计课题所用方法相同），则办公、商场、宾馆、医疗及文化建筑（均为大型）的限额指标分别为42.8kgce/m^2、38.5kgce/m^2、40.7kgce/m^2、75.1kgce/m^2和158.1kgce/m^2。与民用建筑能耗统计课题给出的指标相比，办公建筑略偏大、文化建筑过大（样本量小）外，其他均偏小。

3）北京市定额指标制定方法

从上述分析看，由于分项指标求和法直接利用建筑领域不同能源（分项能耗）的宏观使用经验（统计数据或经验公式等），而不需要获取逐个建筑的完整分项能耗数据，因此样本量往往较为充足。同时，从指标值比较上看，该方法所给出的指标值相对较为宽松，这更符合北京市能耗限额管理“监督为主、执法仅为手段”的宗旨，利于行政管理。因此，近几年北京市公共建筑能耗限额管理更适合采用分项指标求和法来给出公共建筑能耗限额值，以全能耗样本统计分析法来进行验证和修正。

若直接以民用建筑能耗统计课题给出的指标作为北京市公共建筑全能耗限额，则超额率在38%~76%。其结果如图5-8所示。

（2）全能耗限额方法

全能耗的管理目标是促进高能耗建筑降低用能强度、低能耗建筑维持用能水平不变或减缓增长趋势。从7年多的公共建筑电耗限额管理经验来看，全能耗限额管理方法同样可以从“限额”（以自身历史能耗水平为比较基准）开始，通过“限额与定额相结合”的方法开展考核，待时机成熟后逐步走向完全“定额”的全能耗限额管理方式，以实现上述目标。

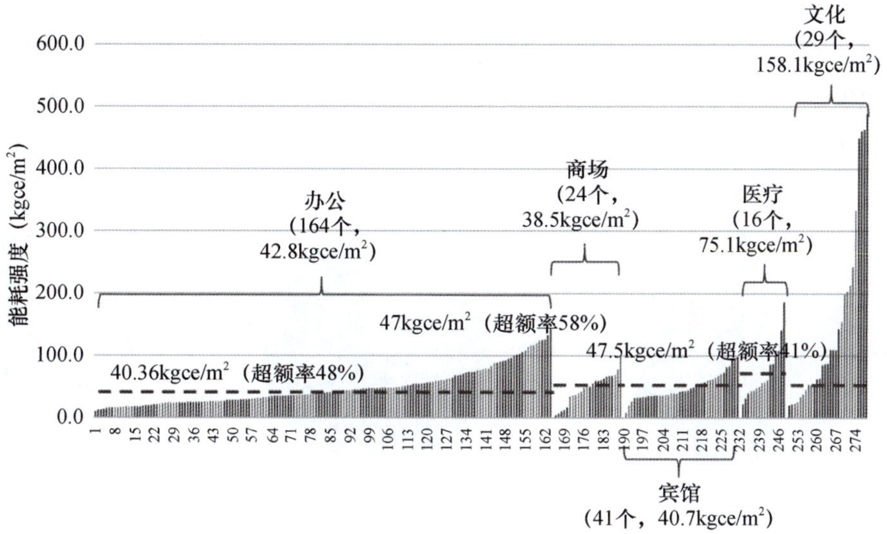

图 5-8 以民用建筑能耗统计课题给出的指标值考核大型公共建筑

1）当前“以自身历史能耗为比较基准”的限额更利于差异化管理。

不同建筑能源结构、用电性质差异大，在能够采集各建筑的全能耗数据以及用电分项计量数据前，不宜为同类建筑制定统一的定额线，以自身历史能耗量为衡量限额的主要基准仍是一种相对科学的手段。

图 5-9 为北京市公共建筑限额管理工作中详细调研的办公、商场和宾馆饭店 3 种类型建筑中电耗占建筑总能耗（热、电、气）的比例，其平均值分别为 76.8%、91.1%、66.5%。其中，商场建筑电耗占比最大、比例相对集中，空调、照明、供配电及信息机房等普遍使用时间长是造成电耗占比大的主要原因。办公建筑冬季供暖用能不以电为主的较多；而宾馆饭店除了冬季供暖用能不以电为主外，餐饮用燃气也占用了一定的比例；因此，办公建筑和宾馆饭店的电耗占比相对较低，且后者相对前者则更低。

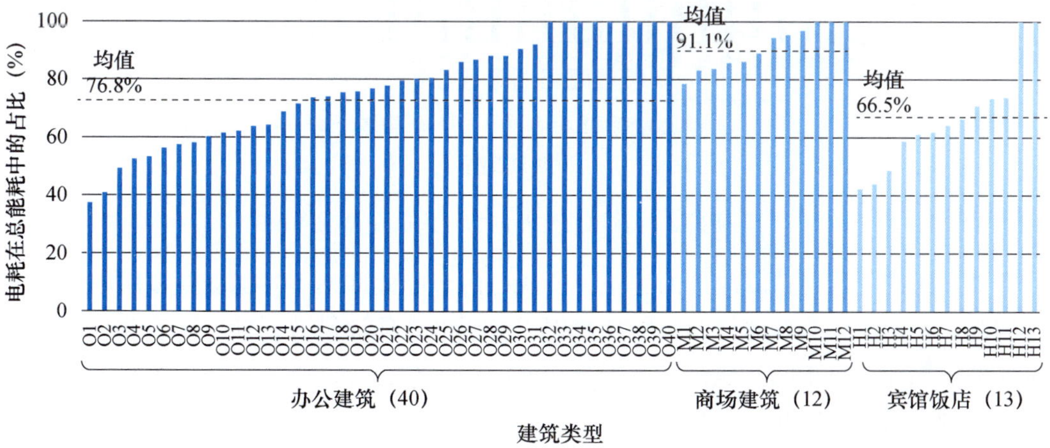

图 5-9 不同类型建筑电耗在建筑总能耗中的占比

造成上述差异的一个主要原因在于冬季的供暖用能差异。以市政热力为主要供暖热源的建筑数量不到总样本数量的50%；采用以电为主的供暖形式，如分体空调、多联机空调、常规电驱动热泵机组、太阳能辅助及地源热泵系统等，超过总样本数的50%；还有约25%的建筑采用了溴化锂吸收式热泵供暖，这种系统形式以燃气为主要能源，如图5-10所示。

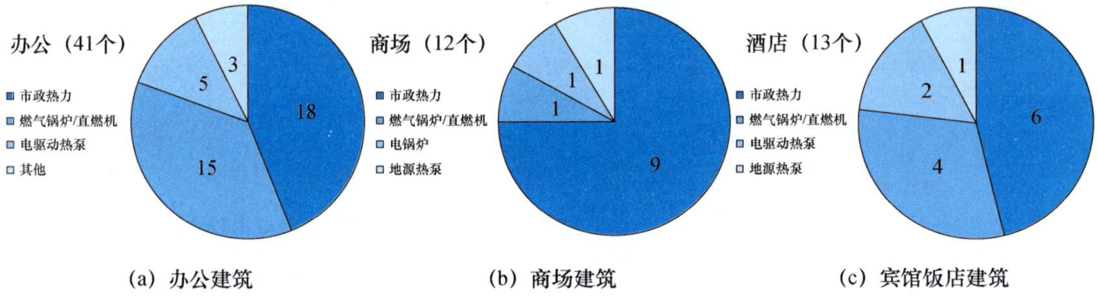

图5-10 调研建筑的供暖系统形式统计结果

另一个主要差异在于特殊用能。根据《民用建筑能耗标准》，特殊用能定义为“公共建筑内设置的高能耗密度的信息机房、厨房炊具等特定功能的用能”。调研中有明确特殊用能数据的建筑，其特殊用电在总电耗中的占比可达1.8%～66%，平均达到22.8%，如图5-11所示，即使是同类建筑，不同的建筑之间的特殊用能在总电耗中的占比也有较大差异，尤其是办公建筑。

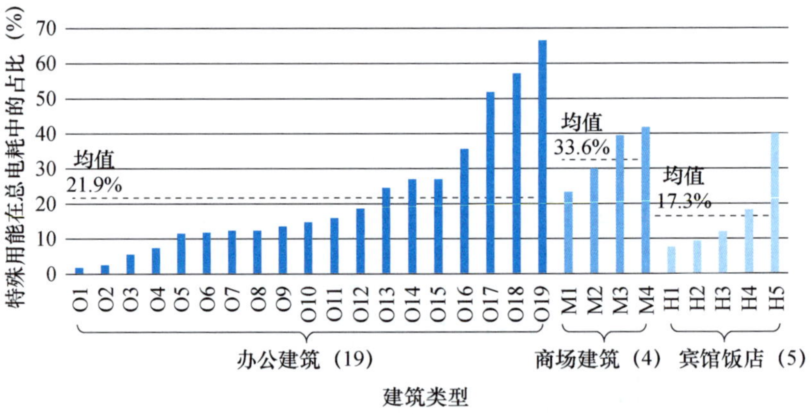

图5-11 调研的含特殊用能建筑的特殊用能在总电耗中的占比

此外，不同年代建造或改造的建筑，所执行的节能标准不一，也会导致用电差异。

因此，在能够采集各建筑的全能耗数据以及用电分项计量数据前，不宜为同类建筑制定统一的定额线。对于同一建筑，由于其用能结构相对稳定，以其自身的历史数据作为基准作为其制定限额，则相对科学。

2）以“同类平均水平为基准统一画线”的全能耗定额能够为建筑节能相关工作提供

统一的指标参考。

从目前国内其他省份出台的相关能耗限额（定额）标准看（表 5-5），均采用了以同类建筑平均水平为基准的统一划线方式，制定的正是北京市公共建筑电耗限额管理中所定义的“定额”，而这些“定额”指标通常是作为建筑节能相关工作（如能效评价、运行性能评估、碳配额等）的参考依据，未见其他省份将其用于政府主导的、持续的全能耗限额管理工作中。因此，北京市同样可以借助民用建筑能耗统计课题已采集的数据，制定北京市公共建筑的能耗“定额”，为公共建筑全能耗管理及其他公共建筑节能相关工作提供统一的指标参考。

表 5-5 各省市相关能耗限额（定额）标准

城市	气候分区	限额对象	发布的文件和时间	执行方式
上海	夏热冬冷	办公建筑	市级机关办公建筑合理用能指南，2011-06	作为建筑节能标准，作为其他相关“办法”的参考依据
		旅游饭店	星级饭店建筑合理用能指南，2011-12	
		商场	大型商业建筑合理用能指南，2011-12	
南京	夏热冬冷	商场、超市、行政机关、宾馆饭店、普通高等院校	南京市主要耗能产品和设备能耗限额和准入指标（2012 版），2012-09	作为相关审批准入门槛，同样是参考依据
深圳	夏热冬暖	办公建筑	深圳市办公建筑能耗限额标准（试行），2013-01	作为建筑运行能耗指标的参考依据，如指导建筑碳核查工作，是制定公共建筑碳配额的依据
		旅游饭店	深圳市旅游饭店建筑能耗限额标准（试行），2013-01	
		商场	深圳市商场建筑能耗限额标准（试行），2013-01	
广东	夏热冬暖	年综合能耗超过 500t 标煤的宾馆和商场	广东省宾馆和商场能耗限额（试行），2013-12	配合以节能监察执法，加强能耗管理，同样是参考依据

3）全能耗限额确定方法可继续沿用《北京市公共建筑电耗限额管理暂行办法》（京建法〔2020〕5 号）电耗限额确定方法（附件 1），其中第 2 条可直接用定额指标值来确定。

2020 年发布的《北京市公共建筑电耗限额管理暂行办法》（京建法〔2020〕5 号）中规定，北京市公共建筑电耗限额依据本建筑历史用电量和本市同类型建筑单位面积电耗平均水平确定：电耗限额取 Q_1（电耗限额待发布年前 5 年历史用电量的平均值下降 2%）和 Q_2（同类型建筑单位面积电耗平均水平乘以建筑面积）中的小值。按照上文所述的“限额为主（自身历史比）+定额为辅（同类水平比）”的全能耗管理实施思路，则全能耗限额确定方法可继续沿用《北京市公共建筑电耗限额管理暂行办法》中的电耗限额确定方法，其中 Q_2 中的“同类型建筑单位面积电耗平均水平”可采用全能耗“定额”指标值。

5.2 管理理念的与时俱进

由于能耗限额管理工作是由政府相关部门直接向公共建筑业主下发限额及考核通知，并通过一系列的政策法规等手段进行管理。对于主管部门而言，每年有大量的信息审核工作，并且每年需要耗费大量人力、物力来采集和校核建筑数据；建筑业主或使用者是在被动接受管理与考核，导致积极性不高。管理者无有效抓手，被管理者则认为其在该项工作中没有真实受益，可持续发展动力不足。因此，可尝试逐步从“行政管理”转向“行政管理与政府服务相结合”的管理方式，强化“政府服务”的公共建筑能耗管理理念，落实“放管服”与优化营商环境新要求。

5.2.1 “行政管理 + 政府服务”相结合

由于建筑行业仍是碳减排的重点领域，建筑节能将成为城市绿色发展的一项常态化工作。因此，现阶段应仍然以“行政管理”作为全能耗限额管理工作的主要抓手，对能耗高、确实超限额的建筑继续开展执法，主要包括：（1）对考核不合格的建筑，责令其所有权人实施能源审计；（2）对未按照要求进行能源审计、未按照规定报送能源审计结果或者报送虚假能源审计报告的，依据《北京市民用建筑节能管理办法》，由住房城乡建设行政主管部门责令改正，逾期不改的，处 1 万元以上 3 万元以下罚款；（3）连续 2 年考核不合格的，市城市管理委将其优先列入有序用电范围，《有序用电管理办法》(发改运行〔2011〕832 号）中明确的优先保障用户除外。住房城乡建设行政主管部门根据《北京市民用建筑节能管理办法》相关规定责令其改正，处 3 万元以上 10 万元以下罚款。

另外，对一些运行管理优秀、能耗强度处于较低水平的建筑及其产权人、运行管理团队等，通过宣传的方式进一步提高优秀项目的显示度，方式包括通过每年的公共建筑电耗限额管理培训及安居北京等微信公众号等，对考核优秀项目进行大力宣传，包括授予此类建筑“节能之星”之类的称号，提高优秀运维团队显示度；举办行业交流会，邀请考核优秀类项目介绍运行经验，对考核不合格建筑运行团队则是一个学习的机会。此外，积极开展专家服务，可通过建立专家库或授权专业/技术服务机构等方式，每年从考核“优秀”“不合格”建筑中抽样，主管部门同专家一起去现场开展调研，挖掘考核“优秀”与“不合格”的原因，并给出下一步改进或改造建议，同样是总结成功的经验和失败的教训以及对考核“优秀”建筑的一种宣传、对考核“不合格”建筑的一次帮扶，是政府主管部门深入基层、切实服务民众的一种较好的方式。

5.2.2 建筑能耗信息参与社会监督

现阶段，由于没有有效的建筑能耗信息披露方式，公共建筑能耗限额管理及自主节能难以引起用能企业足够的重视。2018 年，北京市公共建筑电耗限额管理技术支撑单位面向北京市和江苏省民众开展了调研（共计回收 5199 份问卷，含住宅和办公用户），建筑能效标识被认为是促进建筑节能效果最好的措施，如图 5-12 所示。

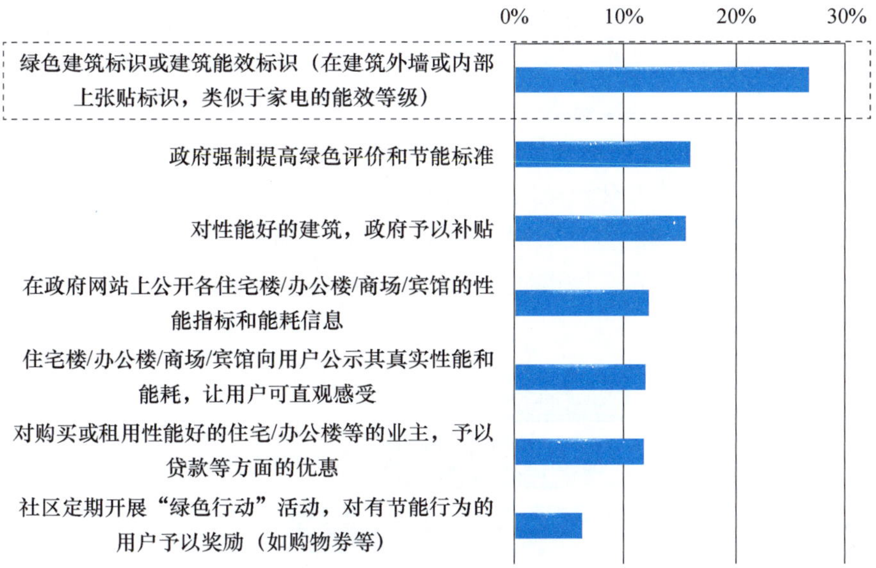

图 5-12 关于效果最好的建筑节能政策的投票

国外发达国家中建筑能效标识制度已发展较为成熟，其主要特点是采用国家立法，结合一系列市场化机制（部分配套财政优惠政策），通过强制和自愿申报的方式来推广，如表 5-6 所示。我国于 2008 年开始要求新建国家机关办公楼、大型公建、示范工程、绿色建筑标识项目开展能效标识测评，属于强制执行，但没有相应的立法和市场化机制，目前我国已颁发的能效标识也均是理论值标识，没有实际值标识。其主要原因是完全依靠政府强制而没有市场化机制推动，评测成本高、建筑企业缺乏积极性。

表 5-6 国内外建筑能效标识发展情况对比

项目	英国（DEC）	日本（BELS）	美国（E-star）	中国（能效标识）
标识	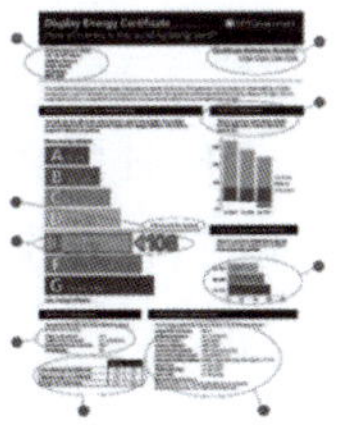		energy ENERGY STAR	
发展现状	2008 年开始，用于公建和住宅，截至 2019 年年底，已登记总财产数的 96%	2016 年开始，用于新建或既改住宅和公建，每年约 8000 余栋新建住宅和 6000 余栋既改住宅认证	1998 年开始，至今已有 36000 栋商业建筑、200 万新建住宅获得了 Energy star 认证	2008 年开始，要求新建国家机关办公楼、大型公建、示范工程、绿色建筑标识开展

续表

项目	英国（DEC）	日本（BELS）	美国（E-star）	中国（能效标识）
推广机制	• 立法：没有 DEC 标识不能出售或租用 • 强制 + 自愿	• 立法：《建筑能效法》 • + 财政优惠，销售和出租优惠 • 强制	• 立法： • 市场：对于销售和出租价格提升最高可达 16% • 自愿	• 规范性文件 • 强制

尽管如此，在北京市公共建筑全能耗限额管理中，仍可借鉴建筑能效标识这种以颜色和区间对建筑能耗进行分级的方法，对限额系统中的建筑全能耗进行分级，如图 5-13 所示，进而可结合限额系统平台、城市地图或手机地图的方式将各建筑的颜色进行公示而不直接公示其详细能耗值。

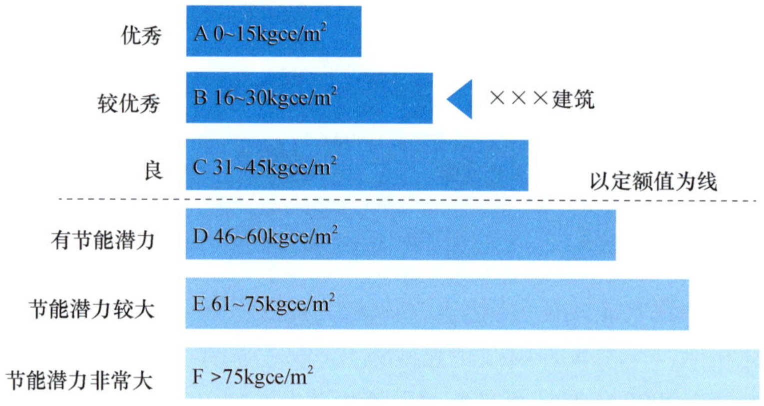

图 5-13　类似于建筑能效标识的能耗信息披露方案

5.2.3　“数据换数据、换服务”的共享模式

研究基于数据库的面向政府部门、企业、建筑业主的大数据应用服务方案，推行“数据换数据”与“数据换服务”的共享模式，使得从数据的采集到应用构成一个完整的回路，形成良性循环，提高建筑节能的发展动能。

（1）建筑能耗数据共享方案

国内外城市级别的建筑能耗相关的对外开放的数据库，除了前文所述上海市的国家机关办公建筑和大型公共建筑能耗监测中心 Web 平台外（仍然是以政府管理服务为主，不服务于科研），较为著名的有美国 BPD（Building Performance Database）建筑能耗数据库[21]、欧盟 BPIE（Buildings Performance Institute Europe）建筑信息数据库（Occupant IEQ Survey Reporting Tool）、英国 BUS-PROBE 数据库（analytIEQs）等，这些数据库的数据包括建筑基本信息、能耗信息，甚至还包括用能系统信息以及室内环境质量，数据类型较为全面、可选维度多，且均为不同程度地对外开放、可下载，图 5-14 为美国 BPD 数据库界面示意图。

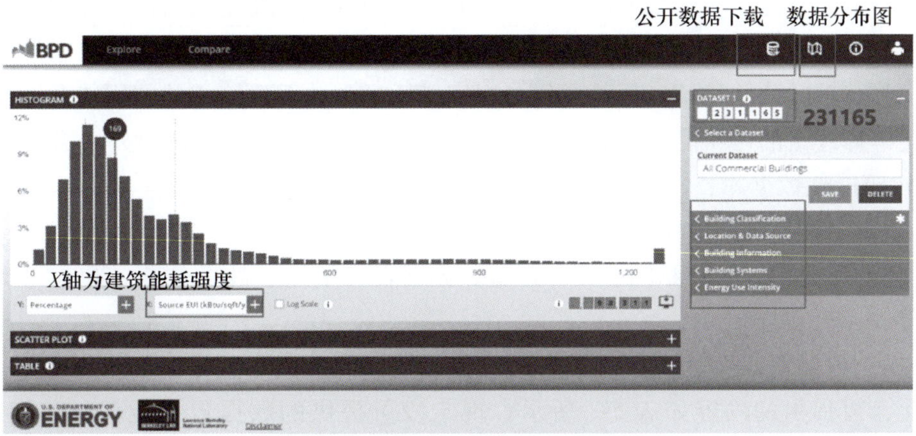

(a) 首页建筑能耗强度柱状图

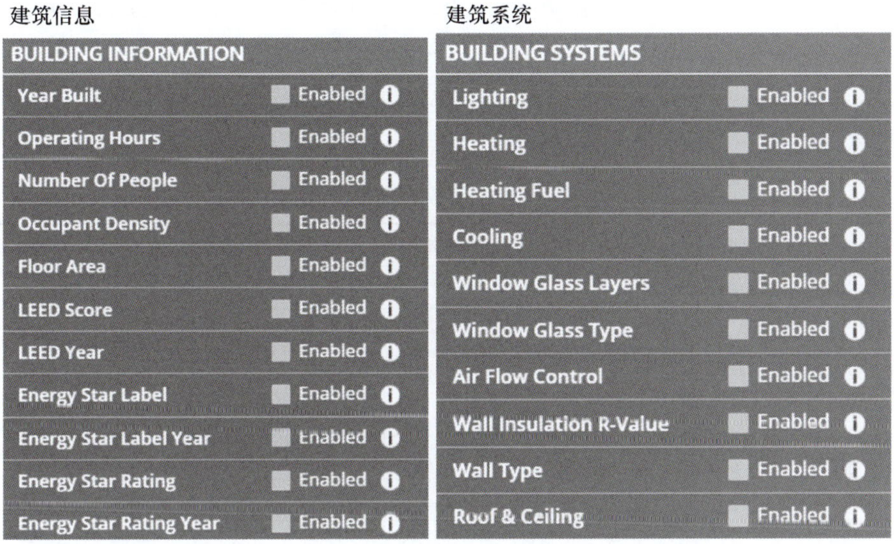

(b) 建筑信息与系统分类

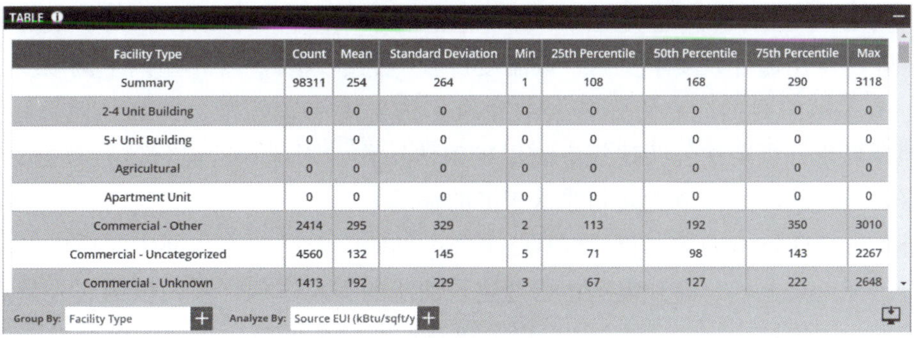
TABLE

Facility Type	Count	Mean	Standard Deviation	Min	25th Percentile	50th Percentile	75th Percentile	Max
Summary	98311	254	264	1	108	168	290	3118
2-4 Unit Building	0	0	0	0	0	0	0	0
5+ Unit Building	0	0	0	0	0	0	0	0
Agricultural	0	0	0	0	0	0	0	0
Apartment Unit	0	0	0	0	0	0	0	0
Commercial - Other	2414	295	329	2	113	192	350	3010
Commercial - Uncategorized	4560	132	145	5	71	98	143	2267
Commercial - Unknown	1413	192	229	3	67	127	222	2648

Group By: Facility Type Analyze By: Source EUI (kBtu/sqft/y)

(c) 公开的统计数据

图 5-14 美国 BPD 建筑能耗数据库

对北京市公共建筑相关数据库而言，绝大多数的数据涉及建筑用户及能源企业的隐私或商业机密，因此，所有对外公开的数据中不宜出现建筑的名称及其详细数据信息（实际上，由于北京市的公共建筑能耗数据仅为逐年能耗量，并无建筑相关的用能系统信息及分项，因此单栋建筑的逐年能耗信息科研意义并不大），但可以选择性对外公开。如参考美国 BDP 建筑能耗数据库：

1）仅提供群体统计数据，而不提供单体建筑数据；

2）公开形式为统计柱状图、四分位图、数据表（平均、最小/25%/50%/75%/最大/偏差）等；

3）提供数据下载接口。

因此，可提供的内容如表 5-7 所示：现阶段可提供的数据包括能耗量、能耗强度、限额、超限额量等，并可从所在区县、建筑类型、建筑面积、竣工年代等维度进行统计，如表 5-7 中“√”所示部分。此外，基于能耗限额管理未来的发展方向及市住房和城乡建设委内部数据整合的考虑，未来可能纳入建筑的室内温湿度数据及用户满意度数据，同时建筑信息也可能增添用能系统、绿色建筑标识等维度数据，如表 5-7 中的“√̲”所示部分。

表 5-7　北京市公共建筑数据库可对外开放的数据

数据	所在区县	建筑类型	建筑面积	竣工年代	用能系统	绿色建筑标识
能耗量	√	√	√	√	√̲	√̲
能耗强度	√	√	√	√	√̲	√̲
限额	√	√	√	√	√̲	√̲
超限额量	√	√	√	√	√̲	√̲
温湿度	√̲	√̲	√̲	√̲	√̲	√̲
用户满意度	√̲	√̲	√̲	√̲	√̲	√̲

其中，增加了温湿度数据的公开，是因在 2006 年《国务院关于加强节能工作的决定》[22]中规定，“所有公共建筑内的单位，包括国家机关、社会团体、企事业组织和个体工商户，除特定用途外，夏季室内空调温度设置不低于 26℃，冬季室内空调温度设置不高于 20℃。有关部门要据此修订完善公共建筑室内温度有关标准，并加强监督检查”。同时，多地在夏季开展夏季公共建筑空调温控执法工作。因此，若能将这些数据对外公开，将对监督公共建筑的运行节能起到非常积极的作用。

此外，绿色建筑发展的真正的红利是节能、健康、舒适的室内环境品质以及用户满意度的提升。无论是能耗、温湿度等，均是建筑性能的客观体现，但归根到底人是建筑的主人，建筑的发展应该“以人为本”，用户主观满意度的高低是一个建筑综合性能好坏的直观体现。因此，未来随着建筑性能后评估技术的发展，用户满意度将必然会被纳入建筑性能的指标体系中，而该信息的公开将同样会极大地推进物业或业主积极提高建筑性能、提高其企业声誉等。

（2）能耗数据可视化方案

通过北京市公共建筑能耗限额管理信息系统向参与先行管理的企业提供能耗数据对比分析可视化结果及报告。通过横向对比分析，可以展示本建筑能耗水平在全市同类型建筑中所处的位置，本建筑各分项能耗（电、气、热）在全市同类型建筑中所处的位置，以及给出在同类型建筑中，应注意的分项，其示意图如图 5-15 所示。

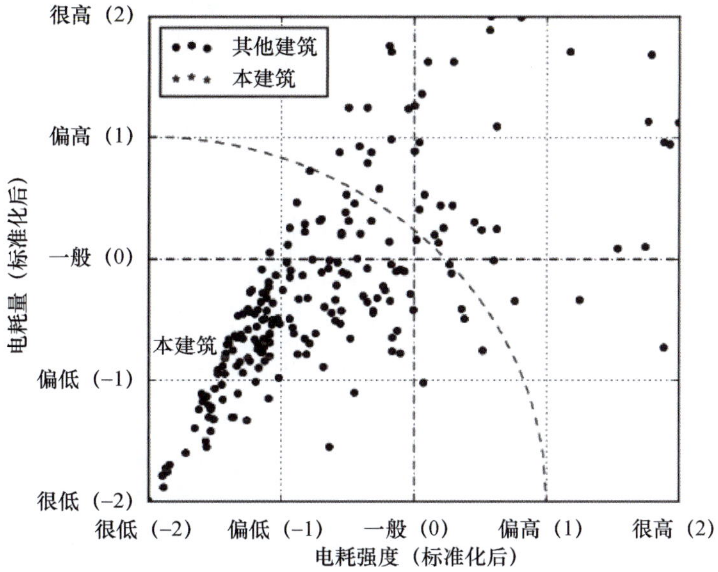

（a）散点图查看本建筑所处的能耗水平[23]

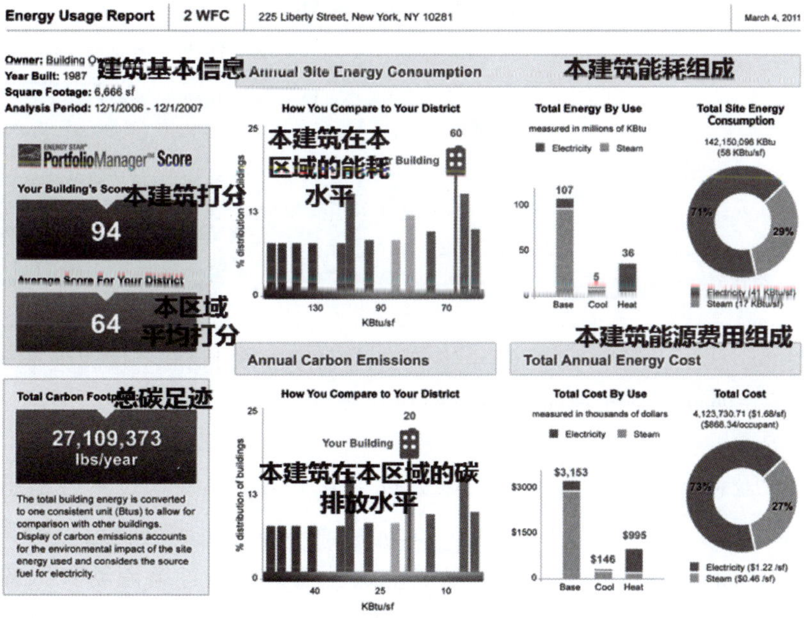

（b）美国Energy star用能公示平台截图

图 5-15 能耗数据可视化方案举例

（3）单体建筑能耗快速诊断方法

对建筑管理者或使用者而言，不仅要知道本建筑与同类建筑相比是否耗能更多，更希望知道耗能更多的原因，进而进行针对性的改造。反过来，政府管理者若能通过已掌握的数据，在找到节能潜力建筑的基础上，为该类建筑的管理者提供节能改造方向上的指导服务，将更有利于形成管理者与被管理者之间的良性互动。然而，当前北京市政府管理部门能够获取的公共建筑能耗（电耗）数据质量相对较低（如时间颗粒度较粗且无分项的建筑能耗数据、未进行客观环境测试的满意度调研数据等），难以开展有效的性能诊断并深入发现运行问题等关键难点。因此，北京市公共建筑电耗限额管理技术支撑单位基于建筑月能耗与室外温度回归模型、室内环境 Kano 回归模型，提出了适用于低质量性能数据诊断的解决思路。

如图 5-16 所示，该方法通过建立月能耗与室外温度回归模型，审查不同季节对应的曲线的起止点温度与能耗量以及曲线斜率等参数［具体意义见图 5-16（b）］，可实现对照明插座基础能耗、建筑冷热负荷、供暖空调系统运行效率、运行策略等建筑运行关键信息进行诊断，快速识别出表现不佳的指标，进而指导建筑管理者或使用者进行定向核查与检测，并采取合理优化措施，提升建筑运行能效。

$$E=\begin{cases} b_0+a_1\ (T-c_1), & T>c_1 \\ b_0, & c_2<T\leqslant c_1 \\ b_0+a_2\ (c_2-T), & T\leqslant c_2 \end{cases}$$

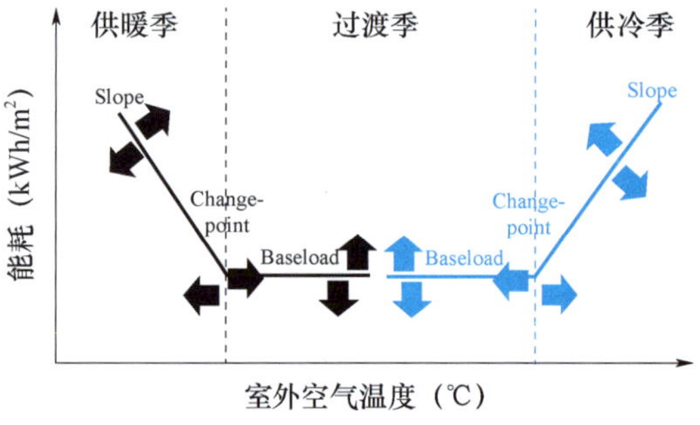

(a)

模型参数	物理意义	对应实际建筑中的物理量
Baseload (b_0)	一年中与室外气候无关的能耗	反映照明、设备、电梯等建筑基础用能，此类用能主要由使用模式所决定，能耗特征与室外气候基本无关
Slope (a_1，a_2)	建筑能耗随室外温度变化的情况	此部分能耗变化主要由于建筑供冷采暖所产生，因此主要和建筑围护结构及空调采暖系统的运行效率的优劣有关
Change point (c_1，c_2)	建筑能耗是否受外温影响的拐点	可以反映建筑在什么时候开始供冷采暖，与系统开启设定温度直接相关，同时也与室内负荷等相关

(b)

图 5-16　基于统计回归的单体建筑能耗快速诊断方法[24]

（4）远期方案

随着未来传感器技术、5G 技术、大数据技术、AI 技术、GIS 技术等信息化技术的发展，“数字城市”将有望于 2035 年之前在发达国家全面实现，届时基于 GIS 等技术，“数字城市”将能全面描述城市基础设施，以及基础设施支撑的各类流动（人流、车流、电力、热力、水及大气等），并能全面描述搭载其上的人和机构信息及开展的经济、文化、社会活动。而建筑作为城市的最主要载体，建筑的基本信息及其能耗数据将成为“数字城市”数据流的重要组成部分，或说大数据资产的重要部分。实际上，多数发达国家与国际一流大都市均已着手布局“数字城市”。

近期，可尝试以房屋全生命周期平台为基础，通过城市 GIS 云图，建立平台内所有建筑的几何模型，并用不同的颜色将各建筑的用能水平从低到高地表示出来并对外公开（图 5-17 为基于 GIS 的美国纽约市建筑功能和用水性能地图），无论是对政府主管部门的节能管理工作，还是建筑用户对建筑性能的可感知，或是对各建筑能源管理主体的监督与节能督促，都将起到非常好的推进作用，并为将来的“数字城市”打下一定的基础。

图 5-17 美国纽约市建筑功能和用水性能地图[25]

此外，随着政府平台、企业与建筑业主的关于建筑基本信息、实际运行数据以及对应的节能改造与运行管理方案等信息逐步完善，将可逐步形成高质量、安全的、可进行数据共享的数据库，进一步推动更多大数据的创新应用，更好地为政府管理者、建筑管理者与使用者以及节能服务行业服务。例如，基于数据库中完善的大量的建筑案例数据信息，包括实际运行效果预测模型的输入指标体系（节能改造与运行管理技术及其边界条件）与输出指标体系（实际运行效果的评估指标，如节能量、节能率及经济性等）等，搭建节能改造与运行管理技术体系与实际运行效果间的映射/预测模型。该模型可实现针对具体的项目，预测单项技术或技术组合对应的节能率。基于此开发数据导向的公共建筑节能改造与运行管理优化软件工具，使得建筑管理者能够分析能效偏低的原因，并根据本项目的实际用能特点选取节能改造与运行管理方案或技术组合，并快速给出对应的节能效果，进而快速确定能效提升的具体方案和技术体系。

5.3 市场化机制的摸索

2020 年，我国承诺力争于 2030 年前实现碳达峰、2060 年前实现碳中和。建筑行业一直被视为碳减排的重要领域，其运行用能导致的碳排放占比达到了28%。

建筑碳排放的概念有广义和狭义之分。广义的建筑碳排放考虑建筑全寿命期的碳排放过程，如我国《建筑碳排放计算标准》(GB/T 51366—2019) 中对建筑碳排放的定义是“建筑物在与其有关的建材生产及运输、建造及拆除、运行阶段产生的温室气体排放的总和，以二氧化碳当量表示”。狭义的建筑碳排放一般指建筑在使用阶段的CO_2排放，这部分碳排放量可占到全寿命期碳排放量的75%～80%，且又可进一步分为直接碳排放和间接碳排放。其中，直接碳排放是指建筑运行过程中为了实现建筑各项服务功能而发生的化石燃料燃烧过程导致的CO_2排放，主要包括建筑内的直接供暖（自建锅炉供暖）、炊事、生活热水、医院或酒店蒸汽等使用煤和天然气等导致的燃料排放；间接碳排放是指外界输入建筑的电力、热力（城市集中供热系统）包含的碳排放。联合国政府间气候变化专门委员会（IPCC）一般将碳排放的来源按照工业、电力、建筑和交通4个行业来划分，在这种语境下建筑碳排放实际上只包含了上述的直接碳排放，而广义的建筑碳排放中所涉及的建材（如钢铁、水泥、玻璃等）生产过程中产生的碳排放被算在了工业领域，建材运输能耗则属于交通排放，建筑施工能耗和碳排放往往所占比例很小。按照IPCC对直接碳排放的界定，我国建筑行业的直接碳排放约占社会总碳排放的13%。

因此，建筑作为用能末端，努力降低其直接碳排放是对落实碳达峰和碳中和的主要贡献。除了逐步提升建筑节能标准、提高系统运行能效外，建筑用能全面电气化是降低直接碳排放的最直接手段。届时，建筑能耗全部是电耗，直接以电价作为抓手来倒逼建筑降低用能需求，或通过构建建筑碳交易市场来激励建筑使用低碳技术、通过减碳来获益，将有望成为公共建筑落实碳达峰和碳中和目标的关键路径。

5.3.1 公共建筑阶梯电价

2013年北京市市政府颁布了《北京市公共建筑能耗限额和级差价格工作方案（试行)》，提出了关于公共建筑能耗限额管理工作的3个实施方案：一是开展能耗限额管理基础工作，包括建立并完善公共建筑基础信息库和加强能耗计量、监测和统计工作；二是制定能耗限额指标并开展节能目标考核；三是向国家主管部门申请开展试点，实施公共建筑超限额用能级差电价制定，增加超限额用能建筑的用能成本。可见，极差电价（阶梯电价）的市场机制是北京市公共建筑能耗限额管理的一个可以探索的路径。

（1）加价方案

2018年，北京市公共建筑电耗限额管理团队基于近年北京市公共建筑能耗限额管理工作的经验与数据基础，借鉴国内外能源阶梯价格已有的研究方法及政策经验，探讨了4种北京市公共建筑阶梯电价方案，分别是基于覆盖率的起步方案（方案1如表5-8所示)、基于覆盖率的起步并强调节能方案（方案2如表5-9所示)、基于平均水平的基本保障方案（方案3如表5-10所示）以及基于平均水平并强调节能方案（方案4如表5-11所示)。

表 5-8 方案 1：基于覆盖率的起步方案

档位	第一档	第二档	第三档
电耗强度节点	覆盖 80% 用户	覆盖 95% 用户	覆盖 100% 用户
电价提升（基于基本价）	0 元	+0.05 元	+0.3 元

表 5-19 方案 2：基于覆盖率的起步并强调节能方案

档位	第一档	第二档	第三档
电耗强度节点	覆盖 80% 用户	覆盖 95% 用户	覆盖 100% 用户
电价提升（基于基本价）	0 元	+0.2 元	+0.5 元

表 5-10 方案 3：基于平均水平的基本保障方案

档位	第一档	第二档	第三档
电耗强度节点	平均值 60%	平均值	超出均值用户
电价提升（基于基本价）	75% 基本价	基本价	+0.3 元

表 5-11 方案 4：基于平均水平并强调节能方案

档位	第一档	第二档	第三档
电耗强度节点	平均值 60%	平均值	超出均值用户
电价提升（基于基本价）	0 元	+0.05 元	+0.3 元

表 5-12 为 4 种方案实施后不同档位的数量占比、电量占比以及增加的总电费（按照 1～10kV 电压等级的高峰电价 1.3607 元/kWh 计算[26]）。可以看到，实施阶梯电价后，方案 2 和方案 4 增加的总电费基本相当，远高于方案 1 和方案 3。

表 5-12 4 种方案的实施效果计算结果

方案	档位	数量占比（%）	电量占比（%）	阶梯电价前后增加的总电费 ΔC（亿元）
方案 1	一档	72.2*	36.6	0.0
	二档	13.6	16.2	0.3
	三档	14.2	47.2	17.6
	合计	100.0	100.0	**17.9**
方案 2	一档	72.2	36.6	0.0
	二档	13.6	16.2	1.2
	三档	14.2	47.2	30.6
	合计	100.0	100.0	**31.8**
方案 3	一档	28.4	3.9	-2.6
	二档	21.6	11.8	-5.9
	三档	50.0	84.3	17.5
	合计	100.0	100.0	**9.0**

续表

方案	档位	数量占比（%）	电量占比（%）	阶梯电价前后增加的总电费 ΔC（亿元）
方案 4	一档	28.4	3.9	0.0
	二档	21.6	11.8	0.3
	三档	50.0	84.3	32.0
	合计	100.0	100.0	**32.3**

＊ 尽管一档节点值是按照 80% 覆盖率设计的，但由于在选取该节点值前剔除了一些异常大值，使节点值偏小，因而最终并未覆盖原始样本集中的 80% 用户；95% 节点值类似。

按照加、减价数量及电量比分析 4 种方案的实施效果，如表 5-13 所示：1）方案 1 加价数量和加价电量均较小，加价幅度小，总费用增加较少；2）方案 2 尽管加价数量和加价电量均较小，但加价幅度最大，总费用增加较多；3）方案 3 既有加价又有减价，但由于一档减价导致位于一档和二档区间总电费不增反降，导致总费用增加最少；4）方案 4 尽管加价幅度不如方案 2，但加价数量和电量均最大，总费用增加最多。

表 5-13　4 种方案的实施效果对比

档位	加价数量占比＊（%）	减价数量占比（%）	加价电量占比（%）	减价电量占比（%）	阶梯电价前后增加的总电费 ΔC（亿元）	阶梯电价前后总电费增加幅度（%）
方案 1	27.9	0	63.4	0	17.9	6.6
方案 2	27.9	0	63.4	0	31.8	11.8
方案 3	50.0	28.4	84.3	3.9	9.0	3.4
方案 4	71.6	0	96.1	0	32.3	12.0

＊ 被加价的建筑数量占样本集中所有建筑数量的比例，表中其他类似概念可参考本定义。

在研究过程中，北京市发展和改革委员会价格处建议最高加价不要超过 0.5 元，因此没有设计更高加价的方案。同时，政府管理部门提出公共建筑阶梯电价政策的初衷是“推动公共建筑运行管理节能，但尽量降低大部分用户的电费负担，同时考虑电力系统的可接受度”，即：加价应有一定的梯度，对高耗能用户应具有较大的刺激性，但同时避免加价的覆盖面过高，而减价会让电力系统难以接受。因此，从实施效果看，方案 2 为最优。其中，增加的总电费可一部分用于电力公司因转向实施阶梯电价政策而增加的成本；另一部分则可取之于民、用之于民，如用于公共建筑节能改造的奖励或补贴资金等。

（2）降价方案

2019 年，国家出台了一系列降低一般工商业电价的政策，最新的如《国家发展改革委关于降低一般工商业电价的通知》（发改价格〔2019〕842 号），因此上述加价方案实际是与国家降电价政策相违背的，也是一种惩罚性措施。因此，团队探讨了另一种方案，即每年对考核优秀的建筑降低一定的电价，形成对考核优秀建筑的奖励，激励更多的建筑开展节能管理，强化考核优秀建筑的模范带头作用，同时也是与国家降电价政策是一致的。

若以北京市最新的一般工商业电价（1～10kV）[27]为计算基准，以2019年678个考核优秀建筑（总电量为1.66亿kWh）为例，从5%～15%不同的降价幅度，可减少的电费从639万元到1917万元不等，如表5-14所示。若采取10%的降价幅度，则考核优秀建筑的总电费可减少1278万元，平均每个建筑可减少1.88万元。

表5-14 不同降价方案估算结果

方案	降价幅度（%）	降后电价（平段为例，元）	电价降低（元）	减少电费（万元）
1	5	0.7312	0.0385	639
2	10	0.6927	0.0770	1278
3	15	0.6542	0.1155	1917

在此方案基础上，还可将降价对象扩展到图5-16中能效在“良”以上的建筑，并可针对“良”“较优秀”和“优秀”3个区间的建筑设计3种电价降价幅度，能效等级越高、降价幅度越大。

5.3.2 公共建筑碳交易

2018年12月，由国际能源署和联合国环境署发布《2018年全球现状报告——塑造零排放、高效和有弹性的建筑建造行业》指出，建筑和建造行业的温室气体排放量在过去几年间或已达到峰值。通过向节能技术转型，能源效率得到了极大提升。然而，建筑行业——全球经济活动的重要引擎——仍然占据与能源相关的二氧化碳排放总量的38%，以及最终能源消耗量的35%。

2020年9月，在七十五届联合国大会上，国家主席习近平指出，中国将提高国家自主贡献力度，采取更加有力的政策和措施，二氧化碳排放力争于2030年前达到峰值，努力争取2060年前实现碳中和。

对于北京市而言，由于大部分工业被疏解出北京，因此建筑行业将同交通行业一起成为碳减排的重要途径。

（1）国内碳交易试点

2013年6月，深圳碳排放交易试点开市交易，随后在11月，上海、北京碳排放交易试点也相继开市。如表5-15所示。

表5-15 国内碳交易试点情况

省市	开市时间	配额分配
北京	2013-11-28	• 重点排放单位 • 年综合能耗2000t标准煤（含）以上
深圳	2013-06-18	首个正式启动交易试点的城市 635家工业企业和200栋大型公共建筑

续表

省市	开市时间	配额分配
上海	2013-11-26	钢铁、化工、宾馆等 191 家企业
湖北	2014-04-02	电力、热力、钢铁等 12 个行业
广东	2013-12-16	—
天津	2013-12-26	钢铁、化工、电力、热力、石化、油气开采 6 个行业，2 万 t 以上
重庆	2014-06-19	254 家年碳排放超过 2 万 t 二氧化碳的工业企业

从各省市情况总结来看：1）几大试点地区碳交易进展顺利；2）尚没有建筑节能项目碳交易的公开报道；3）公共建筑交易主体分布广且规模小；4）节能量基准线和领先值难以确定。

深圳市在启动碳排放交易试点时，纳入了 200 栋大型公共建筑，其交易机理如图 5-18、表 5-16 所示，表 5-17 展示了深圳市建筑碳交易机制与北京市公共建筑能耗限额管理现状。可以看到，深圳市的碳配额是以能耗限额线为基准的，其目的是通过建筑碳交易这种市场机制保障高能耗建筑降低用能强度、低能耗建筑维持用能水平不变并减缓增长趋势。

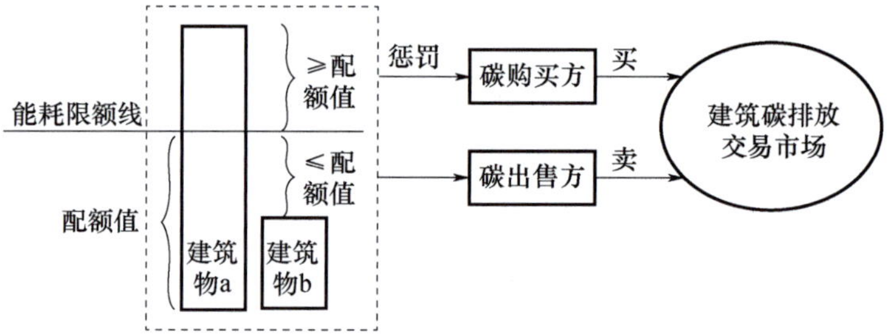

（a）碳交易机理

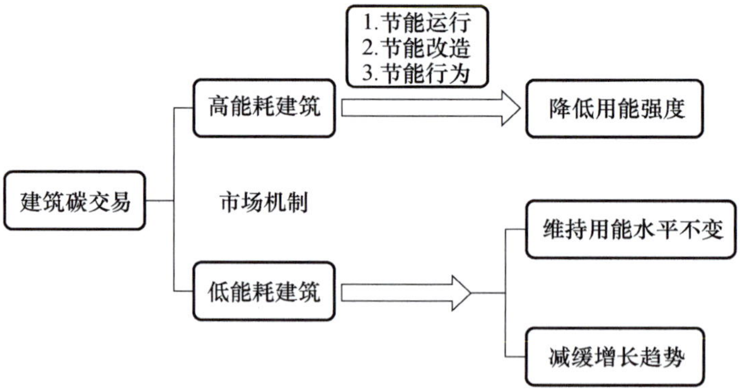

（b）碳交易作用机理

图 5-18 深圳市建筑碳交易经验[28]

表 5-16 建筑碳交易模式分析

交易模式	总量控制与交易
建筑类型	既有大型公共建筑
交易主体	公共建筑所有权人或使用者
基准线	根据公共建筑历年排放数据、预期的温室气体减排目标等因素共同确定
交易性质	强制性
鼓励机制	如果参与者能把排放量降低到限额以下，那么在限额以下的减排额可以在市场上出售并获得减排收益。反之，如果无法达到履约目标则面临惩罚
资金来源	强制参与的交易主体
前提条件	① 排放限额需定在合理水平； ② 在系统建立初期，应对交易主体的经济能力进行评估，确保减排行动和惩罚行动在经济承受范围之内； ③ 交易主体的数量不能太少，否则缺乏足够的市场规模，无法形成交易； ④ 配额分配科学合理，MRV 机制简单易行

表 5-17 深圳市建筑碳交易机制与北京市公共建筑能耗限额管理现状

	深圳市建筑碳交易机制	北京市公共建筑能耗限额管理
对象	以单体建筑面积 2 万 m^2 的大型公建及 1 万 m^2 以上的机关办公建筑	单体面积超过 3000m^2 的公建（限额系统内）
核算边界	• 建筑物物理边界 • 运行能耗（引起的碳排放）	一致
数据来源	能耗数据通过能源账单获取，简单易行	一致
交易主体考虑	公共建筑的归属和使用复杂性，“由易到难，分步实施”，第一阶段为国家机关办公、单一业主的公建	碰到的问题一致
碳配额	建筑能耗限额值作为碳排放强度的控制指标（全能耗，定额，所有能耗折算成电耗）：配额 = 能耗限额值 × 能耗排放因子 × 建筑面积	限额，正在向全能耗、定额过渡（若以限额方法定碳配额，对于本身能效高、能耗量小的建筑，配额较小，不公平）

（2）配额基准线

待《北京市公共建筑能耗限额标准》出台后，将可直接用能耗限额指标作为其确定配合基准线的依据。

（3）能耗数据

北京市公共建筑多平台并轨后的大平台，将来可作为公共建筑碳交易的数据来源。

（4）公共建筑碳交易量试算

按照《北京市碳排放权交易管理办法（试行）》规定，北京市行政区域内的固定设施和移动设施年二氧化碳直接排放与间接排放量合计 5000t 标准煤（含）以上的企业、事业、国家机关及其他单位为重点碳排放单位，年综合能源消费总量 2000t 标准煤（含）以上的企业、事业单位、国家机关及其他单位为报告单位，应在规定的时间内按照要求向市生态环境局提交年度碳排放报告。

以办公建筑为例，按照北京市民用建筑能耗统计课题给出的办公建筑分类能耗指标，以及文献[29]中给出的北京市各类能源碳排放因子（电力为0.604kgCO_2/kWh，燃气为2.162kgCO_2/m^3，热力为57.4kgCO_2/GJ）计算得到办公建筑的年综合碳排放量为83.7kgCO_2/m^2，如表5-18所示。

表5-18 北京市办公建筑能耗及碳排放指标

建筑功能	电力（kWh/m^2）	天然气（m^3/m^2）	集中热力（GJ/m^2）	综合能耗（kgce/m^2）	综合碳排（kgCO_2/m^2）
办公	105.76	3.05	0.23	42.39	83.7

按照表5-18中的综合能耗指标计算，则1个6万m^2的办公建筑，1年综合能源消费总量约为2550吨标准煤，直接碳排量约为5100吨CO_2（达到重点碳排放单位的标准），通过按节能改造、运行节能等降15%计算，则1年可富余配额（在综合碳排放指标基础上减少碳排放量）为765吨CO_2，按照现在平均碳价60～80元/t，则1年获碳交易费用为4.6万～6.1万元，不到改造费用的0.1%（按照北京市公共建筑节能绿色化改造工作中的统计数据，公共建筑实现单位公斤标准煤节能量的改造成本约为15.2元）。

可见，当前公共建筑碳交易面临的主要问题是公共建筑单体的运行碳排放量过小，不足以形成足够的市场动力。可能的解决途径包括：1）调整参与主体，由现阶段能耗限额管理实行的建筑单体参与转变为重点产权人参与，打包建筑群来参与；2）调整碳配额价格，建筑行业减排难度相对工业减排要高得多，适当提高建筑碳交易价格，提高市场主体参与的积极性。

附录 1 国内公共建筑能耗限额管理工作调研汇总表

序号	省市	限额相关标准	限额方法	限额管理相关政策
1	北京市	《民用建筑能耗指标》(DB11/T 1413—2017) 《北京市公共建筑电耗限额管理暂行办法》(2014/2020)	1. 综合理论计算和模拟、结合实际运行能耗数据校核给出，主要用于能效测评； 2. 以自身历史电耗水平比较为主、以同类平均水平比较为辅的限额制定方法，用于限额管理	《北京市公共建筑电耗限额管理暂行办法》(2014/2020)，建立北京市公共建筑电耗限额管理信息系统，逐年对范围内的建筑进行限额考核，并对考核“优秀”和“不合格”建筑进行公示
2	深圳市	《深圳市公共建筑能耗标准》(SJG34—2017)	建筑能耗强度的样本平均值和样本标准差，结合限额水平（统计方法）	1. 逐年开展大型公共建筑能耗监测，截至 2019 年底，深圳市公共建筑能耗监测平台接入国家机关办公建筑和大型公共建筑数量累计达到 599 栋； 2. 2017 年编制能耗标准，一个重要目的是服务于深圳市建筑碳排放权交易工作的开展，本标准给定的各类公共建筑能耗限额值是深圳市开展公共建筑碳交易中确定各公共建筑碳配额的重要依据
3	广东省	《公共建筑能耗标准》(DBJ/T 15 - 126—2017) 《公共建筑能耗限额编制方法》(DBJT15 - 108—2015)	建筑能耗强度的样本平均值和样本标准差，结合限额水平（统计方法）	2012 年《广东省“十二五”节能减排综合性工作方案》第四十五条规定：建立健全能耗限（定）额标准体系
4	山东省	《机关办公建筑能耗限额标准》(DB37/T 5077—2016) 《商务办公建筑能耗限额标准》(DB37/T 5078—2016) 《医院建筑能耗限额标准》(DB37/T 5079—2016) 《宾馆酒店建筑能耗限额标准》(DB37/T 5076—2016)	建筑能耗强度的样本平均值和样本标准差，结合限额水平（统计方法）	1. 2016 年制定相关建筑能耗限额标准； 2. 2018《山东省公共建筑能效提升重点城市项目管理办法》，相关限额标准指导公共建筑节能改造工作

续表

序号	省市	限额相关标准	限额方法	限额管理相关政策
5	江苏省	无	无	1. 2019 年组织申报 2020 年度省级建筑节能专项引导资金奖补项目的通知中，将“公共机构建筑能耗定额制定与推进机制研究”作为一大科技支撑项目方向，要求提交 4 ~ 5 部不同类型的公共机构建筑能耗定额标准（建议稿），完成公共机构能耗定额机制应用试点示范不少于两个； 2. 2014 年无锡市发布《关于无锡市机关办公建筑实施能耗限额（试行）的通知》，开始在单体建筑面积在 3000m^2 以上且公共建筑面积占该单体建筑总面积 50% 以上的机关办公建筑中率先实施能耗限额管理，能耗限额考核不合格不能参加文明单位的评选。从 2015 年开始，无锡市有关部门还将于每年的 4 月 30 日前按类别发布全市机关办公建筑单位建筑面积能耗均值；2018 年 5 月，“无锡市公共建筑能耗限额制定”课题顺利通过江苏省住建厅验收（中位数、上下四分位值）；2018 年 11 月，无锡市组织公共机构建筑能耗限额管理培训，分享了关于公共机构建筑能耗限额管理的研究成果。（根据与相关课题研究人员交流，表示限额管理至今没有真正开展考核工作，主要原因是没有相关法规政策） 3. 2019 年，镇江市住建部门正积极推进省级课题《镇江市机关办公建筑能耗限额标准研究及制定》编制工作
6	河南省	《公共机构能耗定额　第 1 部分：党政机关》(DB41/T 1960—2020)	统计法：取下 1/5 分位数、中位数和上 1/5 分位数，确定为约束值、基准值和引导值	适用于党政机关运行过程中能耗的计算与考核
7	上海市	无		1. 逐年开展国家机关办公建筑和大型公共建筑能耗监测，已完成了 1 个市级平台、17 个区级分平台和 1 个市级机关分平台在内的公共建筑能耗监测系统，截至 2019 年 12 月 31 日，全市累计共有 1780 栋公共建筑完成用能分项计量装置的安装并实现与能耗监测平台的数据联网，覆盖建筑面积达 8236. 1 万 m^2； 2. 已见公开发表的关于上海市大型公共建筑用能定额研究的文章

续表

序号	省市	限额相关标准	限额方法	限额管理相关政策
8	河北省	《河北省公共机构能耗定额标准》(DB13（J）/T 8353—2020)	统计法：取下 1/5 分位数、中位数和上 1/5 分位数，确定为约束值、基准值和引导值	2020 年 10 月 1 日实施该标准，进一步规范河北省公共机构用能行为，引导公共机构持续提高能源利用效率
9	浙江省	《行政机关单位综合能耗、电耗定额及计算方法》(DB33/T 736—2015) 《医疗机构单位综合能耗、综合电耗定额及计算方法》(DB33/T 738—2009) 《商场、超市单位电耗、综合能耗限额及计算方法》(DB33/759—2009) 《饭店单位综合能耗、电耗限额及计算方法》(DB33/760—2009)	未知	1. 2010 年《浙江省超限额标准用能电价加价管理办法》第三条：对能耗超过限额标准 1 倍（含）以内的，电价加价标准由省物价局会同电监会浙江监管办确定；对能耗超过限额标准 1 倍以上的产品，比照淘汰类电价加价标准执行。 2. 2016 年《浙江省绿色建筑条例》(人大立法）第二十四条：省节能主管部门应当会同省建设主管部门制定公共建筑能耗限额标准，并向社会公布。县级以上人民政府节能主管部门所属的能源监察机构应当重点对国家机关办公建筑和总建筑面积 10000m^2 以上的其他公共建筑能耗限额执行情况进行节能监察。对超过能耗限额的公共建筑，按照国家和省有关规定实行惩罚性电价政策，并由县级以上人民政府节能主管部门责令限期整改。 3. 2019 年宁波市《关于实施我市公共建筑能耗限额管理的通知》，宁波市公共建筑能耗限额管理的对象为电力用户，即与电力公司结算电费的建筑所有权人、建筑物实际使用单位或受委托的运行管理单位。 (1）统计对象为建筑面积≥3000m^2 的城镇单体公共建筑用电； (2）各类公共建筑所有权人、建筑物实际使用单位或受委托的运行管理单位，应结合本单位上一年度连续 12 个月（1—12 月）与供电部门结算的电费账单，根据附件 2 的计算方法对本单位的单位面积年用电量进行自查，当用电超出限额值 15% 以上时，应自行组织或以合同能源管理实施节能改造； (3）连续 2 年超出用电限额 15% 以上的公共建筑，由市级能源监察机构根据《浙江省绿色建筑条例》第二十四条实行惩罚性电价，并责令限期整改

续表

序号	省市	限额相关标准	限额方法	限额管理相关政策
10	湖南省	《行政机关能耗限额及计算方法》(DB43/T 613—2016) 《商场、超市能耗限额及计算方法》(DB43/T 614—2016) 《医疗机构能耗限额及计算方法》(DB43/T 614—2015)	与国内其他省市对标，结合自身用能特点及节能要求制定定额指标	无
11	重庆市	《机关办公建筑能耗限额标准》(DBJ50/T－326—2019)	建筑能耗强度的样本平均值和样本标准差，结合限额水平（统计方法）	1. 2020《重庆市绿色建筑创建行动实施方案》，重点任务“（三）提升建筑能源资源利用水平”——推动公共建筑绿色化改造，创新用能管理机制，按照大数据、智能化发展要求，指导相关行业主管部门建立超限额通报机制，倒逼公共建筑业主单位或使用单位实施绿色化运行管理； 2. 2007《重庆市建筑节能条例》“制定国家机关办公建筑和大型公共建筑的单位能耗限额”
12	福建省	《福建省公共建筑能耗标准》(DBJ/T13－267—2017)	电耗强度分布累计概率，将累计概率在 0. 75 ~ 0. 90 之间对应的水平作为用能定额指标	2019 年“关于进一步做好绿色建筑与建筑节能工作的通知”：加快公共建筑节能监测平台建设，积极引导新建机关办公建筑、单体建筑面积 10000m^2 以上绿色公共建筑、公共建筑节能改造示范项目安装建筑用能分项计量装置，推进市、省节能监测平台联网（无限额管理相关工作）
13	天津市	《天津市公共建筑能耗标准》(DB/T 29－249—2017)	约束值的确定是根据统计样本的均值、能耗模拟修正及专家意见的方向性修正综合得出；推荐值、引导值是根据各类建筑的节能潜力大小结合样本分布特征综合确定	2020 年《天津市绿色建筑创建行动实施方案》：发挥大数据信息优势，掌握公共建筑用能情况，研究各类型公共建筑能耗限额标准
14	广西壮族自治区	《广西公共建筑用能限额标准》2019 年 12 月验收	未知	1. 对国家机关办公建筑和大型公共建筑能耗予以公示； 2. 《广西公共建筑用能限额标准》针对国家办公机关、医疗卫生类和教育类、场馆类等七类建筑因地制宜地制定了用能限额指标

续表

序号	省市	限额相关标准	限额方法	限额管理相关政策
15	安徽省	《医院综合能耗限额及计算方法》(DB 34/T 3598—2020)	未知	2014 年，提出“开展大型公共建筑能耗限额管理试点，探索超限额用能用电差别化定价机制。一旦超过定额用能，单位将为超出部分付出高价”的计划
16	江西省	无		截至 2020 年，全省公共建筑能耗监测项目累计达到 260 个
17	吉林省	《吉林省公共建筑能耗限额标准（试行）》2012	未知	无
18	宁夏回族自治区	2020 年《宁夏公共机构能耗定额标准》通过专家评审	未知	1. 《宁夏公共机构能耗定额标准》出台了机关（公检法）、教育、卫生类的能耗定额标准，并针对公共机构信息机房、大型医疗设备、中央空调等能耗特殊用能区域，设置了不同的用能标准以支撑节能工作； 2. 自治区党委政府高度重视能源资源节约，进一步加大了对公共节能工作的考核力度，公共机构节能效能目标考核权重为 1 分。下一步，将通过高质量节能标准的持续落地，实现对公共机构的用能情况进行初步分级，进一步加大对约束值上下的公共机构用能的指导和约束力度

附录 2　北京市公共建筑电耗限额管理信息系统子系统功能清单

公共建筑能耗限额管理系统			
模块	功能点	功能小点	具体内容
企业认楼	楼栋信息	查询	实现查询楼栋信息的功能
		录入	实现录入楼栋产权单位、使用单位、物业单位、电表信息的功能
		修改	实现修改楼栋产权单位、使用单位、建筑运行管理单位、电表信息的功能
		删除	实现删除楼栋产权单位、使用单位、建筑运行管理单位、电表信息的功能
	企业认楼		实现对系统已存在楼栋进行认领的功能
	企业信息	修改	实现修改企业信息的功能
	企业授权管理及后续权限分配处理	授权	产权单位对未授权楼栋进行授权
		取消授权	产权单位对已授权楼栋进行取消授权
	认楼审核	审核	实现各级角色对楼栋认领情况进行批示，填写审核意见的功能
能耗限额管理	指标下发	指标生成	实现生成能耗限额指标的功能
		限额调整计算	系统提供以下限额值算法：和上一年限额值相同，并根据上一年限额调整
		指标下发	实现将生成指标下发给企业的功能
		限额数据管理	实现导入能耗限额数据的功能
	限额签收	年度签收数据信息管理	企业可对限额值进行签收
		签收数据查询分析	可通过建筑名称/地址、建筑编号、公建类型、选择区、选择街镇、年份来查询能耗限额数据
	限额异议	异议申请	企业用户展示异议申请信息及所处流程节点、处理情况，可对退回异议内容重新编辑并提交
		异议申请处理与限额调整	异议处理过程中，可调整限额
		异议申请受理	区级主管部门实现对异议申请进行受理，可提交至上级部门进行审核，可退回企业
		异议申请初审	科研所实现对异议申请进行初审，可提交至上级部门进行审核，可退回企业
		异议申请终审	市级主管部门实现对异议申请进行终审，可进行调整限额值操作，可退回企业

续表

模块	功能点		功能小点	具体内容
限额考核	考核管理	优秀名单公示	区、企业确认优秀名单	区级主管部门、企业用户对优秀名单进行确认
			公示名单	实现生成最终优秀名单功能
			优秀名单查询	实现优秀名信息查询的功能
		1年超限额	查询1年超限额名单	实现查询1年超限额名单功能
			下发1年超限额名单	实现下发1年超限额名单功能
		2年超限额	查询2年超限额名单	实现查询2年超限额名单功能
			下发2年超限额名单	实现将2年超限额名单下发给区县功能
	异议审核		考核结果查询	实现企业查看所管楼栋的超限额详情、考核结果功能
			超限额异议申请	实现超限额异议申请功能
			超限额异议提交	实现对退回异议内容重新编辑并提交功能
			超限额异议查询	实现超限额异议查询功能
			超限额异议受理	实现超限额异议受理功能
			超限额异议初审	实现超限额异议初审功能
			超限额异议终审	实现超限额异议终审功能
	能源审计		上传能源审计报告	实现对于需要整改的楼栋，上传能源审计报告，填报整改意见功能
			查看能源审计情况	实现查看能源审计告知书、审计报告等功能
数据管理	电表管理		查询	实现电表数据查询功能
			详情	实现展示电表数据详情功能
	建筑管理		查询	实现建筑信息查询功能
			新增	实现建筑信息新增功能
	企业管理		新增	实现企业的信息的新增功能
			查询	实现企业的信息的查询功能
信息交流	通知公告查询		查询	实现企业查询通知公告信息功能
	通知公告管理		新增	实现市级主管新增公告功能
			删除	实现市级删除公告功能
	内部信息交流			实现各级用户可互相收发邮件功能
系统管理	用户管理		新增用户	实现用户新增功能
			删除用户	实现删除用户功能
			修改用户	实现密码修改功能
	角色管理		新增角色	实现新增角色功能
			修改角色	实现修改角色功能
			删除角色	实现删除角色功能

续表

模块	功能点	功能小点	具体内容
统计分析	异议统计		实现对提出异议的单位数目进行统计，分别分区进行统计功能
	建筑统计		实现建筑统计功能
	考核统计		实现考核统计功能
	能耗统计		实现能耗统计功能
北京市公共建筑节能绿色化改造项目管理系统			
项目信息统计	项目信息统计		实现项目信息统计功能
能耗排名	能耗排名		实现能耗排名功能
报表输出	节能改造报表输出		实现各区节能改造一览表输出功能
能源利用状况分析系统			
能源利用状况报告生成	能源利用状况报告生成		实现各级用户查看能源利用状况详情，并可生成能源利用状况报告功能
能源利用信息查询与统计	能源利用信息查询与统计		实现能源利用信息查询与统计功能
提交报告汇总分析	提交报告汇总分析		实现提交报告汇总分析功能
北京市公共建筑能耗分析系统			
节能改造建筑标示	节能改造建筑标示		实现节能改造建筑标示功能
建筑空间查询	建筑空间查询		实现公共建筑的空间查询功能
GIS 项目展示	GIS 项目展示		实现 GIS 界面点击详情后，可进入该项目的详细信息功能

附录 3 《北京市公共建筑电耗限额管理暂行办法》（京建法〔2020〕5 号）

北京市公共建筑电耗限额管理暂行办法

第一条 为加强本市公共建筑节能管理，降低能源消耗，提高能源利用效率，依据《北京市民用建筑节能管理办法》（市政府令第 256 号）《北京市人民政府办公厅关于印发北京市公共建筑能耗限额和级差价格工作方案（试行）的通知》（京政办函〔2013〕43 号）有关规定，制定本办法。

第二条 本市行政区域内公共建筑电耗限额管理实施对象的确定、电耗限额管理基础信息的采集与更新、限额的确定与考核、考核不合格建筑的能源审计等适用本办法。

第三条 本市公共建筑电耗限额管理的实施对象（以下简称实施对象）为：

（一）独立电耗计量及结算的单体建筑，建筑面积在 3000 平方米以上（含）且公共建筑面积占单体建筑总面积 50% 以上（含）的公共建筑。

（二）共用电耗计量及结算装置的群体民用建筑中，至少有一栋单体建筑面积在 3000 平方米以上（含）且公共建筑面积占群体建筑总面积 50% 以上（含）的，实施对象为整个群体建筑。

（三）保密单位除外。

第四条 本市公共建筑电耗限额管理对象为与电力公司结算电费的自然人或法人主体（以下简称电费结算单位，即公共建筑所有权人、运行管理单位或使用单位）。鼓励单体建筑安装电耗结算装置，逐步实现对单体建筑进行管理。

第五条 市住房城乡建设委负责本市公共建筑能耗限额管理工作的综合协调、公共建筑电耗限额的确定及监督管理。北京市住房和城乡建设科学技术研究所受市住房城乡建设委委托负责具体实施。

市城市管理委负责将连续两年考核不合格的电费结算单位优先列入有序用电范围，《有序用电管理办法》（发改运行〔2011〕832 号）中明确的优先保障用户除外。

市机关事务管理局负责本市公共机构电耗限额管理和监督工作；负责协调中央在京公共机构开展电耗限额工作。

市教委、市商务局、市文化和旅游局、市卫生健康委等部门按照职责分工开展相关工作。

第六条 公共建筑电耗限额工作实行属地管理。各区政府负责组织开展本行政区域内公共建筑电耗限额管理工作，各区住房城乡（市）建设委及经济技术开发区开发建设局具体实施本行政区域内公共建筑电耗限额管理工作，并指导、监督电费结算单位开展能源审计和公共建筑节能改造等工作。

第七条 电费结算单位应定期登录北京市公共建筑能耗限额管理信息平台（以下简称管理平台，从市住房城乡建设委官网“网上办事大厅”进入），进行公共建筑基础信息的填报和电耗限额的确认，并做好节能降耗工作。

第八条 每年 12 月 31 日前，市电力公司与市住房城乡建设委签订保密协议，市电力公司根据市住房城乡建设委提供的用户明细，在次年 1 月 31 日前，向市住房城乡建设委提交对应用户上一年度的电量数据。

第九条 市、区住房城乡（市）建设行政主管部门可通过购买服务的方式选择技术支撑单位。

第十条 市住房城乡建设委于每年 3 月底前将列入本市电耗限额管理的建筑物及电费结算单位的名单通过市住房城乡建设委官网进行公示。

第十一条 公共建筑基础信息发生变更的，由电费结算单位在变更当年登录管理平台提出变更申请，经各区住房城乡（市）建设委及经济技术开发区开发建设局审核后，市住房城乡建设委在管理平台中进行变更。

第十二条 公共建筑电耗限额依据本建筑历史用电量和本市同类型建筑单位面积电耗平均水平确定（见附件 1）；公共建筑能耗限额依据建筑面积和本市同类型建筑能耗指标确定（见附件 2）。

第十三条 市住房城乡建设委于每年 3 月底前通过管理平台发布电耗限额，公布电费结算单位的实际电耗数据、本年度电耗限额、上一年度全市同类公共建筑单位面积电耗平均水平及能耗指标。

第十四条 电费结算单位应在限额发布后 1 个月内登录管理平台进行限额确认。对逾期未确认的，系统自动确认限额。

第十五条 因建筑面积、使用功能、用能结构等发生较大变化需对年度限额值进行调整的，电费结算单位需在限额值发布后 1 个月内通过管理平台递交调整申请。经区住房城乡（市）建设委及经济技术开发区开发建设局初审和市住房城乡建设委复审，在提交调整申请 1 个月内，市住房城乡建设委予以调整。

第十六条 市住房城乡建设委根据上一年度实施对象的限额执行情况，会同有关部门对实施对象进行考核，确定考核优秀和考核不合格建筑，并通过市住房城乡建设委官网向社会公布。

（1）考核优秀建筑为本年度用电量不超限额且单位面积电耗在同类型建筑中处于前 5% 的建筑；

（2）考核不合格建筑为本年度用电量超出电耗限额 20%，同时超过能耗限额 20% 的建筑。

电费结算单位如有异议，可于考核名单公布之日起1个月内通过管理平台提出复核申请，市住房城乡建设委在1个月内予以复核。

第十七条 市住房城乡建设委、市城市管理委、市机关事务管理局会同相关部门对考核优秀建筑进行通报表扬，对考核不合格建筑的电费结算单位通报批评并责令限期整改。考核不合格的电费结算单位，当年不得参加市、区级文明机关、文明单位、能效领跑者评选；考核不合格的公共建筑，不得参评绿色建筑评价标识。

第十八条 市、区住房城乡（市）建设行政主管部门对公共建筑执行电耗限额的情况组织监督检查。对不按规定执行限额管理的公共建筑电费结算单位予以通报批评。

第十九条 考核不合格建筑，由市、区住房城乡（市）建设行政主管部门责令其所有权人实施能源审计，《能源审计报告》须经区住房城乡（市）建设委及经济技术开发区开发建设局初审后，报送市住房城乡建设委。属于重点用能单位的所有权人，应同步将《能源审计报告》报送市发展改革委。

第二十条 开展能源审计，可自主选择第三方能源审计单位，并依据现行《公共建筑能源审计技术通则》(DB11/T 1007）中的“简单审计”或以上标准执行。

第二十一条 对未按照要求进行能源审计、未按照规定报送能源审计结果或者报送虚假能源审计报告的，依据《北京市民用建筑节能管理办法》，由住房城乡建设行政主管部门责令改正，逾期不改的，处1万元以上3万元以下罚款。

第二十二条 连续2年考核不合格的，市城市管理委将其优先列入有序用电范围，《有序用电管理办法》(发改运行〔2011〕832号）中明确的优先保障用户除外。住房城乡建设行政主管部门根据《北京市民用建筑节能管理办法》相关规定责令其改正，处3万元以上10万元以下罚款。

第二十三条 本办法自发布之日起施行，《北京市住房和城乡建设委员会 北京市发展和改革委员会关于印发〈北京市公共建筑电耗限额管理暂行办法〉的通知》(京建法〔2014〕17号）同时废止。

附件：1. 电耗限额确定方法

2. 能耗限额确定方法

附件 1

电耗限额确定方法

公共建筑电耗限额依据本建筑历史用电量和本市同类型建筑单位面积电耗平均水平确定。

一、电耗限额取以下 Q_1 和 Q_2 中的小值：

1. 电耗限额待发布年前五年历史用电量的平均值下降 2%，即

$$Q_1 = \frac{E_{i-1} + E_{i-2} + E_{i-3} + E_{i-4} + E_{i-5}}{5} \times (1 - 2\%)$$

式中 i——限额待发布年；

$E_{i-1}, E_{i-2}, E_{i-3}, E_{i-4}, E_{i-5}$——历史用电量（kWh）。

2. 同类型建筑单位面积电耗平均水平乘建筑面积，即

$$Q_2 = \bar{e} \times A$$

式中 A——建筑面积（m^2）；

$\bar{e}$——管理平台发布的上一年度同类建筑单位面积电耗平均水平（kWh/m^2）。

二、若历史年中有用电量数据缺失年份的，选取历史年中用电量数据完整年份，按照本附件第一项确定限额。

三、若无历史年用电量数据的，按照本附件第一项第 2 条确定限额。

附件 2

能耗限额确定方法

公共建筑能耗限额依据建筑面积和本市同类型建筑能耗指标确定，即

$$Q_C = \overline{C} \times A$$

式中 Q_C ——能耗限额（kgce）；

$\overline{C}$ ——同类型建筑能耗指标（$kgce/m^2$）；

A ——建筑面积（m^2）。

各建筑类型的 $\overline{C}$ 如下：

建筑类型	$\overline{C}$ （$kgce/m^2$）
办公	26.3
商场	73.7
宾馆饭店	57.6
文化	22.3
医疗卫生	57.5
体育	22.3
教育	22.3
科研	73.7
综合	22.3
其他	22.3

注：电力的标煤折算系数依本市当年火力发电标准煤耗确定。

附录 4　2017 年《北京日报》公共建筑电耗限额管理宣传专版

安得节能楼宇千万间，京城公建业主俱欢颜！

第一部分

导　语

“咱们酒店从 2016 年落实公共建筑绿色节能改造工作以来，现节约电力达到了 161 万度，节约燃气达到 19 万立方米，节约用水达到了 8000 吨。酒店改造完成后，一年节省费用高达 210 万元，实现节能率 21% 以上。”海淀区西四环某酒店公共建筑改造项目负责人，在 11 月的项目成果研讨会上拿出手中的笔记本为大家算着一笔可观的节能账。这样的例子只是北京大力推行公共建筑能耗限额管理以来的一个缩影。

第二部分

小小电表，电量差异竟然如此之大

习近平总书记在党的十九大报告中指出，推进绿色发展。加快建立绿色生产和消费的法律制度和政策导向，建立健全绿色低碳循环发展的经济体系。习近平总书记曾两次视察北京并发表重要讲话，明确了北京在新形势新时期的战略定位，提出了建设国际一流和谐宜居之都的奋斗目标。

北京为全面落实全国政治中心、文化中心、国际交往中心、科技创新中心的城市战略定位，必须有所为有所不为，着力提升首都功能，有效疏解非首都功能，做到服务保障能力同城市战略定位相适应，人口资源环境同城市战略定位相协调，城市布局同城市战略定位相一致。秉持绿色发展的初心，在全社会凝聚节能减排的思想共识，努力建设成为世界一流的和谐宜居之都。

北京市目前仍有 1.7 亿平方米既有非节能公共建筑，急需改造。这些公共建筑大部分是 20 世纪 80 年代建的，面积动辄几千平方米，甚至上万平方米，每天消耗着大量能源。”北京市住建委相关负责人介绍，据统计，目前公共建筑的单位面积能耗约是居住建筑单位能耗的 2 倍，其中单位面积电耗约是 3 倍。公共建筑的总电耗占全市社会终端总能耗的比重约 11.6%。这些公共建筑的类型有很多种，有办公建筑、酒店、商场，不同种类建筑之

间的能耗相差很大，同种建筑功能的公共建筑，运行耗电量差别也很大，每平米每年相差50～100度电。对于一个10万平方米的建筑来说，一年的运行费用差别就在数百万元，这部分能源费用如能节约，对于绝大多数业主来说将节约很大一笔支出。“我们为改善城市的环境质量和人民生活水平而开展的节能工作，不仅是响应国家发展绿色经济的生动实践，同时也是提高北京建筑能效水平的有益探索。”

由此可见，实施公共建筑能效提升工程，降低北京市公共建筑能耗，提升公共建筑能源利用效率，势在必行。

第三部分

望闻问切，能耗限额管理为建筑把脉诊断开药方

自2013年5月市政府办公厅发布《北京市公共建筑能耗限额和级差价格工作方案（试行）》，明确提出要制定公共建筑能耗限额管理办法后，由市住建委牵头，联合市发展改革委、市财政局、市规划国土委协同作战共同颁布多项文件，为打赢这场“攻坚战”采取了多项措施。

公共建筑能耗限额管理工作就像看病。数据平台就好比“医疗设备”，政府职能部门好比“医生”，节能服务企业就相当于“手术医师”。而有了“医疗设备”的检测则需要有“医生”来给出“诊断证明”、开出相应的“药方”，最后由“手术医师”进行“手术”。而“诊断”在全程中起到了至关重要的作用，经过“诊断”，市住建委给我市公共建筑开出了“药方”，能耗限额管理工作顺应展开。通过采集公共建筑能耗数据、制定“用能红线”（限额），对超出“红线”的公共建筑实行考核与奖惩，并于2016年发布了《北京市公共建筑能效提升行动计划》，明确将在2016—2018年间完成不少于600万平方米、节能率达到15%～20%的公共建筑节能绿色化改造工作。

制定了考核标准就真的那么好实施了吗？北京市公共建筑能耗限额管理人员告诉记者：“根据法律规定，我们应对建筑的产权人进行管理，包括发放限额通知、公示考核结果、责成能源审计、进行通报表扬或进行行政处罚。但目前用能单位和产权人不一致的情况有过半以上，很多产权人将建筑外租或外包，不是真正的建筑使用者，产权人无法控制建筑能耗。有些建筑产权众多，两家至几千家产权单位不等，单个产权下建筑面积又不足三千平方米。众多产权单位有些由物业统一管理，有些没有物业，管理起来异常困难。”为此，今年项目工作提出了多项北京市公共建筑能耗限额管理应优先考虑的政策建议，在困难中寻找突破口，不断摸索前行，取得了较好的成绩。

截至2017年9月，共有52家公共建筑由于2015年和2016年连续两年超电耗限额20%被点名通报，并被对外公布其建筑名称、地址、产权和运行单位。被通报的超限额公共建筑，市住建委已责令其进行能源审计，并督促其加强能源管理，实施节能改造。对拒不进行能源审计的单位，移交执法部门。同时，每年也会发布“优秀榜单”，今年，共有

111 家单位的建筑上榜，它们都是 2016 年限额使用率较低的前 5% 优秀建筑，其中 33 家单位的建筑连续两年被评为优秀，成为行业节能标杆。

据了解，我市公共建筑能耗限额管理工作以公共建筑用电量为切入点，已收录 11370 栋、1. 48 亿平方米的公共建筑（约占全市公共建筑总面积的 47%）的多项数据，形成了能耗限额管理“大数据”，并搭建了北京市公共建筑能耗限额管理信息系统。其中，建筑的基本信息（产权单位、地址、建筑编号及面积等）取自北京市房屋全生命周期管理信息平台，建筑的电力信息则由国网北京市电力公司从电力数据系统中提取并周期性报送。

对于切实行动的 2017 年，不仅对超限额建筑进行严格考核，同时也对主动进行节能改造达标的公共建筑给予资金支持。我市今年颁布的《北京市公共建筑节能绿色化改造项目及奖励资金管理暂行办法》对进行节能改造并达到节能率要求的项目，市财政局按 30 元/平方米给予配套奖励，这样可以让改造单位和公共建筑业主直接受益。按照奖励政策，如果是一栋 3. 5 万平方米的大厦，实施节能改造后，大厦综合节能率达 20% 以上，就能申请 105 万元的奖励资金。

此外，政府部门对于公共建筑节能改造的创新模式和方法也在不断摸索，比如引入 PPP 模式。《北京市公共建筑节能绿色化改造项目及奖励资金管理暂行办法》中明确鼓励采用 PPP 模式实施改造，PPP 模式不仅能撬动社会资本，也可帮助节能服务公司共享一些节能收益，提高其改造积极性。

第四部分

节能改造为公共建筑“强身健体”

“一栋建筑，改造起来系统而复杂。每栋建筑改造都像动一场‘大手术’。要整体精细化节能改造，是你想象不到的精细。”四环附近某酒店物业相关负责人说：“我们酒店面积 67914 平方米，改造前内部大量使用卤素灯、白炽灯等高能耗光源；采暖、热水、制冷等设备靠人工经验手动调节；冷水管道及换热器的保温不良；没有节水设备，能耗方面问题很多，水、电、气每年开销就一千多万元。”

这样的酒店，使用传统光源、热水采用电加热，空调管道保温不良，缺少电力分项计量中水回收系统、锅炉调节控制，存在能源严重浪费现象。“我们酒店 2016 年正式启动节能绿色改造，三个月时间完成了改造并开始试运行，其间陆续配置了智能管理系统、制冷控制系统、温控系统和统一的能源管理平台，安装了各项用能计量表等。将传统白炽灯等更换成更节能、耐用的 LED 灯，配上光源调控系统，并在各层及楼道等公共区域实现自动感应调节光源；梳理更换建筑管道线路，降低水、电、气能耗等，形成了能源管理平台，实现水、电、气、热、光智能化调节控制，节能效率大幅提升。

经过一年试运行，经第三方节能量（率）测评机构检测，这个项目试运行期内年综合节能 690. 3 吨标准煤，折合减少碳排放约 1721 吨，综合节能率 21. 26%，年节水 7223 吨，节水率7.51%。仅2017全年能耗费用就比2015年降低了百万元。”据了解，该酒店绿色化改造项目是全市首个成功完成公共建筑节能绿色化改造并通过综合验收的项目，也是第一个按照《北京市公共建筑节能绿色化改造项目及奖励资金管理暂行办法》取得奖励资金的项目。

清华大学建筑学院的林波荣教授介绍说：“从国际经验看，建筑能效的提升不仅需要通过先进的材料、设备和技术来改善建筑热工与设备性能以实现降低能源消耗，还需要强化运行管理、减少使用过程中的浪费，来有效降低能源消耗。有技术改造还不行，需要各公建业主的积极配合。”

为了能让各业主对节能管理、绿色化改造以及政策详情有深入的了解，年内市住建委开展了多次政策宣贯会议、建筑节能培训会议及研讨会。“我们年年都在做节能，每年的预算都比较紧张。我们的楼是老楼了，建设初期用能标准没有现在这么完善，我们只有人为控制用能。过道里10盏灯我们就开一盏，对面走过来个人都看不清，这样还超标了。这次参加培训会后，我们有了更深入的了解，加装几个控制阀，利用中央控制系统在电脑上操作就可以了，既节省了人员巡检的次数，还能获得国家的奖励资金补贴。我们自己不花一分钱就进行了节能改造，再也不用担心预算问题了，实在是太好了。”参加培训会议的某公共建筑业主高兴地说道。

公共建筑节能绿色化改造项目内容以用能系统改造为主，鼓励中小型公共建筑同步开展围护结构改造。公共建筑节能绿色化改造平均节能率不低于15%，大型公共建筑节能率不低于20%，并鼓励申请一星绿色建筑标识。非首都功能疏解搬迁腾退且不满足现行节能设计标准的公共建筑，应进行节能绿色化改造，鼓励申请一星绿色建筑标识。并面向社会公开征集公共建筑绿色化改造项目，构建我市公共建筑节能绿色化改造项目库。

第五部分

节能减排工作只有进行时，没有完成时

2017年11月召开的相关工作会议上，参会专家对未来大型公共建筑节能改造给出指导意见：“三年计划实施的同时，要实施多种能耗一并下降的目标，我们不仅要加强能耗限额管理，同时也要拓宽能源消费结构。开源节流两手都要抓，两手都要硬。”

北京市通州区的某建筑，从远处看，在阳光的照射下泛着耀眼的光芒，让人充满好奇想要一探究竟。经过近距离观察后才发现，原来该建筑屋顶上覆盖的全是太阳能光伏板，经过阳光照射后显得光彩异常。走进大楼后，第一眼就看到满满的阳光，人在屋里怎么会有阳光？原来办公室的中间是硕大的天井，天井顶部采用透明玻璃搭建而成，几千平方米的区域采用了自然光，在阳光照射不到的地方只需几盏光源就可将整个大楼照射得通明。大厦负责人介绍说：“这都是我们节能改造后的成果。改造后，我们采用光伏面板覆盖全部屋顶，利用太阳能自发自用，基本满足每天大楼用电量。相比之前节约用电达80%

左右。”

位于通州区的西集镇也在大力开发可再生能源。村里已经打通了一口地热井，大力开发地热资源。相关负责人告知“以前用煤，用天然气，为了减少碳排放量，开发了地热资源，现在你看到的井里全是地下水，这个水泵抽上来的水温度高达 98 摄氏度，通上管道就直接可以为周边社区供暖，这能为通州每年减少约 1000 万吨碳排放量。”

公共建筑能耗限额管理项目负责人说：“这项工作开展四年以来，最深刻的感受就是节能减排是一项长期持续的工作，只有进行时，没有完成时。这需要政府主管部门、技术服务企业、业主（物业）单位多方参与，协同合作。从 2013 年打响能耗限额管理攻坚战，到今年迈出了坚实的一步，全都是各方为之努力的结果。”

市住建委的相关负责人说：“市住建委在推进大型公共建筑进行节能减排工作中，发挥了政府引导作用。接下来，按照《北京城市总体规划（2016 年—2035 年）》要求，市住建委将加大力度统筹处理好城市发展与资源能源利用、改善环境质量共同应对气候变化，推进经济社会绿色化、低碳化转型。以国际一流标准建设低碳城市。在严格控制能源消费总量的同时，构建多元化优质能源体系，因地制宜地开发新能源和可再生能源。继续秉持绿色发展的初心，在全社会凝聚节能减排的思想共识，号召企业、市民一起加入能耗限额管理的工作中，为把北京建设成为世界一流的和谐宜居之都贡献自己的力量。”

附录5　2018年《北京日报》公共建筑电耗限额管理宣传专版

限额推动节能，奖励创新发展

——北京市2018年公共建筑能效提升工作纪实

同比2017年制冷季，2018年东环广场制冷系统用电量少用电21万度，节约能耗成本约21万元。“都是节能绿色化改造的功劳。”东环广场相关负责人感慨。

2013年起，北京市启动公共建筑能耗限额工作，以建筑用电量为切入点，对北京市符合标准的公共建筑进行用电量限额管理。五年来，北京市住建委搭建起能耗限额管理“大数据平台”，总结出一套切合实际的公共建筑信息采集、限额制定、指标考核流程，广泛引导用能单位进行节能绿色化改造，在建筑用能精细化管理上走出了“北京模式”。

数据显示截至2018年，11352栋公共建筑已经纳入北京市公共建筑能耗限额管理体系中。经过连续多年的限额管理工作，北京市公共建筑总电耗呈整体下降趋势。相比2013年，2014年至2017年共节约电量约13.5亿度。

能耗“大数据平台”升级换代

“能耗大数据”是开展能耗限额管理工作的基础，也是公共建筑节能成果的“记录者”。2013年8月起，北京市就已经启动电耗数据采集工作。从入户采集，到聘用第三方机构，到与电力公司达成合作，北京市住建委不断探索电耗信息长效采集方式，动态维护、更新“能耗大数据”，并搭建起国内首个城市公共建筑能耗大数据平台——北京市公共建筑能耗管理信息系统。

据统计，2013年至2015年，通过入户采集的形式，北京市住建委摸清了全市13237栋公共建筑的“家底”，并将符合限额管理标准的公共建筑纳入限额管理体系中。此后，北京市住建委引入第三方信息采集机构，对全市的公共建筑“大数据”持续更新完善。2018年，信息采集力量中加入了电力公司，电力公司入局让信息采集工作迈入了智能化，提高了工作效率。2018年，通过对接电力公司信息平台，新采集建筑总计1841栋，其中，符合限额管理标准的共计1668栋，约0.222亿平方米，这些公共建筑都将被纳入2019年的限额管理工作中。

近年来，“大型公共建筑节能运行监管”理念和模式被提出，随着时代的发展和社会的变迁，公共建筑能耗限额管理被赋予了生态文明建设、新型城镇化建设、能源生产和消费革命、应对气候变化等更多内涵，单纯的信息系统已经无法满足限额管理工作的需求。

2017 年，北京市住建委启动了“北京市既有公共建筑能耗运行综合管理服务平台”申报工作，新的系统平台依托委信息中心部署的“房屋全生命周期平台”的基础数据。2018 年，北京市住建委完成了平台架构搭建及公建能耗数据的清晰和融合工作。截至目前，已建好的功能模块投入使用，运转良好，初步完成了各来源能耗数据的整合。与公共建筑能耗限额管理系统数据交换、与房屋全生命周期管理平台的接口设计与开发，实现了大平台搭建的第一步。在此基础上，还完成了节能绿色化改造管理子系统、能耗分析子系统功能开发。

“在一期完成数据整合的基础上，2019 年平台建设重点在业务功能建设。”北京市住建委相关负责人介绍，未来将新增公共建筑能耗限额管理子系统替代原有北京市公共建筑能耗管理信息系统，将原能耗限额系统历史数据及部分功能继承，按新管理模式建设企业认楼、公建信息维护、能耗限额签收、考核公示、指标管理等内容。今后平台还将与热力、燃气公司合作，逐步囊括水、天然气、热力等全能源领域信息，实现全能监测和管理。

科学限额兼顾节能与发展

区别于国内其他省市为所有公共建筑划定统一“红线”的限额方法，北京市是以建筑自身历史用电量为基准，为每一个建筑按年度下达电耗限额指标，并按照该限额指标按年度对其进行考核，量身定制限额指标。限额工作开展以来北京市公共建筑总电耗呈整体下降趋势。

取得成果的同时，北京市住建委也在思考更加科学的限额管理方式。2018 年，北京市住建委联合相关专家、学者，对《北京市公共建筑电耗限额管理暂行办法》进行了修订，并制定了更为科学的限额计算方法。

现行的《北京市公共建筑电耗限额管理暂行办法》(2014 年发布）是以 2011 年和 2013 年两年的用电数据为参考，以此制定了限额值。“近年来一些建筑因为业务发展、使用人数或功能变动等原因，导致用电量变化较大，再依据这两年的用电量来制定限额已不够科学合理。”北京市住建委相关负责人解释，新的限额办法改为参考前四年的用电数据，进行双重比对，以此确定限额标准。具体来说，如果要发布 2019 年的限额标准，则以 2018 年的用电数据作为一个参考标准，把 2015 年、2016 年和 2017 年三年的用电数据作为历史参考标准，分别进行比对，综合两部分数据，确定 2019 年的限额标准。

双重数据比对更具科学性，也会随着经济社会的发展进行动态调整。北京市住建委相关负责人表示，“作为首都，北京市的经济社会发展速度不同于普通省市，京津冀融合发展、北京城市副中心建设、非首都功能疏解、雄安新区建设等政策的实施，对公共建筑的业务发展产生着长远持久的影响。为其保留业务发展空间，同时，鼓励维持与降低建筑能耗。”

奖励金引导企业开展节能改造

2016 年，北京市开始引导公共建筑进行节能绿色化改造。节能改造是一个市场机制部分失灵的领域，需要政府的资金引导，也需要强制政策的推进。北京市住建委建立能耗限额标准，对每栋公共建筑设置“用能红线”，鼓励公共建筑“自我改造”。通过公共建筑电耗限额管理，可以发现哪些建筑电耗异常高，进而把高电耗建筑确定为节能改造重点实施对象。数据显示，“十三五”期间，北京市已经进行了 120 万平方米公共建筑节能绿色化改造，绿色节能改造成果显著；到 2020 年，北京市将完成 600 万平方米公共建筑的节能改造，并积极推广太阳能、地热能等可再生能源的使用。

节能绿色化改造为企业减少了运营成本。2017 年，东环广场先后开展了空调系统的节能泵改造、能源计量管理平台建设、空调供暖智能控制系统建设、LED 绿色照明改造、扶梯变频控制改造、无负压供水以及用能设备节能运行制度建设等多项节能措施。到 2018 年制冷季，节能效果凸显，制冷系统用电量同比 2017 年少用 21 万度，节能率达到 14. 33%。

位于北京 CBD 核心区的中国国际贸易中心同样受益于节能绿色化改造。目前中国国际贸易中心已完成所有空调设备的变频化改造；全部玻璃涂上了隔热涂料；把全部 4 万多盏灯更换为节能的 LED 灯；每年用红外透光仪全面检查门、窗等处的缝隙并及时封堵，以减少冬季建筑内热量散失。中国国际贸易中心物业部副总监魏汉光介绍，空调的变频化、智慧化改造使耗电量下降了 13% 至 15%，而仅照明改造这一项每年就可以省电 300 多万度。

公共建筑进行节能改造最大的障碍就是项目资金问题。为鼓励公共建筑参与节能绿色改造，北京市出台了《北京市公共建筑节能绿色化改造项目及奖励资金管理暂行办法》，北京市开展节能绿色化改造并达到一定节能率要求的公共建筑，可申请 30 元/平方米市级资金奖励。

同时，北京市住建委支持民间资本参与公共建筑节能改造投资，首创政府和社会资本合作模式（PPP）等市场化改造模式，引入绿色基金和碳交易平台，对大型集团、商务区、行政区等为单位进行整体投资节能改造，形成规模效应，并将改造项目的节能量打包纳入碳排放权交易市场进行碳交易。

未来将引入公建全能耗考查

北京市公共建筑能耗限额管理的长远目标是实现全能耗管理。目前，北京市公共建筑能耗限额管理信息系统的数据均为单一电耗数据，因此无法从单一方面看出建筑使用者是因为节能手段将能耗降低，还是通过用能耗代替的方法将电耗用量降低。为了能更综合更合理地控制公共建筑能耗，北京市将引入公共建筑的全能耗考查，将所有能耗列入考查范围。

北京市住建委相关负责人介绍，未来北京市可能会设立覆盖全能源领域的公共建筑用能权，实现建筑用能精细化管理。“用能权”是指企业年度经确认的可消费各类能源量的权利。现阶段北京市能耗限额管理工作正在逐步转向建筑用能权，结合差别化电价建立建筑的全能源用能权制度。

文/李超 李鑫 魏昕悦

附录6 2018年《中国建设报》公共建筑电耗限额管理宣传专版

从"不敢浪费"走向"不想浪费"

——北京市深化公共建筑能效提升工作成果

"从落实公共建筑电耗限额管理及节能绿色化改造工作以来，我们酒店每年节省水、电、气费约210万元，节能率达到21%以上。"一位北京的酒店建筑负责人曾经向媒体介绍过这样一笔节能账。自2013年起，市住房城乡建设委组织开展全市公共建筑电耗限额管理工作以来，这样的节能节费实例已屡见不鲜。

截至2018年年底，已有总建筑面积达1.48亿平方米的11352栋公共建筑被纳入到北京市公共建筑电耗限额管理体系中。相比2013年，2014年至2017年共节约电量约13.5亿千瓦时，北京市公共建筑总电耗的过快增长趋势已得到有效遏制。党的十九大对深化"放管服"改革提出新要求，未来，公共建筑电耗限额管理路在何方？从"要我改"到"我要改"，从"不敢浪费"走向"不想浪费"，是答案之一。

"要我改"——"不敢浪费"

设置"用能红线"严格落实奖惩机制

早在2013年5月，北京市发布的《北京市公共建筑能耗限额和级差价格工作方案（试行）》就明确提出，要制订公共建筑能耗限额管理办法。2014年，北京市政府折子工程明确提出，对单体面积超过3000平方米（含）且公共建筑面积占该单体建筑总面积50%以上（含）的公共建筑设置电耗限额。此外，2014年8月1日开始实施的《北京市民用建筑节能管理办法》中，也有很多方面涉及公共建筑能耗限额管理。比如，"确定重点公共建筑的年度能耗限额"，"公共建筑的所有权人应当采取节能技术和措施，采取建筑物用能系统节能运行方案，减少能源消耗"，"对超过年度能耗限额的重点公共建筑，要求建筑物所有权人制订整改方案，并督促其采用节能技术，减少能源消耗"。

公共建筑电耗限额管理是一项长期、复杂的系统工程，北京市以建筑用电量为切入点，自2013年起经过5年的数据采集，将1万余栋的公共建筑纳入统一的信息管理平台，形成了能耗限额管理"大数据"，并持续更新每栋建筑的地址、面积、功能、产权人、运行管理单位和用电量等信息。2014年，《北京市公共建筑电耗限额管理暂行办法》出台，明确将完成能耗基础信息采集的公共建筑纳入电耗限额管理，并逐年进行考核。对一年超限额20%的建筑进行通报，市住房城乡建设委责令其进行能源审计，借助第三方力量进行自检，找到超限额的原因和节能潜力，以备今后“量身定制”节能改造方案，逾期未执行者将被处以罚款。对连续两年超限额20%的建筑，在责令其整改的同时，将被处以相应的罚款。2019年，市住房城乡建设委启动《北京市民用建筑绿色发展条例》课题研究，重点加大考核和执法力度，届时考核不合格建筑将不得参评北京市物业管理示范项目和北京市绿色建筑评价标识，拒不配合开展电耗限额管理工作的建筑产权单位，将被列入严重失信企业名单。

“考核和执法都不是目的，如何让公共建筑优化运营管理，按需开展节能改造、降低运行能耗才是公共建筑电耗限额管理的初衷。”北京市住房城乡建设委相关负责人说。

“我要改”——“不想浪费”

加强政府引导，推动市场运作

2017年7月，《北京市公共建筑节能绿色化改造项目及奖励资金管理暂行办法》正式发布，明确指出我市开展节能绿色化改造、并达到节能率要求的公共建筑，将可申请30元/平方米的市级资金奖励。以一栋4万平方米的建筑为例，实施节能改造后，若综合节能率达20%以上，就能申请120万元的奖金，改造单位或产权单位可直接受益。

“在电耗限额管理、节能绿色化改造等多种措施协同推进作用下，公共建筑的电耗有一定程度下降，但下降幅度越来越小。希望通过节能改造资金的引导，促使更多的公共建筑主动开展节能改造、各个建筑的使用者或产权所有人积极申报改造资金。要让我市的公共建筑‘自我改造’，不仅需要产权人有优化管理、开源节流、节能降耗的意识，更需要有系统管理机制。”市住房城乡建设委相关负责人曾在2017年公共建筑限额管理新闻座谈会上表示。

从限制电耗逐步转向差别化电价，由政府干预逐步转向市场自主活动、发挥市场活力，将是在“放管服”大方针下电耗限额管理机制改革的一个重要方向。《北京市公共建筑能耗限额和级差价格工作方案（试行）》明确“推进实施能耗超限额级差价格政策”；《北京市完善差别电价政策实施意见》规定“对单位能耗（电耗）超过限额标准一倍以上的装置或建筑，比照淘汰类装置电价加价标准执行；对单位能耗超过限额标准一倍（含）以内的装置或建筑，比照限制类装置电价加价标准执行”。2018年《北京市打赢蓝天保卫战三年行动计划》(2018—2020）要求“推动企业转型升级、绿色发展”，鼓励实施“差别化电价”。这些政策法规的出台为差别化电价的实施提供了有力支持。

2019年北京市将综合考虑公共建筑整体节能效果、建筑业主及供电企业经济效用等因素，进一步推动差别化电价政策的出台。

展望未来——

全能耗精细化管理　实现建筑绿色发展

近年，北京市将进一步对公共建筑的天然气、热力等能源消耗进行监测和管理，逐步从单一电耗管理向全能耗精细化管理转变，切实落实“能耗总量与强度双控制”的要求。

同时，北京市将建立社会资本的引入及回报机制。除财政资金直接投资、国际金融机构贷款、银行贷款、企业股权融资、融资租赁等传统资金投入模式，还将推动合同能源管理和政府与社会资本合作（PPP）模式落地，引导社会资本参与，充分利用市场活力推动公共建筑节能工作。

未来，北京市将在满足人民日益增长的美好生活需求的同时，尽可能引导和激励公共建筑优化运营管理、提升运行能效，促进合理用能、倡导行为节能，致力于减缓公共建筑总能耗的增长势头甚至维持现阶段公共建筑的用能水平，实现绿色发展。

扩展阅读：

1. 公共建筑节能绿色化改造

2016 年，我市印发了《北京市公共建筑能效提升行动计划（2016—2018 年）》（京建发〔2016〕325 号），明确三年时间需完成不少于 600 万平方米公共建筑节能绿色化改造，并对改造项目给予 30 元/平方米资金奖励。2017 年我市被住房城乡建设部列入“全国公共建筑能效提升重点城市”。为进一步推进改造工作，我市印发了《北京市公共建筑节能绿色化改造项目及资金管理暂行办法》（京建法〔2017〕12 号），明确了我市公共建筑节能绿色化改造项目及资金管理相关要求，并针对北京市公共建筑用能特征，从围护结构及生活热水、供热、通风空调、供配电照明及空调、可再生能源、给排水等系统以及运行管理 9 个方面推荐了共 69 项绿色化改造技术，并以科学合理、可操作性强为原则，确定了“以账单法为主、测量分析法和模拟分析法为辅”的节能量核定方法。截至目前，公共建筑节能绿色化改造项目申请共计 640 万平方米，其中 119. 75 万平米公共建筑通过了 2018 年度奖励资金综合验收，综合节能率达到 20%。

2. 超低能耗建筑

市住房城乡建设委会同四部门共同印发了《北京市超低能耗建筑发展行动计划（2016—2018）》《北京市超低能耗建筑示范工程项目及奖励资金管理暂行办法》，明确了我市到 2020 年完成不少于 30 万平方米超低能耗建筑示范项目的发展目标，并对示范项目按照申报年度分别给予 1000、800、600 元/平方米的资金奖励。同时建立了技术标准指标体系，出台《北京市超低能耗建筑示范项目技术要点》《北京市超低能耗农宅示范建设项目应用技术导则》《北京市超低能耗建筑技术导则》，规范超低能耗农宅及城镇建筑示范项目采取的技术措施、施工和验收工作，指导超低能耗建筑示范项目建设。截止到目前，北京市共有 26 个超低能耗示范项目通过专家评审，示范面积已达 47. 15 万平方米。示范项目类型包括奥运场馆、中小学及幼儿园、宾馆、办公、展厅等公共建筑类，保障性公共租赁住房、农宅、商品住宅、集体宿舍等居住类建筑。

文/李超 田昕 康玉杰 赵尹鸣 周浩

附录 7　2019 年《北京日报》公共建筑电耗限额管理宣传专版

用限额抑建筑能耗　借数据强政务服务

——北京市公共建筑能耗限额管理和服务扎实推进

“节约能源有诀窍，建筑节能很重要”，北京市自 2014 年起实施公共建筑能耗限额管理，督促超限额用能单位开展能源审计，查找高能耗原因，发掘节能“诀窍”。经过六年来社会各界的共同努力，统计数据显示，北京市公共建筑总电耗过快增长趋势已得到有效遏制，建筑用能主体用能管理水平提升、获益匪浅。

划定用能红线　引导合理用能

依据相关文件，按照统筹规划、分步实施的原则，北京市首先以计量基础完备的建筑用电量为切入点，自 2014 年起，对单体建筑面积 3000 平方米以上（含）且公共建筑面积占该单体建筑总面积 50% 以上（含）的公共建筑实施电耗限额管理。

经统一设计和完善，北京市住建委搭建起功能全面的全市公共建筑能耗限额管理“大数据平台”，探索出一整套落地性强的公共建筑能耗管理机制。截至 2019 年 6 月，北京市共有 11258 栋公共建筑纳入限额管理，总建筑面积达 1.47 亿平方米。

“以‘用能红线’为标准，逐步引导公共建筑业主重视节能工作。超限额建筑业主单位应开展能源审计进行自检，找到超限额的原因和节能潜力，量身定制节能改造方案，提高能效，降低能耗。”北京市住建委相关负责人表示。同时还表示考核和执法都不是目的，引导公共建筑优化运营管理，开展节能改造提高能效，推动全市建筑节能，才是公共建筑能耗限额管理的初衷。

每年第三季度，市住建委官网会公示上一年度限额执行情况考核结果。2019 年三季度，市住建委发布了 2018 年限额考核优秀建筑名单，2017 年、2018 年连续两年超限额 20% 建筑名单以及 2018 年一年超限额 20% 的建筑名单。“基于这个名单，对于用能效率高的建筑我们将通报表扬，对于用能超限额建筑我们责令其开展能源审计，查找用能存在的问题，出具整改措施，切实提高用能效率。”市住建委相关负责人说。

同时，为进一步优化公共建筑能耗限额管理工作，2019 年北京市启动了《北京市公共建筑电耗限额管理暂行办法》的修订工作。修订后的管理办法，对于限额值的计算方法和超限额的认定做了相应的调整，预计将于 2020 年发布。

丰富交流渠道　优化政务服务

为了深入贯彻“放管服”精神，优化服务，让企业少跑腿，让数据多跑路，市住建委从政务服务和互联网服务两方面入手，提供全面精细化服务。政务服务方面，增加了电话热线、沟通群、平台建筑认领、资料提交、异议申诉等线上线下多条渠道，提供能耗限额管理咨询服务。截至目前，接待来电咨询上千人次，沟通群容量从500人升级到2000人。互联网方面，2017年启动管理平台的升级工作，2018年完成了平台架构搭建及公建能耗数据的清洗和融合工作，2019年重点完成了业务功能开发建设。据了解，升级后的平台与公共建筑节能绿色化改造平台一起并入民用建筑用能信息管理和服务平台，统一通过市建委办事大厅登录，为企业提供网上办事平台。企业除了可以通过平台查到自己建筑的用电量、限额值、考核结果，还可以提交异议申请、查看在同类型建筑中的用电水平。企业通过平台提交审核材料，避免企业反复跑现场提交材料，便利了企业办事。同时以能源服务公司、公共建筑产权、物业、使用单位等为对象，市建委每年都会召开政策技术宣贯会。2019年以限额政策、平台使用功能、节能技术知识为宣传重点。

限额补贴并驾　引导主动节能

“北京市开展公共建筑能耗限额管理工作以来，我酒店高度重视节能管理工作。从管理用能和技术改造节能两方面入手提高能效，使酒店能耗较历史水平显著降低，节能率达到21%以上，节省水、电、气费用约210万元。同时，由于节能改造效果明显，符合政府公共建筑节能绿色化改造补贴标准，获得了较大额度的政府资金补贴，弥补了我酒店在节能改造方面的资金投入。”北京朝阳区将台路某酒店负责人说。全市公共建筑能耗限额管理和绿色建筑节能改造补贴政策配套实施以来，类似这样节能、节费实例屡见不鲜，北京市公共建筑业主也从“被动节能”逐步变为“主动节能”。

某节能公司温总浸润建筑节能行业多年，从事多项建筑节能改造工程和众多能源审计工作。“这些年，在相关法规、政策的引导下，公共建筑业主和管理方节能观念有着显著的提升，日益重视节能工作，节能方面的投入逐渐加大。”温总说。

能源审计是建筑节能工作的基础。简单来讲，就是对一栋建筑进行能源诊断分析，提出用能优化方案，为建筑节能改造和后期运维提供依据。“以朝阳某饭店为例，2018年经过能源审计后，实施了空调系统节能改造，改造后的第一个制冷季节约能源费用150万左右。”温总介绍。2017年起，北京市住建委依据《北京市公共建筑节能绿色化改造项目及奖励资金管理暂行办法》，对进行绿色节能改造的建筑进行补贴奖励。“有政策补贴，改造单位或产权单位可直接受益，后期又能降低用能成本。”温总坦言，从最初的不乐意接受能源审计和节能改造，到现在越来越多的企业主动开展能源审计并实施节能改造。

限额政策实施以来，政府投入约0.6亿元，引导社会投入约1.5亿元。据测算，本市600万平方米节能改造全部完成后，相当于实现节能约6万吨标准煤、节电约2.09亿度、减少二氧化碳排放约15万吨。未来，北京市将继续完善社会资本的引入及回报机制，充分利用市场活力推动公共建筑节能工作。继续在满足人民日益增长的美好生活需求的同时，引导和激励公共建筑优化运营管理、提升运行能效，促进合理用能、倡导行为节能，实现绿色发展。

文/赵会刚 赵尹鸣 邹毅 盛喜忱 魏昕悦

附录8　2020年《北京日报》公共建筑电耗限额管理宣传专版

践行节能使命　畅想低碳明天

——记2020年北京市公共建筑电耗限额管理和服务工作

习近平总书记在第七十五届联合国大会一般性辩论上郑重宣布："中国将提高国家自主贡献力度，采取更加有力的政策和措施，二氧化碳排放力争2030年前达到峰值，努力争取2060年前实现碳中和。"这一重要宣示为我国应对气候变化、绿色低碳发展提供了方向指引、擘画了宏伟蓝图。为北京市结合城市用能和碳排放特点，持续推进建筑领域节能降碳机制建设，探索城市绿色低碳发展新路径指明了方向。

2013年，北京市在全国率先启动公共建筑电耗限额管理工作。八年以来，北京市不断完善政策机制、提升政务服务能力，在全社会公共建筑规模不断上升、城市生活水平不断提高的大背景下，公共建筑电耗的过快增长趋势得到了有效遏制，业主及运营方的节能降碳意识不断提升。数据显示，相比2013年，2014至2019年间共节约电量约23.6亿千瓦时，合计减少碳排放达250万吨。公共建筑电耗限额管理制度已经成为北京市探索绿色发展，实现碳达峰、迈向碳中和的机制支点与重要工作实践。

限额体系为建筑用电戴上"紧箍咒"

北京市公共建筑节能降碳工作起步早、推进快。"十一五"期间，北京市初步建立了公共建筑节能运行管理体系，实施建筑能耗统计制度。"十二五"期间，随着《北京市民用建筑节能管理办法》(市政府令第256号)、《北京市公共建筑能耗限额和级差价格工作方案（试行）的通知》(京政办函〔2013〕43号）和《北京市公共建筑电耗限额管理暂行办法》(京建法〔2014〕17号）的发布，北京市在全国率先启动公共建筑电耗限额管理工作，搭建了较为完善的公共建筑节能监管和服务体系，实行电耗限额年度考核，激发节能改造内生动力。"十三五"期间，北京市被确定为国家公共建筑能效提升重点城市，限额管理工作迈上新台阶。依托已有的建筑全生命周期平台，建立"北京市公共建筑能耗限额管理信息系统"，开展常态化、制度化公共建筑电耗限额管理工作。在市级公共建筑节能绿色化改造财政奖励政策发布后，考核超限额用能业主的热情被点燃，节能改造工作蓬勃开展、成效显著。

通俗来讲，公共建筑电耗限额管理工作就是每年给公共建筑设定一个用电红线（限额），如果实际用电量超过了用能红线，则需要开展能源审计，查找其中用电不合理的原因，进行节能改造，在保障当前舒适度的前提下节能降耗、提高能效。截至 2020 年年底，已有 12222 栋、约 1.63 亿平方米的公共建筑纳入北京市公共建筑电耗限额管理体系中。

以需求为导向完善政策机制

市住房城乡建设委和市发展改革委于 2014 年底联合发布《北京市公共建筑电耗限额管理暂行办法》(京建发〔2014〕17 号）（下称原办法)，对全市 3000 平方米以上的公共建筑实施电耗限额管理。随着电耗限额管理工作的深入，原办法的推进与执行遇到了一些问题，为了提升服务管理水平，2020 年市住房城乡建设委联合市发展改革委、市城市管理委、市机关事务管理局等部门发布了新一版《北京市公共建筑电耗限额管理暂行管理办法》(京建法〔2020〕5 号）（下称新办法)。

新办法扩大了限额管理覆盖范围，实现了电耗限额的动态调整，新增了能耗限额考核标准。新办法发布前，限额考核只考核用电量是否超出电耗限额，建筑业主往往反映："我们原来是燃气供热，用电量一直没有超出电耗限额，去年部分改成了电制热，所以用电量增加了，但是我们燃气量减少了，能不能考虑以全能源消耗作为考核依据?" 随着限额管理工作的深入与覆盖范围的扩大，这种问题已不是个例，因此在新办法中，考核方法由单一电耗限额考核，扩充到能耗限额考核，以全能源消耗作为基数判断是否超限额。

新办法中将信息采集和变更方式统一调整为线上报送，进一步优化了管理机制，提升了服务水平。新办法实施后，信息采集员深有感触，"以前都是拿着建筑信息采集表去每栋建筑找物业，找产权单位填写信息，有时人不在，有时跑几个部门才能搜集到这些信息，而且业主单位盖章走流程要好几天。基本一栋建筑要跑好几趟，还不一定能成功。自从新办法出台后，电话或邮件通知业主在线填报即可，现场跑的少了，办事效率也高了。"

为落实"放管服"改革要求，持续优化营商环境，在修订限额管理政策的同时，配套升级了公共建筑能耗限额管理信息平台，实现了全链条的线上服务，方便企业报送材料，减少沟通和时间成本。至此，限额管理工作中不再需要建筑业主线下填写、邮寄或现场办

数据平台让限额服务更“精准”

业务。例如建筑基本信息的线上采集和校核，建筑业主可通过公共建筑能耗限额管理信息平台，填报企业信息、绑定所属建筑，并可对所属建筑基础信息进行填报或校核。信息如有变更，可上传证明材料，经线上审核后完成修改。对电耗限额指标或考核结果等有异议的建筑业主也可线上提交异议材料申请调整和复核。

充实平台服务内容，提升工作效率。限额管理平台是开展限额管理工作的重要抓手，是主管单位和建筑业主单位沟通的重要渠道。经过多年的数据积累，可提供多样化的数据服务。平台可展示北京市各类建筑的平均电耗，例如办公建筑、商场建筑、宾馆饭店、文化建筑、医疗卫生建筑等，便于了解不同建筑的电耗差异，也可查看企业所属楼栋的电耗水平在同类型建筑中的排序，方便掌握自身建筑的电耗水平。管理信息平台具备认领楼栋、限额签收、考核查看、异议申请和电量查询等功能。企业认楼功能中，产权单位可在全市的建筑数据库中，根据建筑地址、面积、建筑单位、产权单位等信息认领产权建筑，避免错报漏报。同时增加了授权功能，产权单位可授权物业公司、使用单位代为办理电耗限额相关业务。限额发布和限额考核功能中，建筑单位对限额数据和考核结果有异议时可线上提出异议申请，上传异议材料，等待审批确认，方便快捷。依托限额管理大数据可在平台展示北京市公共建筑电耗数据，提供数据支撑服务，例如各区纳入限额管理建筑总数和面积、10 类不同使用功能的建筑电耗占比、各区公共建筑总电耗占比、各区公共建筑单位面积电耗等。

今年遇到了新冠疫情，限额管理工作无法常规推进，但是节能降碳不能停滞，仍需继续向前。为降低疫情影响，市住房城乡建设委持续加强咨询热线、视频会议、信息工作群等方面的服务。以控制培训规模、增加培训次数、加强疫情防控为原则开展 2020 年度限额管理现场培训工作，并通过录制视频的方式组织大家在线观看学习；采取召开视频工作调度会、线上宣传和发送政策文件、增派咨询服务人员、加强信息工作群管理等措施克服新冠疫情的影响。一年来，共计接待咨询超过 1300 人次，通过电话和邮件通知近 2000 家大型公共建筑业主查看限额指标并确认建筑信息。

疫情下建筑节能降碳步履不停

2013 年以来，市住房城乡建设委每年组织电耗限额管理和节能运行大型培训会，向建筑产权单位、物业公司、节能服务公司等宣传限额管理政策，聘请行业专家讲授节能经验和降碳知识，提升建筑业主单位和运营方的节能意识。由于疫情影响，2020 年上半年的培训及工作会议均通过视频的方式进行；疫情缓解后，组织了线上线下相结合的多场次政策解读和节能技术宣贯会，主要介绍 2020 年电耗限额管理工作的新变化及疫情后的工作安排等，并对管理信息平台的操作进行了培训。

协同奖励政策激发节能动力

为推动建筑节能降碳工作，市住房城乡建设委采取限额管理与节能奖励相结合的政策措施，为节能成绩达标的建筑提供资金补贴。海淀区、丰台区等部分区也同时配套了奖励资金，在市区两级奖励资金的激励下，极大地调动了业主、物业公司、节能服务公司节能改造的积极性。以位于北京市朝阳区某大型酒店建筑为例，建筑面积 6.3 万平方米，主要用能为电力和天然气，节能改造前一年用能折合标煤 3733.5 吨标准煤。经过能源诊断，节能空间较大，业主节能改造意愿强烈，但由于资金问题迟迟没有开展。在了解到市区建委的节能补贴政策后迅速开展了节能改造工程，实施节能改造后，每年节省电 81.91 万千瓦时，节省天然气 87.33 万标立方米，折合 957.97 吨标准煤，节约费用 143.23 万元，达到了 25.66% 的节能量。

“酒店一直高度重视节能工作，特别是在纳入电耗限额管理范围以后，我们意识到这不仅是一项任务，也是企业的社会义务和责任。由于酒店能耗较大，也有节能空间，之前我们一直有节能改造的想法，但是作为经营性企业，肯定会考虑资金投入问题，所以迟迟没有开展改造工作。”酒店负责人说，“了解到政府有相关的节能改造补贴政策后，我们毫不迟疑地开展了改造工作，先后投入了约 1200 万元，实施了制冷系统节能改造、锅炉供热系统节能改造、洗衣房余热回收、传统光源更换为 LED 光源、制冷站和换热站安装智慧运维系统按需供能、安装了能源在线监测系统。通过改造，酒店每年节约 140 万元的能源费用，获得了市区两级财政奖励合计约 650 万元。由于政府的奖励政策，本来 9 年的投资回收期变成了 4 年，可以说政府给了我们极大的支持和动力，感谢政府的奖励政策。”

在政府政策协同促进激励下开展节能改造的公共建筑不胜枚举。截至目前，市住建委节能改造项目库中已备案项目 129 个，申请改造总面积达 1050. 17 万平方米，已竣工项目 106 个，竣工面积为 854. 56 万平方米。共有 37 个项目在竣工验收并运行一年期满后，通过了北京市公共建筑节能绿色化改造综合验收，截至目前，累计获得资金奖励的面积共计 210. 88 万平方米，项目的实际平均节能率 21. 74%，每年节能 2. 38 万吨标准煤，减排二氧化碳 5. 93 万吨，取得了良好的节能减排效果和社会效益。

做好电耗限额管理工作需要铁杵成针的恒心和脚踏实地的行动。北京市通过用能红线和节能补贴相结合的方式，成功地激发了建筑节能降碳潜力，建筑产权方、物业单位和节能服务公司积极投入到建筑节能降碳工作中，引导社会资金参与到建筑节能绿色化改造工作中。未来，北京市将持续总结实践经验、优化政策、升级平台，不断深化与能源供应公司的协同合作以求更好地为广大建筑业主提供服务，同时持续加强与碳排放权交易机制的相互支撑以实现更大范围的政策协同，努力推动北京市公共建筑节能降碳工作取得更扎实的成效。这也是北京市全面完成 2020 年中央经济工作会议中关于“做好碳达峰、碳中和工作”任务的重要机制保障。相信在政府的不懈努力下，在社会各界的倾力配合下，北京市必将在“十四五”期间迎来更好的明天。

文/赵会刚 李鑫 赵尹鸣 邹毅

附录9　北京市既有公共建筑能耗运行综合管理服务平台限额管理子系统企业用户操作手册

北京市公共建筑能耗限额管理系统

企业用户操作手册

2020年9月30日

目　　录

建议用谷歌浏览器或360浏览器极速模式

360浏览器极速模式选择方式：

当谷歌浏览器出现拦截时：

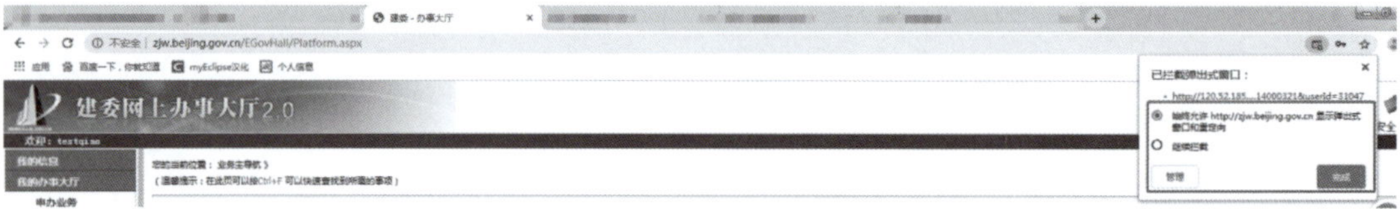

当360浏览器出现拦截时：

1. 系统介绍

公共建筑能耗限额管理系统对北京市既有公共建筑能耗情况进行统一监管，目前只管理各建筑的用电量。主要包括以下各个模块：

企业认楼：各产权单位、物业单位通过该模块认领管理的楼栋，其中部分单位认领楼栋时，需同时填报楼栋基本信息采集表，提交楼栋认领申请；

限额发布：该模块管理各建筑组的年度电耗限额信息，企业查看所属的组限额，进行签收或有异议操作；

限额考核：该模块管理各建筑组的年度电耗考核信息，考核结果分为优秀名单、一年超限额名单和两年超限额名单，可对优秀名单子模块内容进行查看，对考核结果进行查看，对一年超限额或者两年超限额的考核结果进行有异议操作；也可查看能源审计告知书并上传能源审计报告。

2. 业务流程图

企业认楼流程图

注：已委托物业单位同产权单位角色与职能。

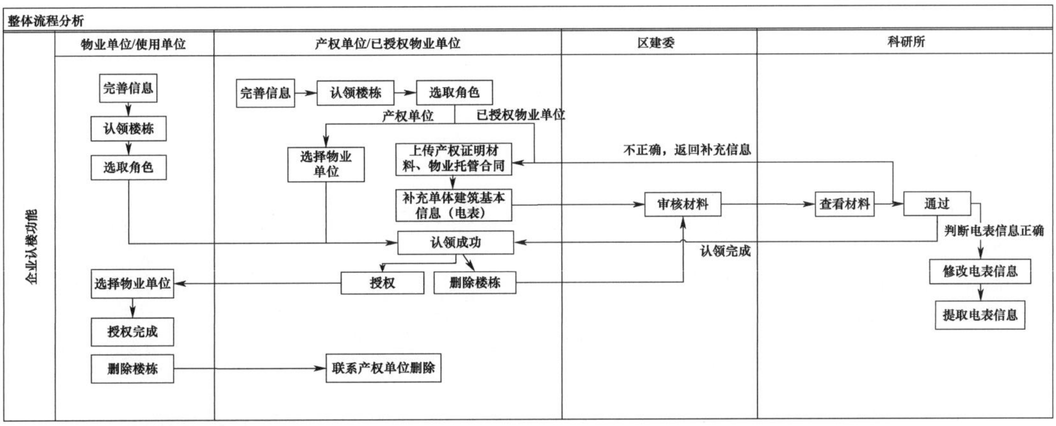

注：1.物业单位必须认领楼栋完成后，才可以被授权。
2.通过审核的楼栋，产权单位不可任意删除，需要科研所审批。
3.授权由产权单位单方向授权给物业，物业不可删除已授权楼栋。
4.认楼选择楼栋时屏蔽产权单位信息。

限额发布流程图

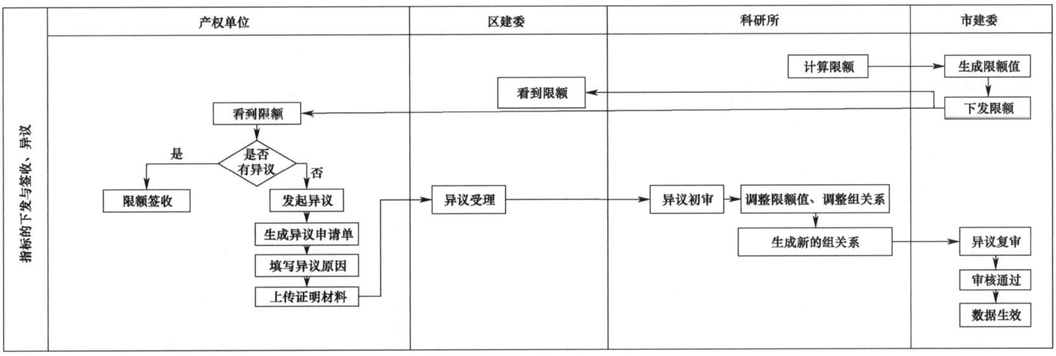

注．1.异议申请发起后，各级用户均可看到。
2.异议申请采取逐级上报的模式，回退都是直接回退到企业。

限额考核流程图

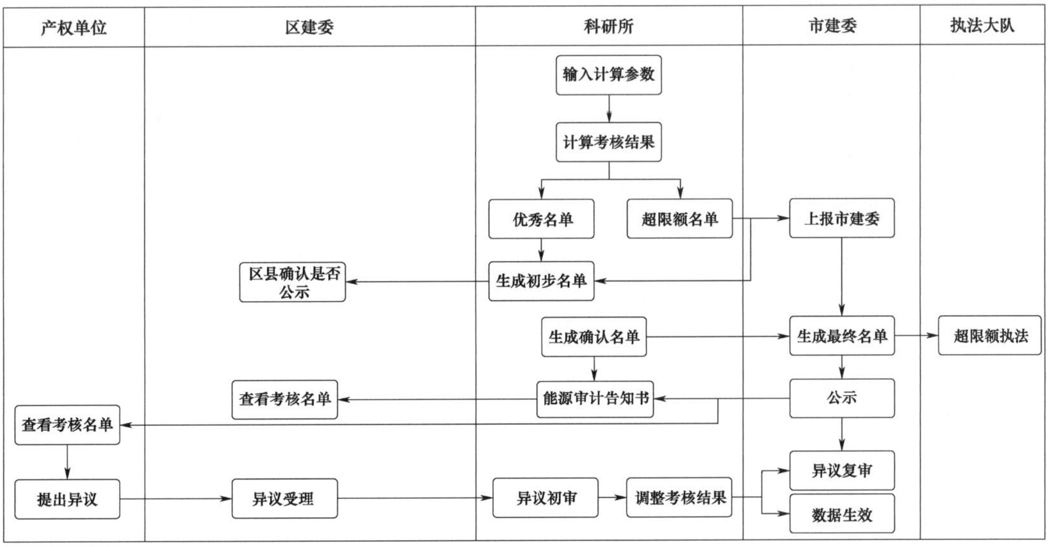

3. 登录系统

登录北京市住建委官网首页，网址为 http：//zjw. beijing. gov. cn（图 3-1）。

图 3-1

单击“企业登录”或者“一证通登录”，输入账号、密码登录（图 3-2）。

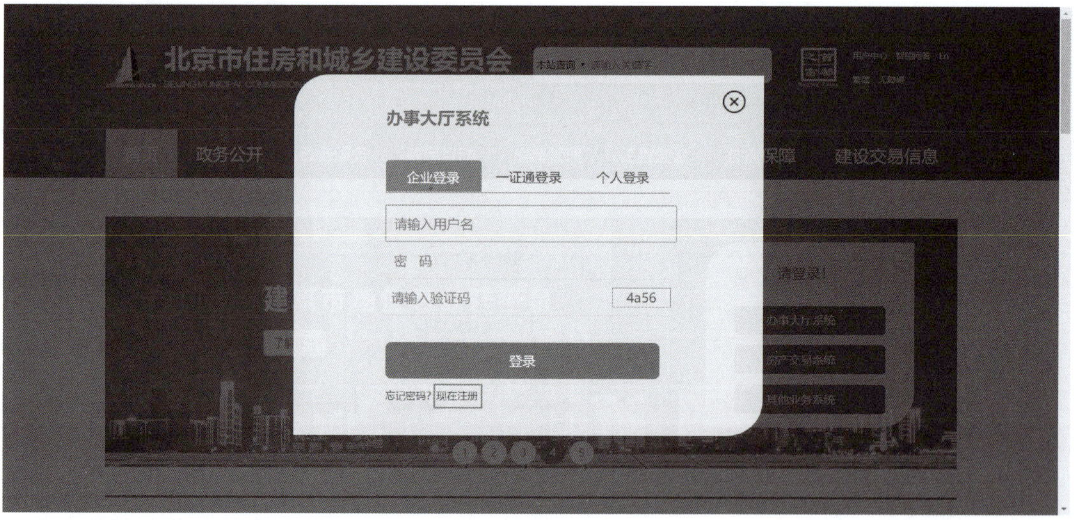

图 3-2

找到（384）公共建筑节能管理服务平台（图 3-3）。

图 3-3

单击“（403）公共建筑能耗限额管理信息平台”（图 3-4）。

图 3-4

4. 企业信息

如是首次进入的用户，需要先填写企业信息填报页面（图 4-1），单击“保存”进入系统首页（图 4-2），除企业名称以及统一社会信用代码外其他企业信息均可修改。

图 4-1

图 4-2

5. 楼栋信息

单击菜单“楼栋认领”，进入页面（图 5-1）。

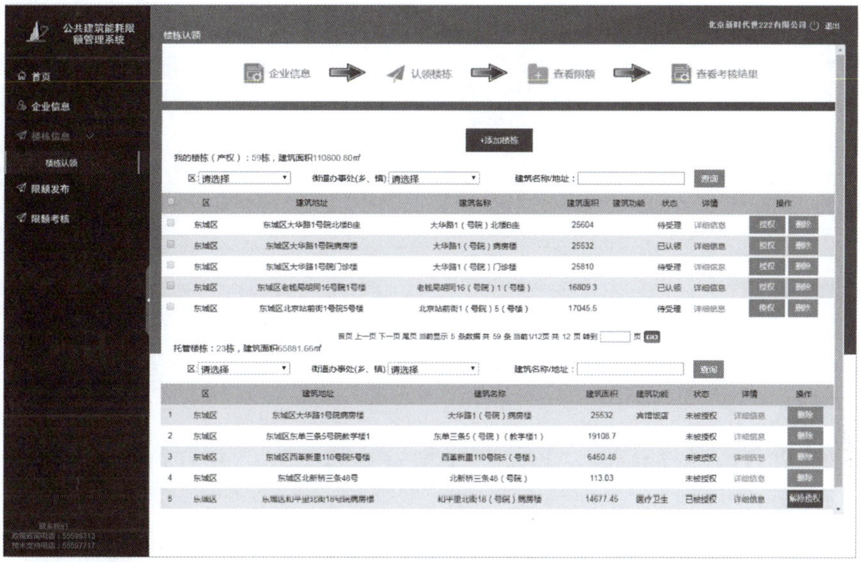

图 5-1

5.1　楼栋认领

单击“添加楼栋”，进入楼栋认领页面（图 5-2）。

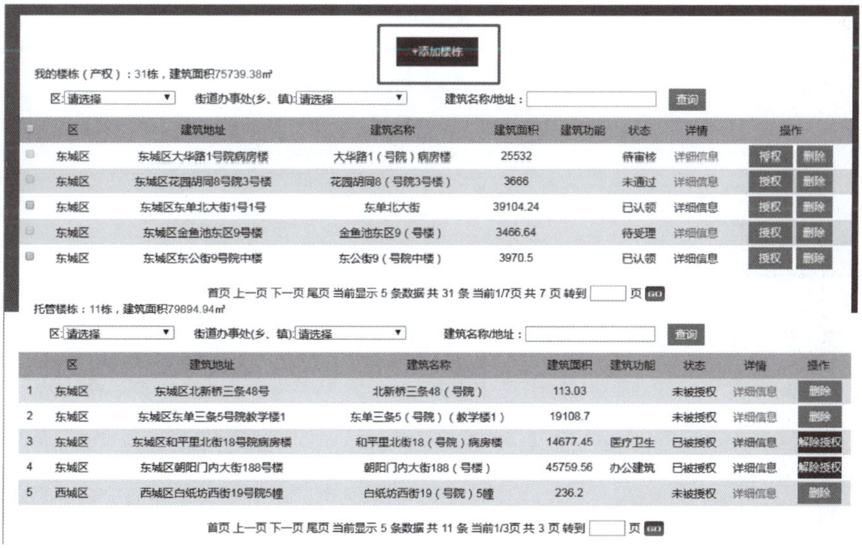

图 5-2

当找不到需要操作的楼栋时，单击添加楼栋按钮，跳转到添加楼栋页面（图5-3）。

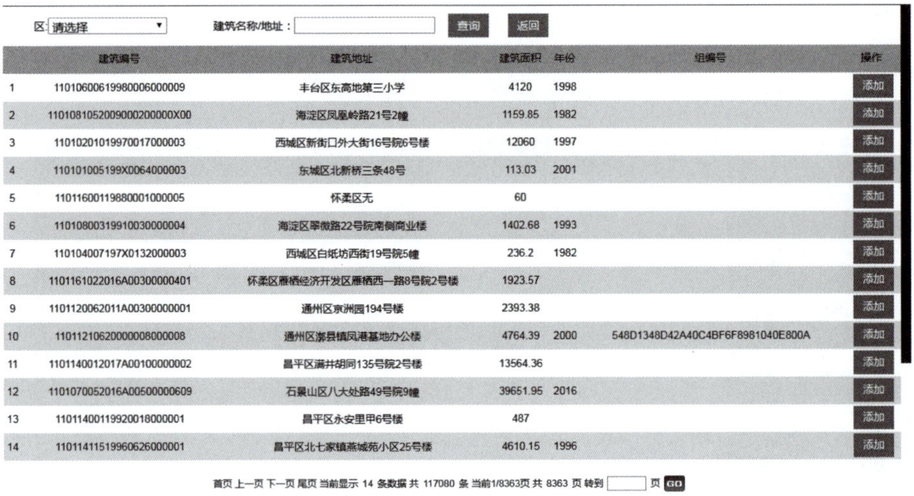
区：请选择 建筑名称/地址： 查询 返回

	建筑编号	建筑地址	建筑面积	年份	组编号	操作
1	110106006199800060000009	丰台区东高地第三小学	4120	1998		添加
2	110108105200900020000X00	海淀区凤凰岭路21号2幢	1159.85	1982		添加
3	110102010199700170000003	西城区新街口外大街16号院6号楼	12060	1997		添加
4	110101005199X00640000003	东城区北新桥三条48号	113.03	2001		添加
5	110116001198800010000005	怀柔区无	60			添加
6	110108003199100300000004	海淀区學傲路22号院南侧商业楼	1402.68	1993		添加
7	110104007197X01320000003	西城区白纸坊西街19号院5幢	236.2	1982		添加
8	1101161022016A00300000401	怀柔区雁栖经济开发区雁栖西一路8号院2号楼	1923.57			添加
9	1101120062011A00300000001	通州区京洲园194号楼	2393.38			添加
10	110112106200000080000008	通州区漷县镇凤港基地办公楼	4764.39	2000	548D1348D42A40C4BF6F8981040E800A	添加
11	1101140012017A00100000002	昌平区满井胡同135号院2号楼	13564.36			添加
12	1101070052016A00500000609	石景山区八大处路49号院9幢	39661.95	2016		添加
13	110114001199200180000001	昌平区永安里甲6号楼	487			添加
14	110114115199606260000001	昌平区北七家镇燕城苑小区25号楼	4610.15	1996		添加

首页 上一页 下一页 尾页 当前显示 14 条数据 共 117080 条 当前1/8363页 共 8363 页 转到 页 GO

图5-3

单击“添加”打开添加弹窗，根据需求填写相关内容，单击“确定”添加到“我的楼栋”列表中。

当选择产权单位时如图5-4所示，当选择物业单位时如图5-5所示，当选择使用单位时如图5-6所示，当物业单位有产权单位给的授权委托书时，选择已委托物业单位时如图5-7所示。

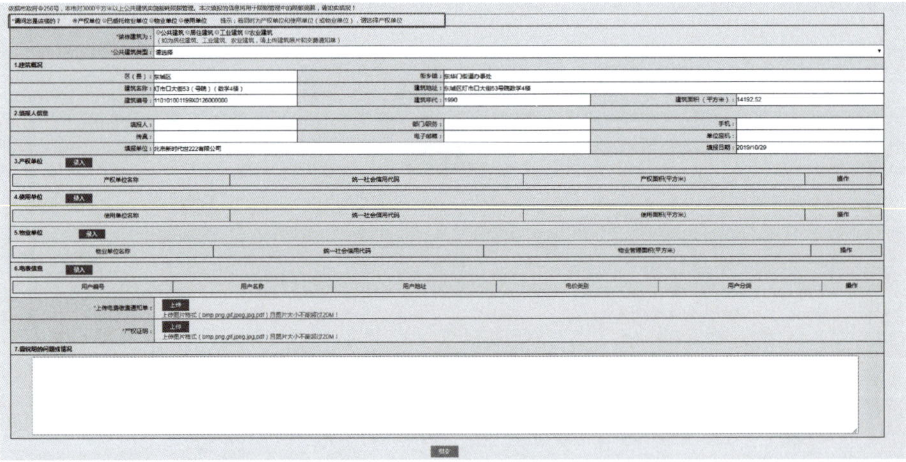

图5-4

图5-5

图 5-6

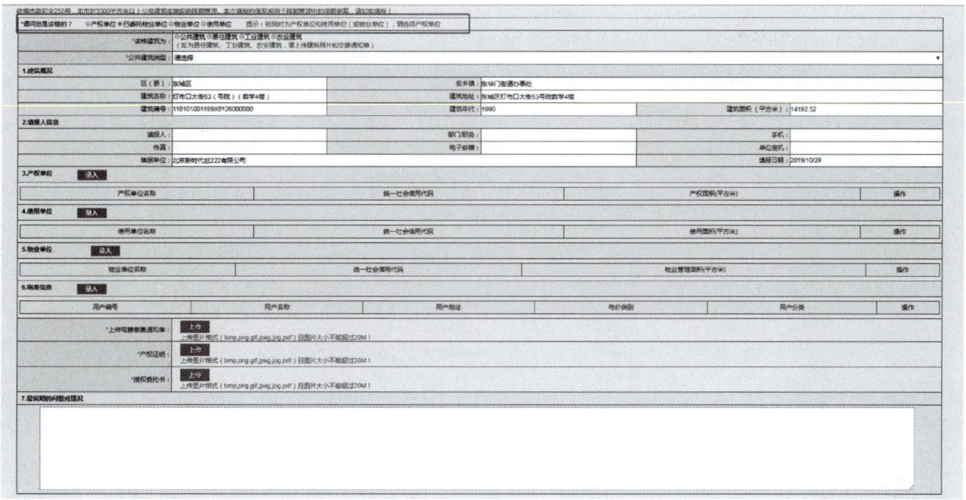

图 5-7

单击“返回”回到企业认楼页面（图 5-8）。

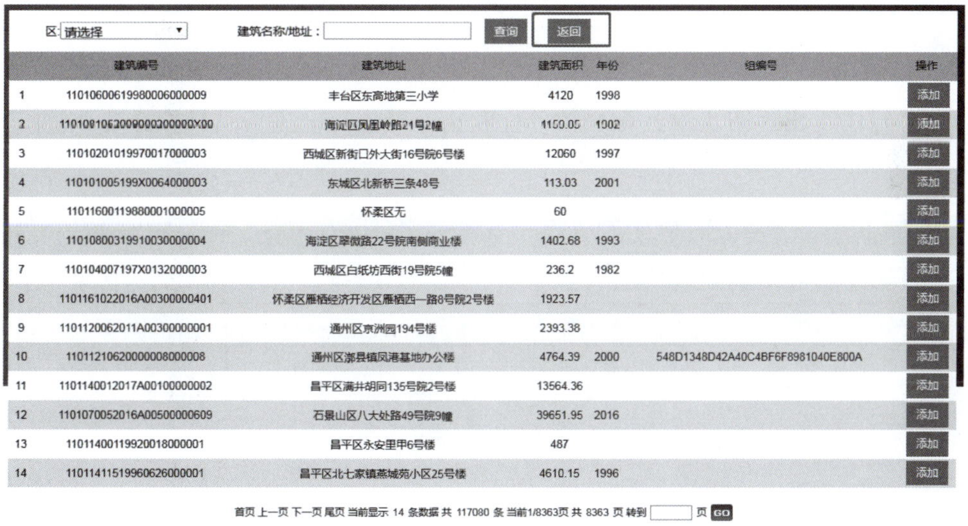

	建筑编号	建筑地址	建筑面积	年份	组编号	操作
1	110106006199800060000009	丰台区东高地第三小学	4120	1998		添加
2	11010810620090003000000X00	海淀区凤凰岭路21号2幢	1150.05	1002		添加
3	110102010199700170000003	西城区新街口外大街16号院6号楼	12060	1997		添加
4	110101005199X0064000003	东城区北新桥三条48号	113.03	2001		添加
5	110116001198800010000005	怀柔区无	60			添加
6	110108003199100300000004	海淀区翠微路22号院南侧商业楼	1402.68	1993		添加
7	110104007197X0132000003	西城区白纸坊西街19号院5幢	236.2	1982		添加
8	1101161022016A00300000401	怀柔区雁栖经济开发区雁栖西一路8号院2号楼	1923.57			添加
9	1101120062011A00300000001	通州区京洲园194号楼	2393.38			添加
10	110112106200000080000008	通州区漷县镇凤港基地办公楼	4764.39	2000	548D1348D42A40C4BF6F8981040E800A	添加
11	1101140012017A00100000002	昌平区满井胡同135号院2号楼	13564.36			添加
12	1101070052016A00500000609	石景山区八大处路49号院9幢	39651.95	2016		添加
13	110114001199200180000001	昌平区永安里甲6号楼	487			添加
14	110114115199606260000001	昌平区北七家镇燕城苑小区25号楼	4610.15	1996		添加

图 5-8

添加的楼栋数据为待受理状态，等待区级审核（图 5-9）。

图 5-9

5.2 授权

在我的楼栋（产权）列表中查看楼栋、对已认领楼栋进行授权和取消授权操作、对待审核楼栋和未通过的楼栋进行删除操作（图 5-10）。

图 5-10

单击“授权”出现图 5-11，则产权单位和物业单位都已进行认楼，单击“确定”，授权成功。

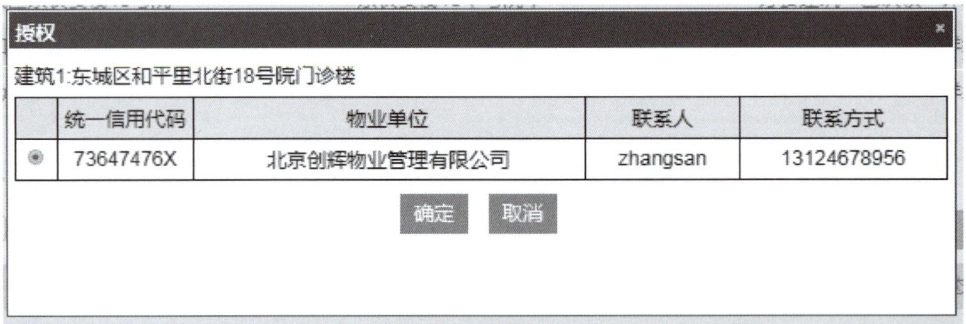

图 5-11

如果单击“授权”出现图 5-12，则需要物业单位进行认楼，需物业单位登录系统进行认楼操作，认楼操作见楼栋认领（物业单位）。

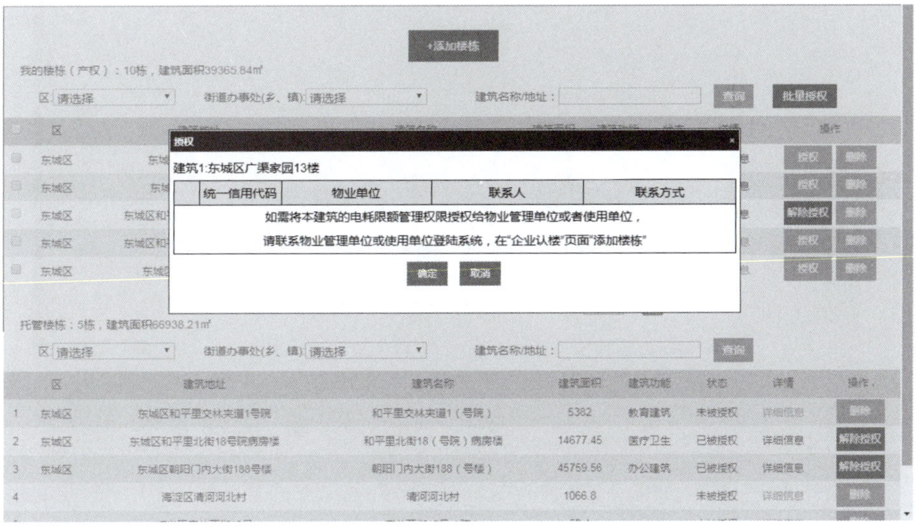

图 5-12

5.3　重新申请

单击“未通过”，打开“退回意见”弹窗（图 5-13）。单击“重新申请”打开楼栋信息页面，根据退回意见修改相关信息后再次提交。

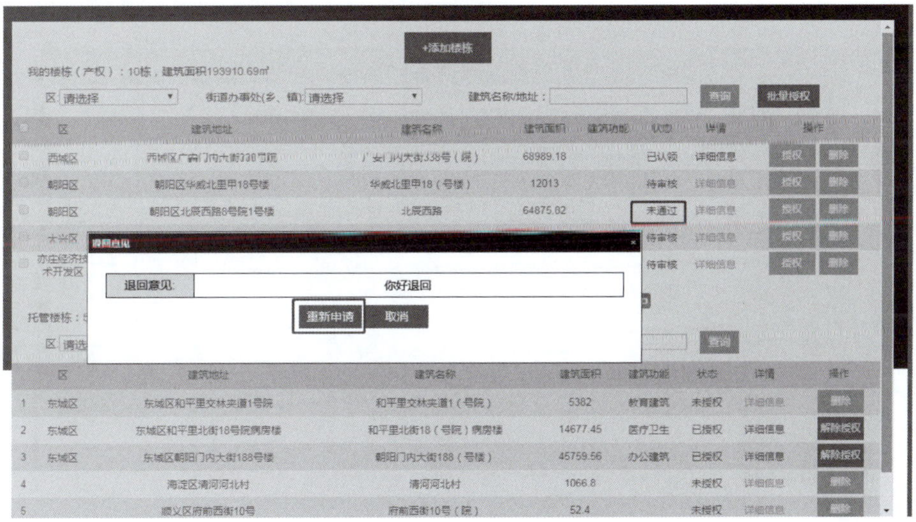

图 5-13

对托管楼栋的已授权楼栋进行取消授权操作，取消授权操作时会提示联系产权单位解除授权，对未授权楼栋进行删除操作（图 5-14）。

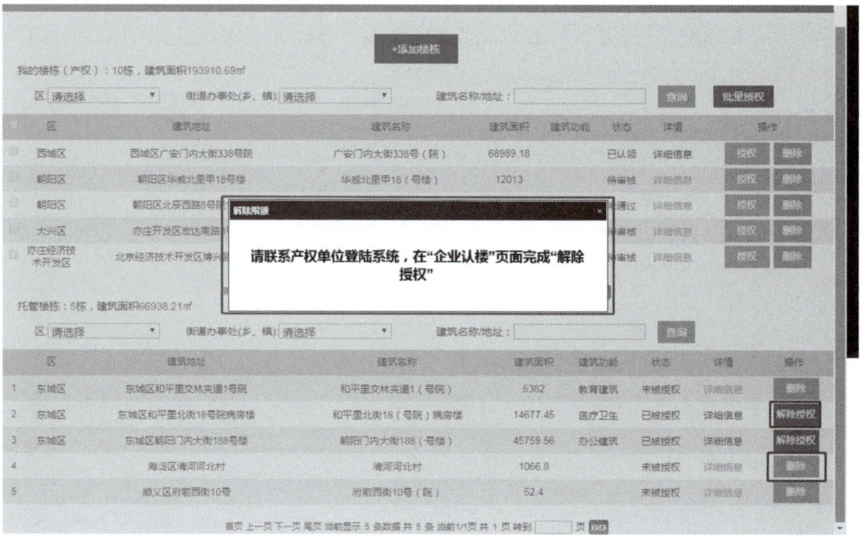

图 5-14

6. 限额发布

6.1 限额签收

单击菜单“限额签收”，进入页面，根据具体内容分别查询我的楼栋和托管楼栋（图 6-1）。

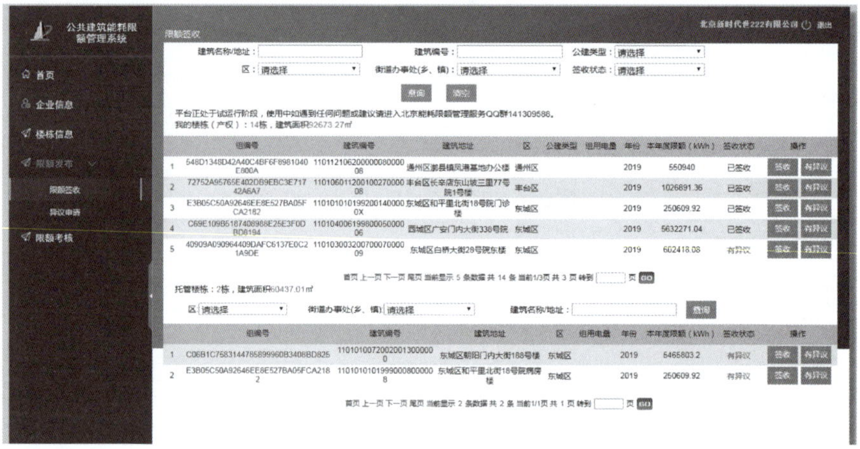

图 6-1

楼栋有 3 种签收状态，分别为有异议、未签收、已签收（图 6-2）。

单击“签收”，跳转到电耗限额签收页面，电耗限额签收页面中单击“签收”则签收完成，之后不能再发起异议申请。返回限额签收页面“签收状态变为已签收”（注：限额签收页面如图 6-3 的“签收”和“有异议”相当于查看按钮，单击只会进入电耗限额签收页面如图 6-4）。

限额签收
建筑名称/地址：
建筑编号：
公建类型：请选择
区：请选择
街道办事处(乡、镇)：请选择
签收状态：请选择
查询
清空
平台正处于试运行阶段，使用中如遇到任何问题或建议请进入北京能耗限额管理服务QQ群141309588。
我的楼栋（产权）：9栋，建筑面积37565.40㎡
组编号 建筑编号 建筑地址 区 公建类型 组用电量 年份 本年度限额（kWh） 签收状态 操作
托管楼栋：2栋，建筑面积60437.01㎡
有异议
未签收
已签收
签收

图 6-2

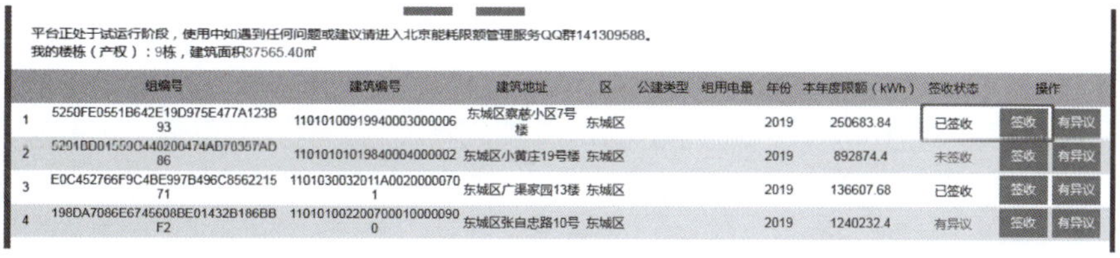
平台正处于试运行阶段，使用中如遇到任何问题或建议请进入北京能耗限额管理服务QQ群141309588。
我的楼栋（产权）：9栋，建筑面积37565.40㎡
组编号 建筑编号 建筑地址 区 公建类型 组用电量 年份 本年度限额（kWh） 签收状态 操作
已签收
未签收
有异议
签收

图 6-3

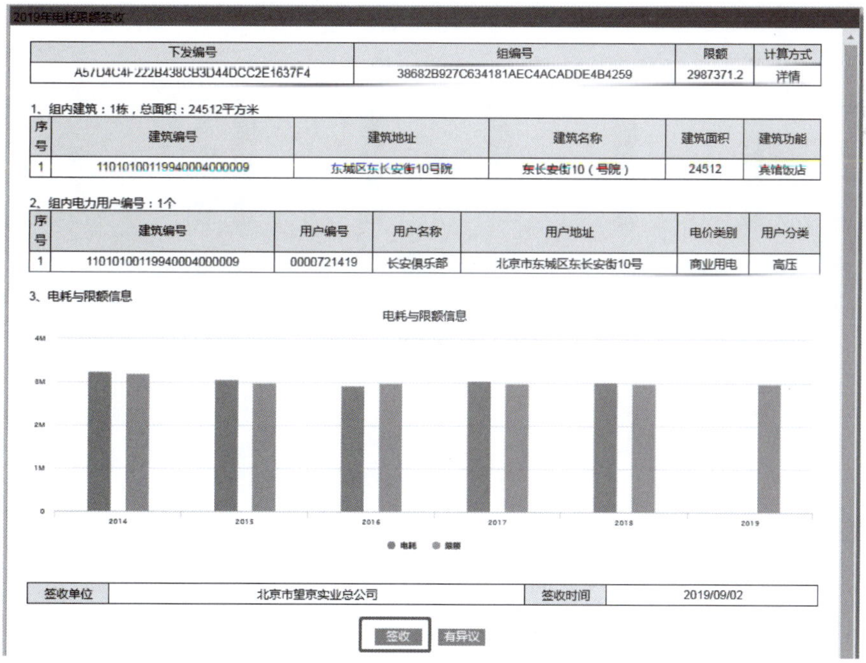
2019年电耗限额签收
下发编号
组编号
限额
计算方式
A57D4C4F222B438CB3D44DCC2E1637F4
38682B927C634181AEC4ACADDE4B4259
2987371.2
详情
1、组内建筑：1栋，总面积：24512平方米
序号 建筑编号 建筑地址 建筑名称 建筑面积 建筑功能
1 110101001199400004000009 东城区东长安街10号院 东长安街10（号院） 24512 宾馆饭店
2、组内电力用户编号：1个
序号 建筑编号 用户编号 用户名称 用户地址 电价类别 用户分类
1 110101001199400004000009 0000721419 长安俱乐部 北京市东城区东长安街10号 商业用电 高压
3、电耗与限额信息
电耗与限额信息
2014
2015
2016
2017
2018
2019
签收单位
北京市望京实业总公司
签收时间
2019/09/02
签收
有异议

图 6-4

单击“有异议”，进入限额签收详细信息页面（图 6-5 ~ 图 6-7）。

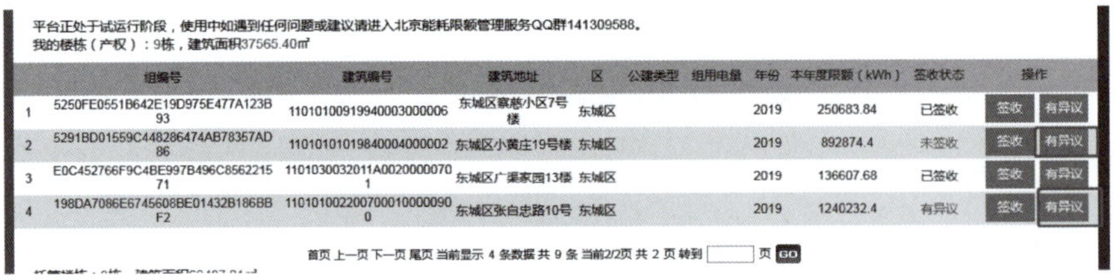

图 6-5

填写异议申请单，单击“有异议”展开异议申请单，单击“添加”，添加错误分类，在原因分类里选择错误原因，填写“情况说明”，在“上传文件”里单击需要上传的文件后点击“上传”，填写“联系人和联系方式”，填写完成。单击“删除”则删除此条错误分类信息，单击“保存”，则保留当前页面信息，方便下次登录继续填写，单击“提交”后，签收状态由“未签收”变成“有异议”（图 6-6、图 6-8，指明：除产权证明材料、电费缴费通知单不用盖章外，其他都需要盖公章）。

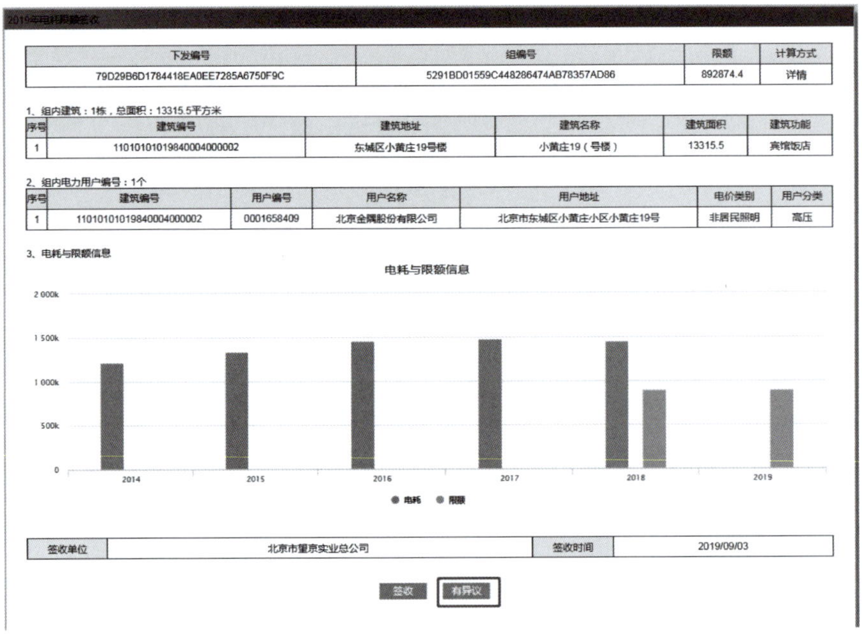

图 6-6

6.2　异议申请

单击菜单“异议申请”进入页面（图 6-9）。

异议申请列表页面中通过建筑名称/地址、建筑组编号、年份以及审核状态查询已发起异议申请单信息（图 6-10，审核状态为申请时，则表示异议申请单还未提交）。

单击异议申请单号，查看电耗限额签收详细信息（图 6-11、图 6-12）。

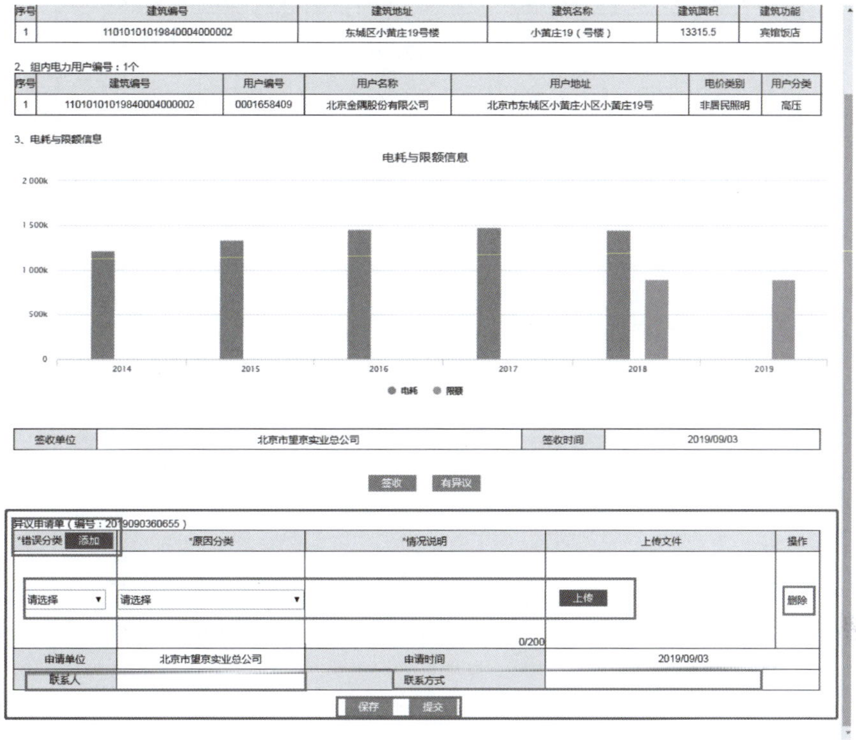

序号
建筑编号
建筑地址
建筑名称
建筑面积
建筑功能
1
110101010198400040000002
东城区小黄庄19号楼
小黄庄19（号楼）
13315.5
宾馆饭店
2、组内电力用户编号：1个
序号
建筑编号
用户编号
用户名称
用户地址
电价类别
用户分类
1
110101010198400040000002
0001658409
北京金隅股份有限公司
北京市东城区小黄庄小区小黄庄19号
非居民照明
高压
3、电耗与限额信息
电耗与限额信息
2 000k
1 500k
1 000k
500k
0
2014
2015
2016
2017
2018
2019
电耗
限额
签收单位
北京市望京实业总公司
签收时间
2019/09/03
签收
有异议
异议申请单（编号：2019090360655）
*错误分类
添加
*原因分类
*情况说明
上传文件
操作
请选择
请选择
上传
删除
0/200
申请单位
北京市望京实业总公司
申请时间
2019/09/03
联系人
联系方式
保存
提交

图 6-7

2
5291BD01559C448286474AB783
57AD86
110101010198400040000
02
东城区小黄庄19号
楼
东城区
2019
892874.4
有异议
签收
有异议

图 6-8

公共建筑能耗限
额管理系统
异议申请
首页
企业信息
楼栋信息
限额发布
限额签收
异议申请
限额考核
建筑名称/地址：
建筑组编号：
年份：
审核状态：
请选择
查询
发起异议
异议申请单号
建筑名称
建筑组编号
年用电量
年份
限额（kWh）
状态
操作
审核意见

图 6-9

异议申请列表

建筑名称/地址： 建筑组编号： 年份： 审核状态：请选择

请选择 / 申请 / 受理 / 初审 / 复审 / 审核通过 / 退回

查询 发起异议

	异议申请单号	建筑名称	建筑组编号	年用电量	年份	限额（kWh）			审核意见
1	117DB7EF3E4341F3B513A71F57EFF5F7	和平里北街18（号院）门诊楼	E3B05C50A92646EE8E527BA05FCA2182	796116	2018	250609.92			详情
2	2019083172304	鄞县镇凤港基地办公楼	548D1348D42A40C4BF6F8981040E800A		2019	550940			详情
3	2019083021191	和平里北街18（号院）门诊楼	E3B05C50A92646EE8E527BA05FCA2182		2019	250609.92	申请	取回	详情
4	2019082121772	和平里北街18（号院）病房楼	E3B05C50A92646EE8E527BA05FCA2182		2019	250609.92	审核通过	取回	详情
5	5C9E14B8D6C97E5983767C66D415736C	和平里北街18（号院）病房楼	E3B05C50A92646EE8E527BA05FCA2182		2019	250609.92	退回	取回	详情
6	066698A65D8DEE041E850597360AA693	广安门内大街338号（院）	C69E109B5187408988E25E3F0DBD8194		2019	5632271.04	申请	取回	详情
7	2019083021511	广安门内大街338号（院）	C69E109B5187408988E25E3F0DBD8194		2019	5632271.04	申请	取回	详情
8	3CCE25F8C057529D3D3A1A354D035A4F	广渠家园	E0C452766F9C4BE997B496C856221571		2019	136607.68	审核通过	取回	详情
9	C72A29E5F22A4797BE8ADF896826D010	广渠家园	E0C452766F9C4BE997B496C856221571		2019	136607.68		取回	详情
10	FCA260D13C06432280B9B7890F27786D	宏达南路3号	545EA9FCA9B14254A03F563B287322B6		2019	687761.0667	申请	取回	详情

首页 上一页 下一页 尾页 当前显示 10 条数据 共 14 条 当前1/2页 共 2 页 转到 页 GO

图 6-10

	异议申请单号	建筑名称	建筑组编号	年用电量	年份	限额（kWh）	状态	操作	审核意见
1	117DB7EF3E4341F3B513A71F57EFF5F7	和平里北街18（号院）门诊楼	E3B05C50A92646EE8E527BA05FCA2182	796116	2018	250609.92	初审	取回	详情
2	2019083172304	鄞县镇凤港基地办公楼	548D1348D42A40C4BF6F8981040E800A		2019	550940	待受理	取回	详情
3	2019083021191	和平里北街18（号院）门诊楼	E3B05C50A92646EE8E527BA05FCA2182		2019	250609.92	申请	取回	详情
4	2019082121772	和平里北街18（号院）病房楼	E3B05C50A92646EE8E527BA05FCA2182		2019	250609.92	审核通过	取回	详情
5	5C9E14B8D6C97E5983767C66D415736C	和平里北街18（号院）病房楼	E3B05C50A92646EE8E527BA05FCA2182		2019	250609.92	退回	取回	详情
6	066698A65D8DEE041E850597360AA693	广安门内大街338号（院）	C69E109B5187408988E25E3F0DBD8194		2019	5632271.04	申请	取回	详情
7	2019083021511	广安门内大街338号（院）	C69E109B5187408988E25E3F0DBD8194		2019	5632271.04	申请	取回	详情
8	3CCE25F8C057529D3D3A1A354D035A4F	广渠家园	E0C452766F9C4BE997B496C856221571		2019	136607.68	审核通过	取回	详情
9	C72A29E5F22A4797BE8ADF896826D010	广渠家园	E0C452766F9C4BE997B496C856221571		2019	136607.68		取回	详情
10	FCA260D13C06432280B9B7890F27786D	宏达南路3号	545EA9FCA9B14254A03F563B287322B6		2019	687761.0667	申请	取回	详情

首页 上一页 下一页 尾页 当前显示 10 条数据 共 14 条 当前1/2页 共 2 页 转到 页 GO

图 6-11

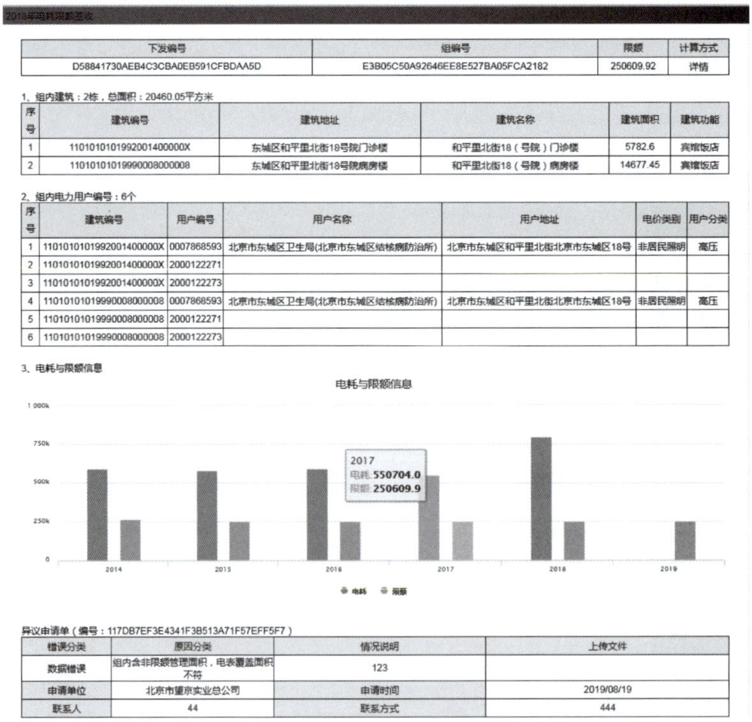

下发编号	组编号	限额	计算方式
D58841730AEB4C3CBA0EB591CFBDAA5D	E3B05C50A92646EE8E527BA05FCA2182	250609.92	详情

1、组内建筑：2栋，总面积：20460.05平方米

序号	建筑编号	建筑地址	建筑名称	建筑面积	建筑功能
1	1101010101992001400000X	东城区和平里北街18号院门诊楼	和平里北街18（号院）门诊楼	5782.6	宾馆饭店
2	11010101019990008000008	东城区和平里北街18号院病房楼	和平里北街18（号院）病房楼	14677.45	宾馆饭店

2、组内电力用户编号：6个

序号	建筑编号	用户编号	用户名称	用户地址	电价类别	用户分类
1	1101010101992001400000X	0007868593	北京市东城区卫生局(北京市东城区结核病防治所)	北京市东城区和平里北街北京市东城区18号	非居民照明	高压
2	1101010101992001400000X	2000122271				
3	1101010101992001400000X	2000122273				
4	11010101019990008000008	0007868593	北京市东城区卫生局(北京市东城区结核病防治所)	北京市东城区和平里北街北京市东城区18号	非居民照明	高压
5	11010101019990008000008	2000122271				
6	11010101019990008000008	2000122273				

3、电耗与限额信息

异议申请单（编号：117DB7EF3E4341F3B513A71F57EFF5F7）

错误分类	原因分类	情况说明	上传文件
数据错误	组内含非限额管理面积，电表覆盖面积不符	123	
申请单位	北京市望京实业总公司	申请时间	2019/08/19
联系人	44	联系方式	444

图 6-12

单击“取回”可以将待受理状态的数据取回重新填写修改内容，如图 6-13 所示。

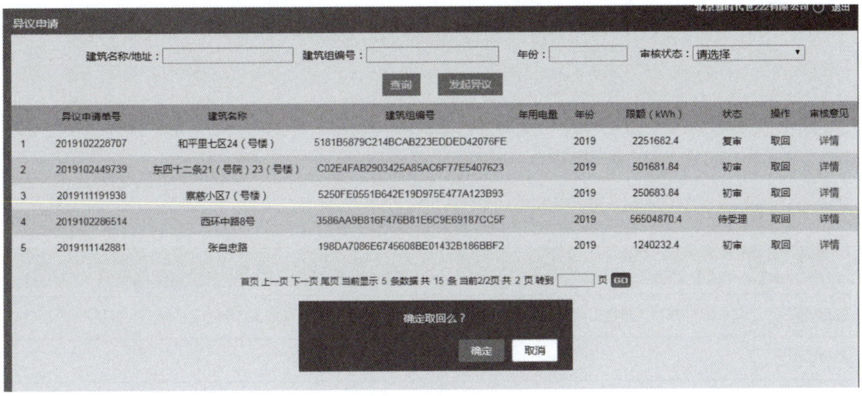

	异议申请单号	建筑名称	建筑组编号	年用电量	年份	限额（kWh）	状态	操作	审核意见
1	2019102228707	和平里七区24（号楼）	5181B5879C214BCAB223EDDED42076FE		2019	2251682.4	复审	取回	详情
2	2019102449739	东四十二条21（号院）23（号楼）	C02E4FAB2903425A85AC6F77E5407623		2019	501681.84	初审	取回	详情
3	2019111191938	察慈小区7（号楼）	5250FE0551B642E19D975E477A123B93		2019	250683.84	初审	取回	详情
4	2019102286514	西环中路8号	3586AA9B816F476B81E6C9E69187CC5F		2019	56504870.4	待受理	取回	详情
5	2019111142881	张自忠路	198DA7086E6745608BE01432B186BBF2		2019	1240232.4	初审	取回	详情

图 6-13

单击“建筑组编号”列中的内容，打开组信息弹窗（图 6-14、图 6-15）。

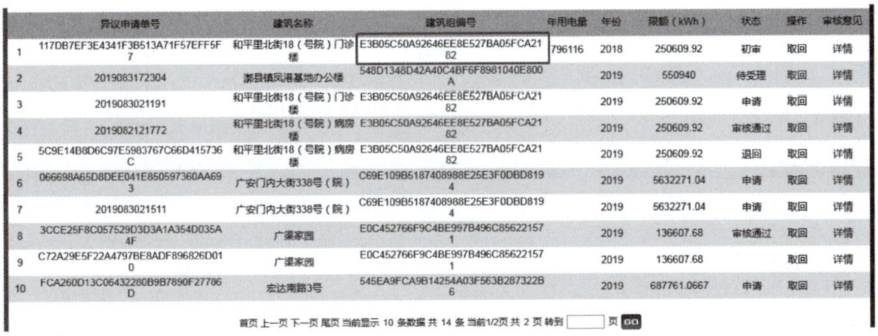

	异议申请单号	建筑名称	建筑组编号	年用电量	年份	限额（kWh）	状态	操作	审核意见
1	117DB7EF3E4341F3B513A71F57EFF5F7	和平里北街18（号院）门诊楼	E3B05C50A92646EE8E527BA05FCA2182	796116	2018	250609.92	初审	取回	详情
2	2019083172304	漷县镇凤港基地办公楼	548D1348D42A40C4BF6F8981040E800A		2019	550940	待受理	取回	详情
3	2019083021191	和平里北街18（号院）门诊楼	E3B05C50A92646EE8E527BA05FCA2182		2019	250609.92	申请	取回	详情
4	2019082121772	和平里北街18（号院）病房楼	E3B05C50A92646EE8E527BA05FCA2182		2019	250609.92	审核通过	取回	详情
5	5C9E14B8D6C97E5983767C66D415736C	和平里北街18（号院）病房楼	E3B05C50A92646EE8E527BA05FCA2182		2019	250609.92	退回	取回	详情
6	066698A65D8DEE041E850597360AA693	广安门内大街338号（院）	C69E109B5187408988E25E3F0DBD8194		2019	5632271.04	申请	取回	详情
7	2019083021511	广安门内大街338号（院）	C69E109B5187408988E25E3F0DBD8194		2019	5632271.04	申请	取回	详情
8	3CCE25F8C057529D3D3A1A354D035A4F	广渠家园	E0C452766F9C4BE997B496C856221571		2019	136607.68	审核通过	取回	详情
9	C72A29E5F22A4797BE8ADF896826D010	广渠家园	E0C452766F9C4BE997B496C856221571		2019	136607.68		取回	详情
10	FCA260D13C06432280B9B7890F27786D	宏达南路3号	545EA9FCA9B14254A03F563B287322B6		2019	687761.0667	申请	取回	详情

图 6-14

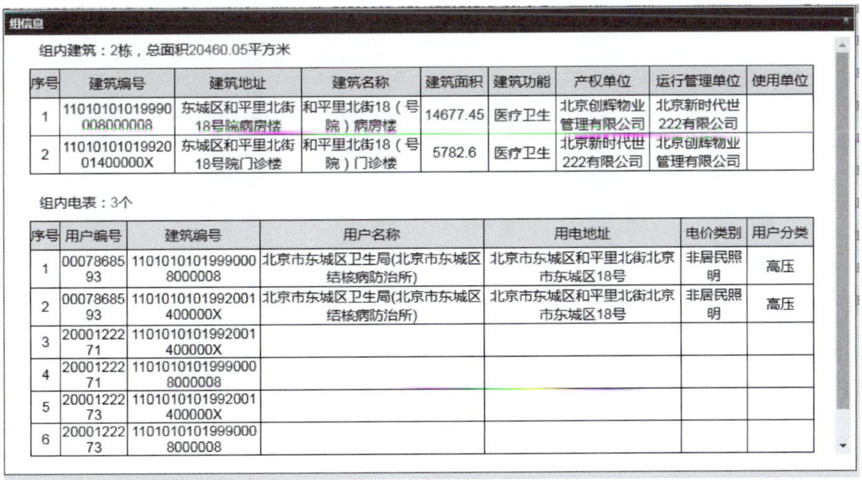

序号	建筑编号	建筑地址	建筑名称	建筑面积	建筑功能	产权单位	运行管理单位	使用单位
1	11010101019990008000008	东城区和平里北街18号院病房楼	和平里北街18（号院）病房楼	14677.45	医疗卫生	北京创辉物业管理有限公司	北京新时代世222有限公司	
2	1101010101992001400000X	东城区和平里北街18号院门诊楼	和平里北街18（号院）门诊楼	5782.6	医疗卫生	北京新时代世222有限公司	北京创辉物业管理有限公司	

序号	用户编号	建筑编号	用户名称	用电地址	电价类别	用户分类
1	0007868593	11010101019990008000008	北京市东城区卫生局(北京市东城区结核病防治所)	北京市东城区和平里北街北京市东城区18号	非居民照明	高压
2	0007868593	1101010101992001400000X	北京市东城区卫生局(北京市东城区结核病防治所)	北京市东城区和平里北街北京市东城区18号	非居民照明	高压
3	2000122271	1101010101992001400000X				
4	2000122271	11010101019990008000008				
5	2000122273	1101010101992001400000X				
6	2000122273	11010101019990008000008				

图 6-15

单击状态列的“退回”，完善异议材料（图6-16、图6-17）。

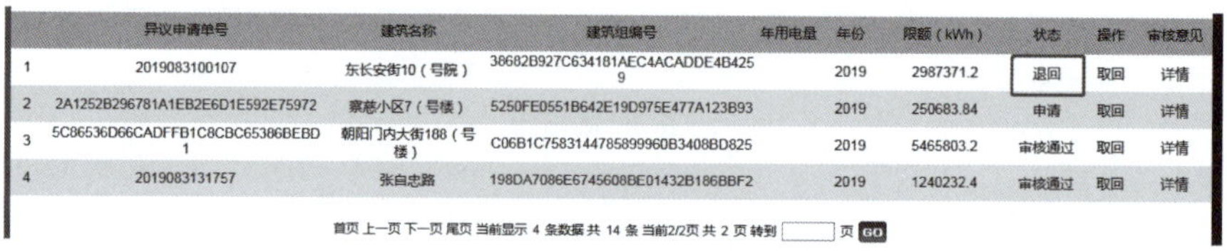

图6-16

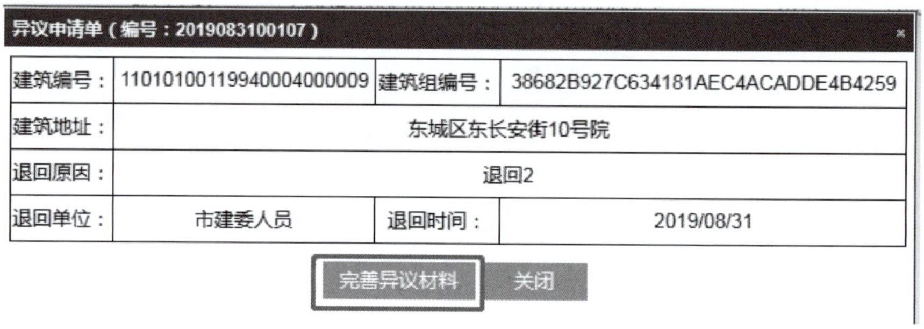

图6-17

单击“签收”表示无异议，签收后不能再发起异议申请（图6-18）。

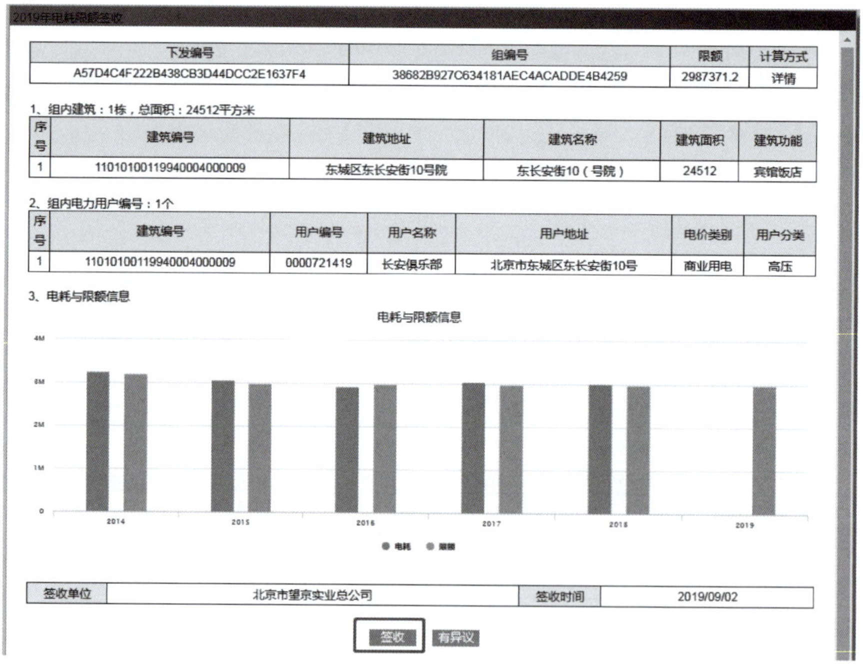

图6-18

单击“有异议”，填写异议申请单，单击“提交”，等待区级审核（图6-19）。单击审核意见“详情”（图6-20），可查看流程节点等详细信息（图6-21）。

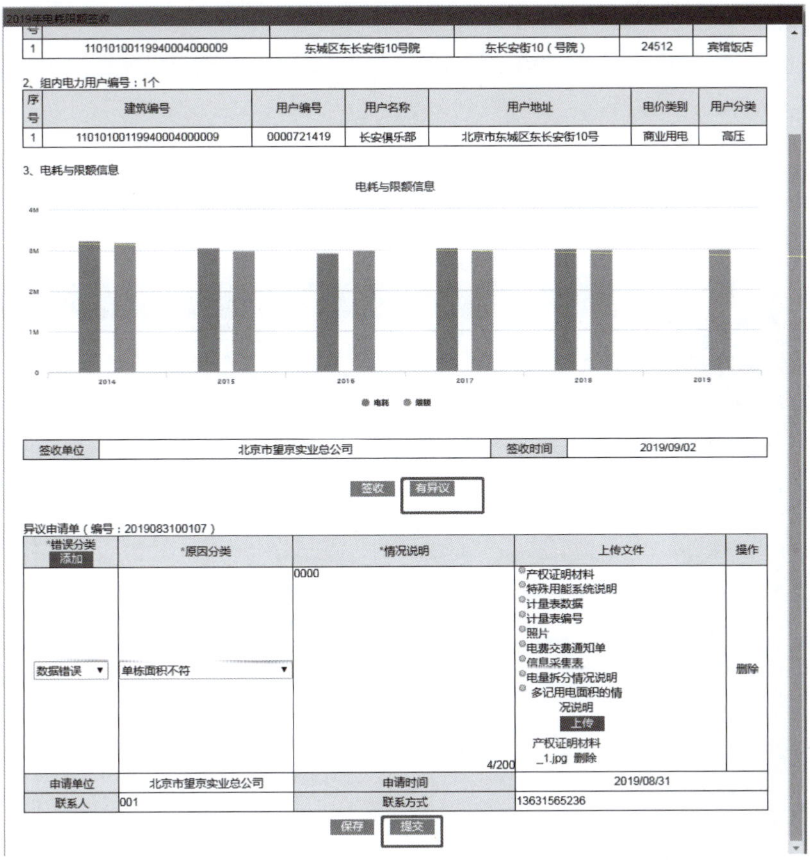

号					
1	110101001199400040000009	东城区东长安街10号院	东长安街10（号院）	24512	宾馆饭店

序号	建筑编号	用户编号	用户名称	用户地址	电价类别	用户分类
1	110101001199400040000009	0000721419	长安俱乐部	北京市东城区东长安街10号	商业用电	高压

签收单位	北京市望京实业总公司	签收时间	2019/09/02

*错误分类 添加	*原因分类	*情况说明	上传文件	操作
数据错误	单栋面积不符	0000 4/200	产权证明材料 特殊用能系统说明 计量表数据 计量表编号 照片 电费交费通知单 信息采集表 电量拆分情况说明 多记用电面积的情况说明 上传 产权证明材料_1.jpg 删除	删除
申请单位	北京市望京实业总公司	申请时间	2019/08/31	
联系人	001	联系方式	13631565236	

图 6-19

	异议申请单号	建筑名称	建筑组编号	年用电量	年份	限额（kWh）	状态	操作	审核意见
1	2019083100107	东长安街10（号院）	38682B927C634181AEC4ACADDE4B4259		2019	2987371.2	退回	取回	详情
2	2A1252B296781A1EB2E6D1E592E75972	寨巷小区7（号楼）	5250FE0551B642E19D975E477A123B93		2019	250683.84	申请	取回	详情
3	5C86536D66CADFFB1C8CBC65386BEBD1	朝阳门内大街188（号楼）	C06B1C7583144785899960B3408BD825		2019	5465803.2	审核通过	取回	详情
4	2019083131757	张自忠路	198DA7086E6745608BE01432B186BBF2		2019	1240232.4	审核通过	取回	详情

图 6-20

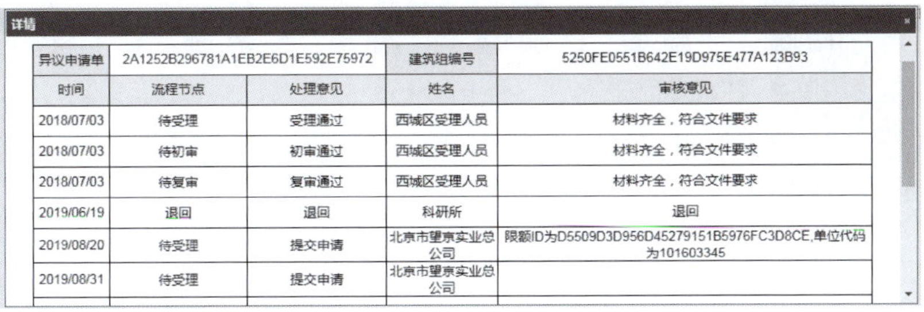

异议申请单	2A1252B296781A1EB2E6D1E592E75972		建筑组编号	5250FE0551B642E19D975E477A123B93
时间	流程节点	处理意见	姓名	审核意见
2018/07/03	待受理	受理通过	西城区受理人员	材料齐全，符合文件要求
2018/07/03	待初审	初审通过	西城区受理人员	材料齐全，符合文件要求
2018/07/03	待复审	复审通过	西城区受理人员	材料齐全，符合文件要求
2019/06/19	退回	退回	科研所	退回
2019/08/20	待受理	提交申请	北京市望京实业总公司	限额ID为D5509D3D956D45279151B5976FC3D8CE,单位代码为101603345
2019/08/31	待受理	提交申请	北京市望京实业总公司	

图 6-21

7. 限额考核

7.1 考核签收

单击菜单“考核签收”，进入页面，单击“全市优秀名单公示”，跳转至查看全市优秀名单页面（图 7-1）。

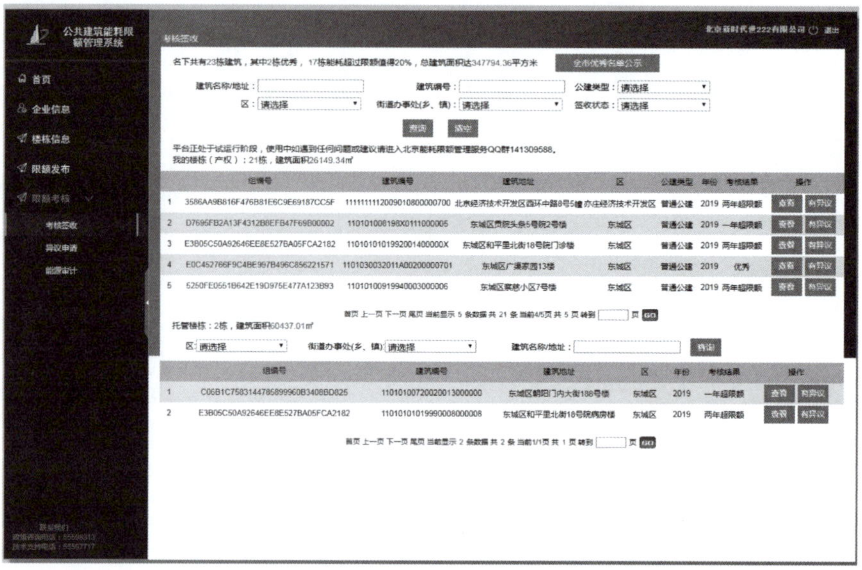

图 7-1

当考核结果为“优秀”时，只能查看和提出反馈意见，单击“查看”，有提交按钮则可提出意见，没有提交按钮则表示反馈已提交（图 7-2、图 7-3）。

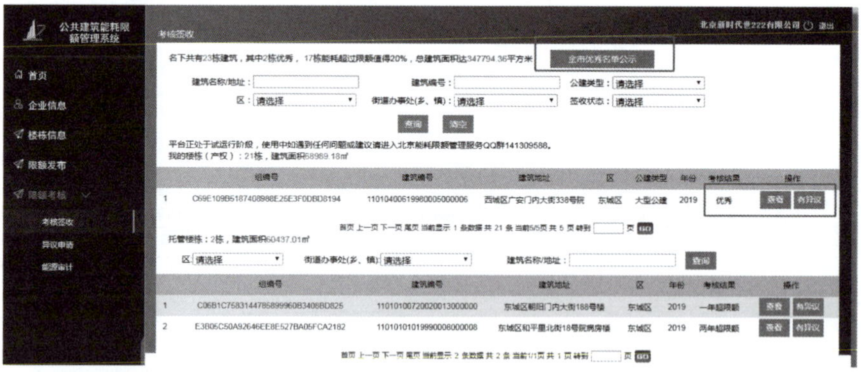

图 7-2

当考核结果为“1 年超限额”或者“2 年超限额”时，只能查看以及提出异议申请，单击“有异议”填写异议申请单（图 7-4、图 7-5）。

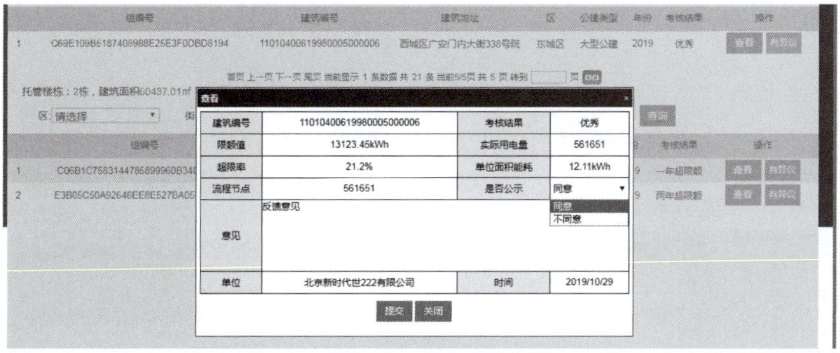
查看
建筑编号
11010400619980005000006
考核结果
优秀
限额值
13123.45kWh
实际用电量
561651
超限率
21.2%
单位面积能耗
12.11kWh
流程节点
561651
是否公示
同意
不同意
反馈意见
意见
单位
北京新时代世222有限公司
时间
2019/10/29
提交
关闭

图 7-3

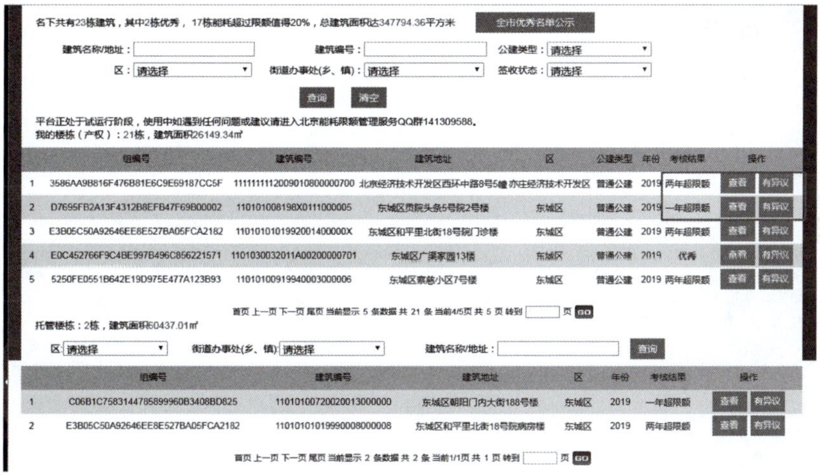
名下共有23栋建筑，其中2栋优秀，17栋能耗超过限额值得20%，总建筑面积达347794.36平方米
全市优秀名单公示
建筑名称/地址：
建筑编号：
公建类型：
区：
街道办事处(乡、镇)：
签收状态：
查询
清空
平台正处于试运行阶段，使用中如遇到任何问题或建议请进入北京能耗限额管理服务QQ群141309588。
我的楼栋（产权）：21栋，建筑面积26149.34㎡
托管楼栋：2栋，建筑面积60437.01㎡

图 7-4

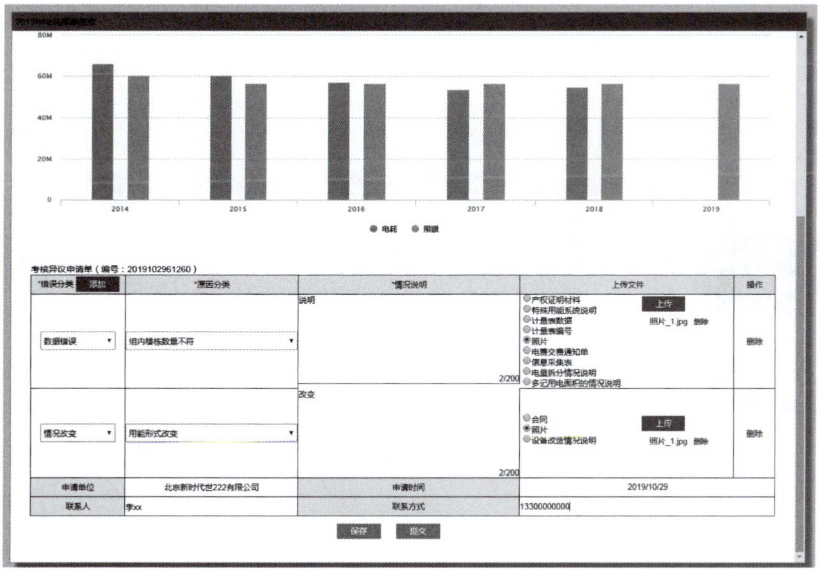
2014
2015
2016
2017
2018
2019
电耗
限额
考核异议申请单（编号：2019102961260）
错误分类
原因分类
情况说明
上传文件
操作
数据错误
组内楼栋数量不符
情况改变
用能形式改变
申请单位
北京新时代世222有限公司
申请时间
2019/10/29
联系人
李xx
联系方式
13300000000
保存
提交

图 7-5

7.2　异议申请

单击“异议申请”进入界面，可查看异议申请单状态，待受理状态可取回异议申请单重新编辑，申请状态时，则异议申请单未提交，可单击异议申请单号，直接填写异议申请单（图 7-6）。

图 7-6

7.3　能源审计

单击“能源审计”进入页面，单击能源审计告知书可对告知书进行查看（图 7-7）。

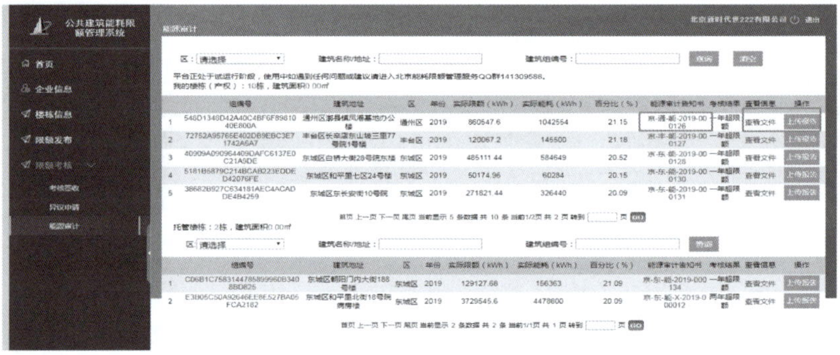

图 7-7

单击“上传报告”，上传能源审计报告（图 7-8）。

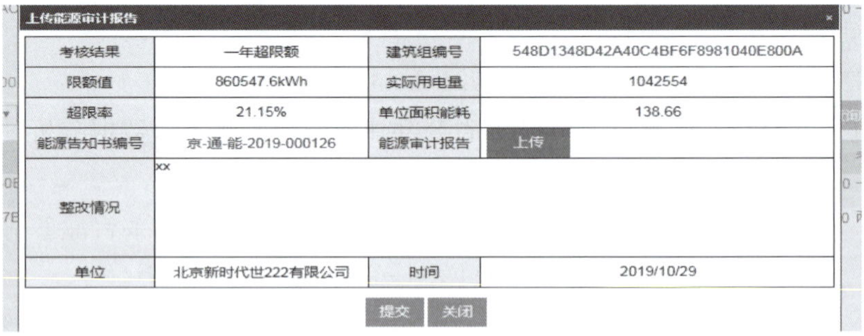

图 7-8